# CIÊNCIA
# 100 CIENTISTAS
# que Mudaram o Mundo

*Jon Balchin*

# CIÊNCIA
# 100 CIENTISTAS
# que Mudaram o Mundo

*Tradução: Lucia Sano*

MADRAS®

Publicado originalmente em inglês sob o título *Science – 100 Scientists Who Changed The World* por Arcturus Publishing Limited.
© 2003, Arcturus Publishing Limited.
Direitos de edição e tradução para todos os países de língua portuguesa.
Tradução autorizada do inglês.
© 2013, Madras Editora Ltda.

*Editor*:
Wagner Veneziani Costa

*Produção e Capa*:
Equipe Técnica Madras

*Tradução*:
Lucia Sano

*Revisão de Tradução:*
Lana Lim

*Revisão*:
Jane Pessoa
Silvia Massimini Felix

**Dados Internacionais de Catalogação na Publicação (CIP)**
**(Câmara Brasileira do Livro, SP, Brasil)**

Balchin, Jon
Ciência : 100 cientistas que mudaram o mundo / Jon Balchin ; [tradução Lucia Sano]. — São Paulo : Madras, 2013.
Título original: Science : 100 sdientists who changed the world
ISBN 978-85-370-0445-6
1. Ciência - História 2. Cientistas - Biografia
I. Título. II. Título: 100 cientistas que mudaram o mundo.
08-10985 CDD-509.2

Índices para catálogo sistemático:
1. Cientistas : Biografia 509.2

Proibida a reprodução total ou parcial desta obra, de qualquer forma ou por qualquer meio eletrônico, mecânico, inclusive por meio de processos xerográficos, incluindo ainda o uso da internet, sem a permissão expressa da Madras Editora, na pessoa de seu editor (Lei nº 9.610, de 19.2.98).

Todos os direitos desta edição, em língua portuguesa, reservados pela

**MADRAS EDITORA LTDA.**
Rua Paulo Gonçalves, 88 – Santana
CEP: 02403-020 – São Paulo/SP
Caixa Postal: 12299 – CEP: 02013-970 – SP
Tel.: (11) 2281-5555 – Fax: (11) 2959-3090
www.madras.com.br

# AGRADECIMENTOS

*Os editores gostariam de agradecer a Glen Carlstrom e Virginia Ingr por suas contribuições inestimáveis a este livro.
O autor gostaria de agradecer às seguintes pessoas: Anne Fennell, Paul Whittle, Matthew Smith e todos da Arcturus Publishing, KTB, meus pais, Jon, Iain, Faye, Grace, Alice, Alan, Irene, minha família espalhada pelo mundo e por último, mas não menos importante, Merryn.*

# ÍNDICE

☞ **Prefácio** ................................ 9
☞ **Os Antigos**
   Anaximandro ..................... 13
   Pitágoras .......................... 16
   Hipócrates de Cós ............ 19
   Demócrito de Abdera ....... 22
   Platão ................................ 25
   Aristóteles ........................ 28
   Euclides ............................ 31
   Arquimedes ...................... 34
   Hiparco ............................. 37

☞ **O Primeiro Milênio**
   Zhang Heng ...................... 40
   Ptolomeu .......................... 43
   Galeno de Pérgamo .......... 46
   Al-Khwarizmi ................... 49

☞ **O Século XV**
   Johannes Gutenberg ......... 52
   Leonardo da Vinci ............ 55
   Nicolau Copérnico ............ 58

☞ **O Século XVI**
   Andreas Vesálio ................ 61
   William Gilbert ................. 64
   Francis Bacon ................... 67
   Galileu Galilei .................. 70
   Johannes Kepler ............... 73
   William Harvey ................ 76
   Johann van Helmont ........ 79
   René Descartes ................. 82

☞ **O Século XVII**
   Blaise Pascal .................... 85
   Robert Boyle .................... 88
   Christiaan Huygens .......... 91
   Anton van Leeuwenhoek ... 94
   Robert Hooke ................... 97

☞ **O Século XVIII**
   Sir Isaac Newton ............ 100
   Edmund Halley .............. 103
   Thomas Newcomen ....... 106
   Daniel Fahrenheit ........... 109
   Benjamin Franklin .......... 112
   Joseph Black ................... 115
   Henry Cavendish ............ 118
   Joseph Pristley ................ 121
   James Watt ...................... 124
   Charles de Coulomb ....... 127
   Joseph Montgolfier ........ 130
   Karl Wilhelm Scheele ..... 133
   Antoine Lavoisier ........... 136
   Conde Alessandro Volta ... 139
   Edward Jenner ................ 142
   John Dalton .................... 145
   André-Marie Ampère ..... 148

☞ **O Século XIX**
   Amedeo Avogadro .......... 151
   Joseph Gay-Lussac ......... 154

Charles Babbage ........... 157
Michael Faraday ............. 160
Charles Darwin ............... 163
James Joule ..................... 166
Louis Paster .................... 169
Johann Mendel ............... 172
Jean-Joseph Lenoir ......... 175
Lorde Kelvin ................... 178
James Clerk Maxwell ..... 181
Alfred Nobel ................... 184
Wilhelm Gottlieb Daimler .. 187
Dmitri Mendeleev ........... 190
Wilhelm Conrad Röntgen .. 193
Thomas Alva Edison ....... 196
Alexander Graham Bell .. 199
Antoine-Henri Becquerel .. 202
Paul Ehrlich .................... 205

☞ **O Século XX**

Nikola Tesla ................... 208
*Sir* John Joseph Thomson 211
Sigmund Freud ................ 214
Heinrich Rudolf Hertz .... 217
Max Planck ..................... 220
Leo Baekeland ................ 223
Thomas Hunt Morgan .... 226
Marie Curie .................... 229
Ernest Rutherford ........... 232
Os Irmãos Wright ........... 235

Guglielmo Marconi ......... 238
Frederick Soddy .............. 241
Albert Einstein ................ 244
Alexander Fleming ......... 247
Robert Goddard .............. 250
Niels Bohr ....................... 253
Erwin Schrödinger .......... 256
Henry Moseley ............... 259
Edwin Hubble ................. 262
*Sir* James Chadwick ....... 265
Frederick Banting ........... 268
Louis de Broglie ............. 271
Enrico Fermi ................... 274
Werner Heisenberg ......... 277
Linus Pauling .................. 280
Robert Oppenheimer ...... 283
*Sir* Frank Whittle ............ 286
Edward Teller ................. 289
William Schockley .......... 292
Alan Turing ..................... 295
Jonas Salk ....................... 298
Rosalind Franklin ............ 301
James Dewey Watson .... 304
Stephen Hawking ............ 307
Tim Berners-Lee ............. 310

Crédito das Imagens ............. 312
Cientistas A-Z ....................... 313

# Prefácio

Estar vivo no mundo de hoje significa defrontar-se com os produtos da ciência. A ciência deu-nos a televisão, o motor de combustão interna, o avião e o computador, para dar apenas alguns exemplos. No entanto, produtos de consumo como esses são apenas um aspecto dos benefícios que a ciência pode oferecer à humanidade. Com frequência, por exemplo, a área da Medicina é preterida em favor de áreas mais "glamorosas", como a Astrofísica ou a construção de foguetes.

Até bem pouco tempo atrás, no século passado, morrer por motivo de doença era um fato rotineiro. Tanto a varíola quanto a poliomielite mataram milhões de pessoas até que Edward Jenner fez uma descoberta simples que mudou a vida de todos: a de que as mulheres que ordenhavam vacas que haviam sido infectadas com varíola bovina eram imunes à varíola humana; em seguida, Jonas Salk desenvolveu a vacina contra a poliomielite. O fato de que ambas as doenças continuem a matar, no mundo moderno, é provocado não pela ciência, mas pela relutância de países mais ricos em compartilhar seus benefícios com os países mais pobres.

A ciência também desenvolveu produtos menos benéficos: o tanque, a metralhadora e a bomba atômica; mas a ciência de fato obtém resultados – ainda que alguns deles possam ser moralmente questionáveis – e é isso que a diferencia da superstição, da bruxaria e da religião. Por mais importantes que possam ser os produtos da ciência, talvez seja mais significativo o método científico em si, que segue da observação empírica à teoria e à modificação da teoria quando surgem novos indícios.

Pode ser que ainda oremos aos deuses por chuva, mas entendemos as causas físicas do clima e podemos prevê-lo até um certo ponto; não o atribuímos mais às ações de alguma divindade incognoscível nem sacrificamos nossos primogênitos na esperança de um porvir favorável. Esse método contrasta com os meios anteriores de descoberta da verdade "pela autoridade", os quais declaravam determinadas crenças como verdadeiras tomando como base não aquilo que era dito, mas a pessoa que estava dizendo aquilo.

Ao rejeitar a ideia da verdade pela autoridade, os cientistas neste livro observaram o mundo ao seu redor, propuseram teorias para explicá-lo e as modificaram para se adequarem a novas observações.

O caminho que parte das trevas da superstição em direção à luz da razão nem sempre foi fácil. Quando Vesálio ousou contradizer a autoridade de Galeno, foi ultrajado, chamado de mentiroso e louco; as declarações dos irmãos Montgolfier foram recebidas com completo ceticismo. Tanto Galileu quanto Copérnico por pouco evitaram seguir Giordano Bruno na fogueira por propor uma teoria heliocêntrica do sistema solar, em oposição ao dogma da Igreja. Mesmo assim, eles perseveraram e, ao fazê-lo, acenderam um farol para que o resto da humanidade os seguisse.

Os homens e as mulheres que constam neste livro brilharam, para usar a frase poética de Bertrand Russell, "com toda a claridade de meio-dia do gênio humano". Quão longe o farol que eles acenderam nos guiará e quão longe a ciência ainda progredirá, no entanto, são questões que deixaremos para a próxima geração de cientistas que mudarão o mundo.

# CIÊNCIA – 100 CIENTISTAS QUE MUDARAM O MUNDO

# ANAXIMANDRO
## (c. 611-547 a.C.)

> **NOTA SOBRE AS DATAS:** *Além do fato de que Anaximandro nasceu na cidade grega de Mileto, na costa da Turquia asiática, provavelmente por volta de 611 a.C., sabemos muito pouco sobre sua vida. Isso se deve principalmente porque ele escreveu pouquíssimo sobre suas ideias, uma tarefa que preferia deixar para seus discípulos. O que sabemos de fato chegou até nós de maneira indireta, por meio de cientistas-filósofos gregos posteriores, que, como era natural, tinham interesse em seus predecessores ilustres.*

Imagine um mundo que todos soubessem ser plano, sustentado na vastidão do espaço por colunas. Era amplamente aceita a ideia de que esse mundo estava no centro de um universo, cuja forma era uma espécie de tenda, com os astros, equidistantes da Terra, parados ao redor das suas bordas. Agora imagine ser informado de que, em oposição à opinião popular, o mundo tinha "profundidade", não era sustentado por nada e as estrelas, a Lua e o Sol não apenas estavam a distâncias diferentes, mas também circulavam ao redor da Terra. Isso seria um conceito revolucionário, que alteraria completamente qualquer ideia preconcebida que existisse sobre o Universo. É justamente esse gigantesco salto na compreensão científica que é atribuído a Anaximandro.

☞ UMA TEORIA DO INFINITO:

Frequentemente chamado de fundador da Astronomia moderna, Anaximandro é o ponto inicial no conceito ocidental atual do Universo. Grego, ele nasceu e morreu em Mileto, hoje na Turquia, embora também se acredite que tenha viajado muito enquanto formulava suas visões do Cosmos. Anaximandro era discípulo de Tales de Mileto, a quem é atribuída uma obra original sobre Física, Filosofia, Geometria e Astronomia. Assim como Tales, muito pouco se sabe a respeito da vida de Anaximandro, restando apenas uma única passagem dos seus textos originais. O restante do que sabemos advém de descrições feitas por gregos posteriores, em particular por Aristóteles e Teofrasto. Eles se lembravam de Anaximandro mais como um filósofo do que um cientista, que defendia uma teoria arrojada sobre o "infinito" e o "ilimitado". Essa ideia era seu "primeiro princípio" de todas as coisas, sem origem e fim, mas "do qual vieram todos os céus e mundos que estão nele" (segundo a descrição que Teofrasto faz da obra de Anaximandro). No entanto, foram suas ideias sobre astronomia que tiveram um impacto duradouro, ao apresentar teorias que mudaram o mundo.

☞ UM UNIVERSO TOPOGRÁFICO:

Pode-se dizer que o salto mais importante de Anaximandro foi conceber a Terra como algo suspenso, sem nenhum suporte no centro do Universo. Antes, outros pensadores gregos acreditavam que a Terra era um disco plano, mantido no lugar por água, colunas ou alguma outra estrutura física. Embora Anaximandro obviamente não tivesse noção do conceito de gravidade, ele defendeu seu argumento ao supor que a Terra, estando no centro do Universo, "a distâncias iguais dos seus extremos, não tem qualquer inclinação para subir em vez de descer ou se deslocar para os lados; e uma vez que é impossível se mover em direções opostas ao mesmo tempo, ela necessariamente permanece onde está" (Aristóteles explicando a teoria de Anaximandro). Além disso, como a Terra estava livremente suspensa, isso permitiu a Anaximandro propor a ideia de que o Sol, a Lua e as estrelas orbitavam em círculos completos ao redor da Terra. Isso explicava, por exemplo, por que o Sol desaparecia no oeste e surgia no leste. Ao acrescentar a isso a ideia de que a Terra tinha profundidade (embora Anaximandro imaginasse-a em forma cilíndrica e ainda com um disco plano no topo, que era sua única "superfície"), surgiu uma visão revolucionária do Universo.

## *Anaximandro efetivamente descobriu a ideia do espaço, ou seja, de um Universo com profundidade*

☞ O VAZIO ENTRE AS ESTRELAS:

Anaximandro efetivamente descobriu a ideia de "espaço" ou de um Universo com profundidade. Em vez de ver a Terra enjaulada em uma espécie de "abóbada celeste" de planetário, ele argumentou que os "corpos celestes" (o Sol, a Lua e as estrelas) estavam a distâncias diversas da Terra, com espaço ou ar entre eles. Ele tentou identificar as distâncias desses corpos da Terra, considerando que eles orbitavam ao seu redor, embora tenha proposto erroneamente que as estrelas eram as mais próximas, seguidas da Lua e do Sol, que eram os mais distantes. Anaximandro pode ter feito um mapa dessa versão do Universo. Embora com detalhes equivocados, isso deve ter representado uma enorme mudança em sua representação gráfica.

> **Outras realizações:**
>
> *Anaximandro não foi apenas um astrônomo. Acredita-se que ele tenha introduzido na Grécia o relógio solar que havia conhecido com os babilônios, utilizando-o para determinar os solstícios e os equinócios. Na geografia, acredita-se que ele tenha desenhado o primeiro mapa do mundo conhecido, uma evolução imensa por si só. Por outro lado, na biologia, é possível que, sem querer, ele tenha antecipado as teorias da evolução de Darwin por meio de sua crença de que a humanidade adveio dos animais, habitantes originais da Terra. Anaximandro acreditava que estes fossem tipos primitivos de peixe, que assumiram sua forma quando o calor do Sol fez a água evaporar.*

15

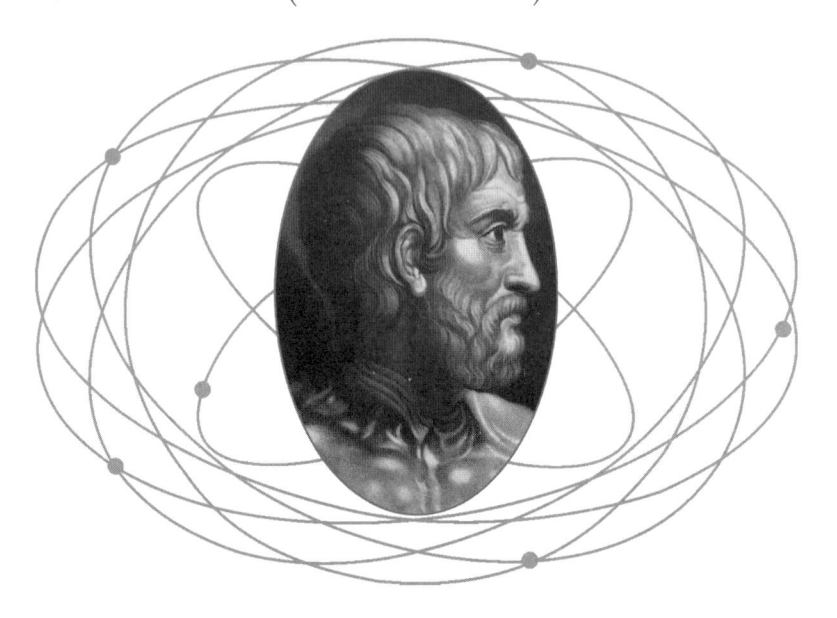

# PITÁGORAS
## (c. 581-497 a.C.)

**Cronologia:** • *525 a.C. Pitágoras é levado como prisioneiro pelos babilônios.*
• *518 a.C. Institui sua própria academia em Cróton, hoje Crotona, no sul da Itália, onde é visto por muitos como líder de uma seita.*
• *500 a.C. Como Cróton estava se tornando cada vez mais instável politicamente, Pitágoras muda-se definitivamente para o Metaponto.*

Muito pouco se sabe com segurança sobre a vida desse matemático e filósofo grego. Um obstáculo para isso é o fato de que muitas das descobertas matemáticas atribuídas a Pitágoras podem ter sido, na verdade, feitas por seus discípulos, os pitagóricos, membros de uma escola filosófica semirreligiosa fundada por ele. Além disso, por causa da reverência que seus seguidores e biógrafos tinham pelo criador da irmandade, às vezes é difícil discernir o mito do fatual.

☞ MATEMÁTICA EXPERIMENTAL:

É, porém, bastante claro que o próprio Pitágoras, de fato, realizou experimentos práticos a respeito da relação entre matemática e música. Acredita-se que ele ou tenha atribuído pesos distintos para uma série de cordas ou tenha feito experiências com cordas de diferentes comprimentos, examinando a relação matemática entre as notas produzidas ao tanger as cordas e os pesos ou comprimentos utilizados. O que ele descobriu foi que relações simples, de números inteiros, por exemplo, uma corda de determinado comprimento e uma outra, duas vezes mais longa, produziam tons harmoniosos. Essas observações, por fim, levaram à determinação das escalas musicais do modo como as conhecemos hoje. Não apenas elas foram uma imensa descoberta musical, mas foi também provavelmente a primeira vez que uma lei física foi expressa matematicamente. Disso resultou o início da ciência da Física-Matemática.

*"Todas as coisas físicas, os astros e o universo são matematicamente relacionados"*

☞ O MUNDO COMO UMA ESFERA:

Essa ideia de uma relação harmoniosa entre entidades físicas também permitiu que Pitágoras concebesse a noção do mundo como uma esfera, ainda que naquela época ele tivesse base científica limitada para sustentar sua crença. Para Pitágoras e seus seguidores, a noção de uma inter-relação matemática "perfeita" entre um globo se movendo em círculos e as estrelas agindo de modo semelhante em um universo esférico (da mesma forma que os tons musicais dançavam harmoniosamente e dependiam uns dos outros) parecia muito mais atraente do que a Terra cilíndrica de **Anaximandro** ou o formato de disco plano. Essa visão era tão poderosa que inspirou estudiosos gregos posteriores, incluindo Aristóteles, a buscar e por fim encontrar indícios físicos e matemáticos que deram maior força à teoria do mundo como um orbe.

☞ PITÁGORAS E SUA ESCOLA:

Pitágoras fundou sua escola em Cróton, na Itália, sendo que um de seus objetivos era o de explorar a relação entre o mundo físico e a Matemática. De fato, das cinco crenças principais que Pitágoras defendia, uma era prevalente: a ideia de que "tudo é número". Em outras palavras, a realidade é matemática no seu nível fundamental, e todas as coisas físicas, como as escalas musicais ou a Terra esférica, suas companheiras estrelas e o Universo estão matematicamente relacionados. Os experimentos dos pitagóricos levaram a numerosas descobertas, como "a soma dos ângulos de um triângulo é igual a dois ângulos retos

(180°)". Outra descoberta: "A soma dos ângulos internos de um polígono de n lados é igual a 2n-4 ângulos retos". Contudo, supõe-se que sua descoberta aritmética mais importante tenha sido a dos números irracionais. Ela resultou da percepção de que a raiz quadrada de 2 não podia ser expressa como uma fração perfeita. Isso foi um grande golpe para a ideia pitagórica de perfeição e, de acordo com alguns relatos, tentou-se até mesmo esconder a descoberta.

☞ O TEOREMA DE PITÁGORAS:

O famoso teorema de Pitágoras provavelmente já era conhecido pelos babilônios, mas Pitágoras pode ter sido o primeiro a prová-lo matematicamente. "O quadrado da hipotenusa em um triângulo retângulo equivale à soma dos quadrados dos dois outros lados" pode ser expresso também como $a^2 + b^2 = c^2$, em que a e b são os lados menores do triângulo e c é a hipotenusa.

### Outras realizações:

*Talvez seja irônico o fato de que Pitágoras é lembrado hoje por seu teorema, cujos princípios já eram conhecidos havia mais de mil anos e, no entanto, suas descobertas originais sejam obscuras. Como descobridor da escala musical, criou na prática um manual para as harmonias musicais ao qual não damos o devido valor, e pode-se dizer que isso talvez tenha tido um impacto muito maior na história mundial do que uma simples, escancaradamente copiada, fórmula matemática. De modo semelhante, 2 mil anos antes de Cristóvão Colombo ter recebido o crédito pela ideia, Pitágoras já havia proposto que o mundo era uma esfera.*

# Hipócrates de Cós

(c. 460-377 a.C.)

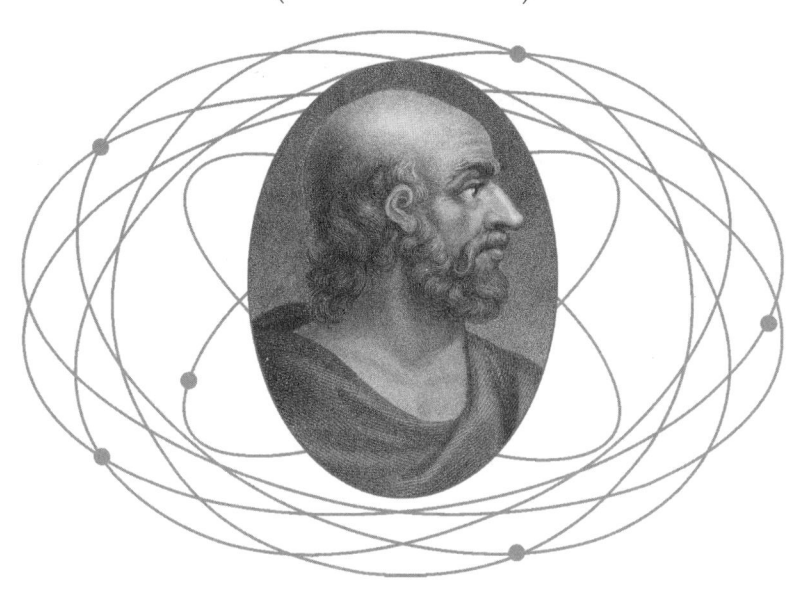

> **Nota sobre as datas:** *Além do fato de que Hipócrates nasceu em Cós, provavelmente por volta da metade do século V a.C., as datas que possuímos, como no caso de Anaximandro, em geral, são tão vagas que mal vale a pena mencioná-las.*

Muito do que é atribuído a Hipócrates está contido na *Coleção hipocrática*, uma série de 60 a 70 textos médicos escritos entre o final do século V e início do século IV a.C. É amplamente reconhecido, no entanto, que o próprio Hipócrates pode não ter escrito muitos desses trabalhos, e é por isso que detalhes precisos acerca de sua vida e suas realizações permanecem obscuros. Escritos ao longo de um século e variando muito em estilo e argumentação, acredita-se que sua origem seja a biblioteca da escola de Medicina de Cós, onde possivelmente foram organizados pela primeira vez pelo autor a quem mais tarde eles passaram a ser atribuídos. Tendo recebido de Aristóteles a alcunha de "Grande Médico", Hipócrates é hoje mais comumente mencionado como o "Pai da Medicina". Sem dúvida, Hipócrates de Cós, apesar dos limitados detalhes factuais realmente conhecidos a respeito de sua vida, ajudou a estabelecer as bases fundamentais da ciência medicinal, influenciando fortemente no seu desenvolvimento posterior, até mesmo nos dias de hoje.

☞ UMA ABORDAGEM DE SENSO COMUM:

Para Hipócrates, a doença e seu tratamento eram coisas completamente terrenas. Ele deixou de lado a superstição e concentrou-se no natural, particularmente ao observar, registrar e analisando os sintomas e estágios das doenças. O prognóstico de uma enfermidade era algo central na abordagem que Hipócrates fazia da Medicina, tendo em vista a possibilidade de evitar no futuro as circunstâncias identificadas como aquelas que iniciaram os problemas em primeiro lugar. O desenvolvimento de curas ou de remédios milagrosos, entretanto, não era tão importante. O que se originava na natureza deveria, na visão de Hipócrates, ser curado pela natureza; portanto descanso, alimentação saudável, exercício, higiene e ar eram prescritos para o tratamento e prevenção de doenças. "Andar é a melhor medicina do homem", escreveu Hipócrates.

*Os tratamentos que ele prescreveu ainda são exemplo de boa medicina 2 mil anos depois*

☞ A TEORIA DOS HUMORES:

Ele considerava o corpo uma entidade única ou íntegra e a solução para permanecer saudável era preservar o equilíbrio natural no interior dessa entidade. Os quatro "humores" que Hipócrates acreditava influenciar nesse equilíbrio eram: sangue, fleuma, bile amarela e bile negra. Quando presentes em quantidades iguais, eles resultavam em um corpo saudável. Entretanto, se um elemento se tornasse muito dominante, a enfermidade ou doença manifestava-se. A maneira de tratar o problema era tentar se dedicar a atividades ou comer comidas que estimulassem os outros humores, ao mesmo tempo em que se buscava refrear o dominante, de modo a restabelecer o equilíbrio e, consequentemente, a saúde.

Embora essa abordagem possa parecer muito pouco científica pelos padrões atuais de medicina, o fato de que Hipócrates prescrevesse uma solução tão natural e "terrena" já era por si só um grande avanço. Além disso, o conceito e o tratamento dos humores perduraram pelos 2 mil anos seguintes, decerto até o século XVII e, em alguns de seus aspectos, até o XIX. Ademais, os tratamentos que ele prescreveu para uma vida saudável, como dieta e exercício, são ainda exemplo de "boa medicina" 2 mil anos depois. A linguagem introduzida por Hipócrates também perdura: um excesso de bile negra em grego se chamava "melancolia", enquanto alguém que tivesse o humor fleuma muito dominante tornava-se "fleumático".

## ☞ O JURAMENTO DE HIPÓCRATES:

Ironicamente, é possível que Hipócrates nem sequer tenha escrito seu próprio legado mais duradouro. O Juramento Hipocrático, provavelmente composto por um de seus seguidores, é uma passagem breve que institui um código de conduta com o qual todos os médicos devem se comprometer. Ele destaca, entre outras coisas, as responsabilidades éticas de um doutor para com seus pacientes e o comprometimento com sua confidencialidade. O juramento foi uma tentativa de afastar os médicos de tradição hipocrática dos curandeiros espirituais e supersticiosos de seu tempo. Sua durabilidade é tanta que até hoje os estudantes que se diplomam na escola de Medicina podem fazer o juramento.

### O legado de Hipócrates:

*Antes de Hipócrates, não havia praticamente nenhuma ciência na Medicina. Acreditava-se que a doença era uma punição dos deuses, uma intervenção divina originada não do natural, mas do sobrenatural. O único "tratamento", portanto, também advinha do sobrenatural: ele se dava por meio da magia, da bruxaria, da superstição ou de um ritual religioso. Hipócrates confrontou essa ideia, de modo direto, com uma convicção notável, se considerada a época em que ele viveu. Sua abordagem trouxe o racional ao que anteriormente era irracional e, com isso, A medicina adentrou a era da razão. "Há, na realidade, duas coisas", disse Hipócrates de Cós, "ciência e opinião; a primeira engendra conhecimento, a última, ignorância."*

21

# DEMÓCRITO DE ABDERA

## (c. 460-370 a.C.)

**Nota sobre as datas:** *Como muitos de seus contemporâneos, Demócrito não deixou nenhum registro escrito de sua obra; os detalhes de sua abordagem apenas foram transmitidos até nós por meio dos escritos de gregos posteriores, mais notavelmente por Aristóteles, que se opunha a ela, e por Epicuro, que a endossava. A única data vagamente confiável é a do seu nascimento, por volta de 460 a.C., embora alguns testemunhos datem-no no ano de 490 a.C*

John **Dalton** é popularmente lembrado hoje em dia como o fundador da teoria atômica por seu trabalho no século XIX, que propunha que os elementos eram compostos de partículas pequenas e indivisíveis. No entanto, o conceito de "átomo" e uma argumentação sistemática acerca de como ele formava o mundo físico existia há mais de mil anos antes dele, expostos por Demócrito de Abdera, na Trácia.

☞ TEORIA ATÔMICA:

A palavra átomo vem do grego *atomon*, que significa "indivisível". Dalton deu o devido reconhecimento a isso dois milênios depois, ao utilizar a mesma palavra em sua tese. Mas também Demócrito não foi o primeiro. Seu mestre, Leucipo, e também Anaxágoras, tinham considerado essa ideia de uma partícula indivisível.

Demócrito, entretanto, foi o primeiro a propor um argumento abrangente da primazia do átomo na composição do Universo. Embora não tenha sido baseada em indícios científicos, como foi o de Dalton, sendo, por sua vez, simplesmente uma hipótese racional, muitos aspectos da teoria de Demócrito ainda repercutem.

## *Demócrito apresenta uma argumentação sistemática da primazia do átomo*

☞ ÁTOMOS, SER E O VAZIO:

Para Demócrito, havia apenas duas coisas: espaço e átomos. Espaço consistia no "Vazio", um vácuo de proporção infinita, com números infinitos de átomos compondo o "Ser", o mundo físico. Tanto os átomos quanto o espaço haviam existido sempre, e sempre existiriam porque nada pode se originar do nada. Os átomos, que eram as partes que constituíam tudo que existe sobre a Terra, assim como os planetas e as estrelas, tinham sempre sido os mesmos e sempre seriam os mesmos: blocos sólidos, impenetráveis e indivisíveis que nunca mudavam. Eles simplesmente se combinavam com outros átomos no Vazio para formar diferentes coisas, de pedras a plantas e animais. Quando essas coisas morriam ou se desfaziam, sua estrutura se desintegrava e os átomos estavam livres para formar coisas novas, combinando-se em uma forma diferente com outros átomos. Demócrito imaginou que os átomos poderiam se combinar por meio de suas diferentes formas. Considerando que alguns átomos eram iguais em substância, acreditava-se que os líquidos tinham bordas macias e arredondadas, o que lhes permitia se esparramar; aqueles que formavam sólidos tinham bordas ásperas e serrilhadas que poderiam se enganchar umas nas outras. Assim como a forma física, Demócrito defendia que o fato de se perceber diferenças nas coisas, como no seu sabor, poderia ser explicado também pelas bordas dos átomos: sabores doces eram provocados por átomos grandes e arredondados, os azedos por átomos pesados e recortados. Da mesma forma, a cor dos objetos era explicada pela "posição" dos átomos no composto, resultando assim tons mais claros ou mais escuros.

A tese de Demócrito é ainda mais notável porque ela rejeita completamente a ideia do espiritual ou do religioso. A alma, por exemplo, podia ser explicada por meio de um grupo de átomos velozes, reunidos pelo confinamento no corpo. Esses átomos reagiam a distúrbios provocados por outros átomos no interior e no exterior do corpo. O movimento produzia sensações que interagiam com a mente (ela própria apenas um conjunto de átomos) para produzir pensamentos, sentimentos e assim por diante. Uma vez o corpo morto, Demócrito defendia que a alma deixava de existir porque o objeto que mantinha esses átomos velozes juntos havia se desintegrado. Assim, soltos, eles podiam se separar e interagir com outros átomos para formar coisas novas. Isso não cedia lugar a ideias abstratas do sobrenatural ou de uma pós-vida.

☞ DETERMINISMO:

Até mesmo o conceito de liberdade de escolha não podia existir no modelo de Demócrito. Todas as ações humanas eram determinadas pelo choque de átomos contra o corpo humano, não como parte de alguma grande cena ou plano, mas simplesmente porque o movimento e a colisão com outros átomos no Vazio era algo que sempre acontecia e sempre aconteceria, o que não concedia, de nenhuma forma, o livre-arbítrio para os humanos.

### Um legado matemático:

*Embora muitos elementos da tese de Demócrito tenham mais tarde sido testados e frequentemente refutados pela ciência moderna, eles permanecem como uma das primeiras tentativas de explicar o Universo com algumas leis físicas e matemáticas simples. Isso representa uma mudança importante no pensamento com relação ao seu objeto e é uma ideia que tem desde então instigado os cientistas.*

*A Demócrito também é atribuída a descoberta da lei matemática segundo a qual o volume de um cone é um terço do volume do cilindro que possui uma base e uma altura dos mesmos tamanhos, bem como uma relação semelhante entre uma pirâmide e um prisma.*

# PLATÃO
## (c. 427-347 a.C.)

> **Cronologia:** • **427 a.C.** *Platão nasce em Atenas ou nos seus arredores.* • **399 a.C.** *Na execução de Sócrates, Platão deixa Atenas por desgosto.* • **387 a.C.** *No seu retorno a Atenas, Platão funda a Academia, um bastião de realização intelectual até seu fechamento, sob ordens do imperador Justiniano em 529 d.C.* • **389 a.C.** *Platão visita a Sicília pela primeira vez.*

Para entender como Platão chegou a conclusões que tiveram um impacto muito profundo no pensamento ocidental, é necessário entender suas próprias influências. Nascido em Atenas ou nos seus arredores em uma época em que a cidade-Estado estava florescendo como um dos locais mais poderosos e culturalmente iluminados da Terra, ele foi fortemente afetado pelos argumentos de outro grande filósofo, Sócrates, que também vivia ali. O método de Sócrates era a busca constante de definições mais claras das palavras e da percepção que as pessoas tinham dessas palavras, de modo a aproximar-se da "verdade" que estava por trás do seu uso frequentemente irracional e mal concebido. Isso apresentou a Platão a ideia de "realidade" distorcida pela percepção humana, que se tornaria importante em seu método científico e, em particular, na metafísica.

☞ A INFLUÊNCIA DE SÓCRATES:

Sócrates foi executado em 399 a.C. por ter supostamente "corrompido" os jovens de Atenas com suas ideias "rebeldes". Em oposição a isso, Platão deixou a cidade-Estado e deu início a uma viagem por muitos países que duraria mais de uma década. Em suas viagens, ele encontrou um grupo de pessoas que se tornaria a grande influência para ele, os Pitagóricos. Iniciada pelo seu fundador, pitágoras, a escola dos discípulos em Cróton continuou a promover sua abordagem geral de que "tudo é número".

*"Que nenhum ignorante em geometria entre aqui" – Inscrição sobre a entrada da Academia de Platão*

☞ A TEORIA DAS FORMAS:

A combinação dessas duas grandes influências em Platão mais, é claro, sua própria obra, levaram-no à sua Teoria das Formas, seu principal legado para o pensamento científico. Ela consistia em um argumento de que a natureza, vista pelos olhos humanos, era meramente uma versão imperfeita da verdadeira "realidade" ou das "formas"; em uma metáfora instrutiva, ele compara a humanidade com habitantes de cavernas, que vivem encarando a parede detrás da caverna. O que eles percebem como realidade são apenas as sombras ali projetadas pelo Sol. Há, portanto, pouco a ser aprendido pela observação direta delas. Para Platão, sempre existira uma forma e uma ordem matemáticas eternas e subjacentes do Universo e os humanos apenas as vislumbravam de modo imperfeito, geralmente corrompidas pelas suas percepções irracionais e seus preconceitos de como as coisas "são". Consequentemente, para Platão, assim como para os pitagóricos, a única abordagem válida da ciência era a racional e matemática, que buscava estabelecer verdades universais, independentemente da condição humana. Essa legitimação do método numérico teve um forte impacto na ciência moderna; seus discípulos, seguindo essa tradição, "fizeram" descobertas por meio de um prognóstico matemático. Por exemplo: cálculos aritméticos sugeriam que descobertas futuras teriam determinadas propriedades, no caso de elementos desconhecidos na primeira tabela periódica de Dmitri **Mendeleev,** e os trabalhos investigativos subsequentes realizados por cientistas provaram que a matemática estava correta. Essa abordagem é ainda hoje utilizada pelos cientistas.

☞ A ACADEMIA:

Platão também ajudou a influenciar o pensamento científico em um sentido muito mais físico, ao fundar uma Academia no seu regresso a Atenas em 387 a.C. Alguns comentadores alegam que esse instituto foi a primeira universidade europeia e, decerto, os princípios de sua fundação, como uma escola para a busca sistemática do conhecimento científico e filosófico, estavam de acordo com tal instituição. A influência de Platão foi global; dizem que havia uma inscrição na entrada do instituto em que se lia: "Que nenhum ignorante em geometria entre aqui". Ao longo dos séculos seguintes, a Academia de Atenas foi reconhecida como a mais importante autoridade em matemática, astronomia, ciência e filosofia, entre outras disciplinas. Ela sobreviveu por quase mil anos até que o imperador romano Justiniano a fechou em 529 d.C., por volta do período em que teve início a Era das Trevas.

---

### O legado de Platão:

*Platão é mais lembrado hoje em dia como um dos maiores filósofos da tradição ocidental. Ele não poderia, portanto, ser um candidato óbvio para estar presente em um livro sobre cientistas famosos. Mas do mesmíssimo modo que a influência de Platão estendeu-se para muitas outras áreas acadêmicas, como educação, literatura, ciência política, epistemologia e estética, a mesma coisa acontece com sua ciência.*

*Embora o legado científico e filosófico de Platão tenha passado por uma revitalização e reinterpretação significativas ao longo da história, sua abordagem lógica da ciência permanece como uma prova influente e presente das suas ideias de longo alcance.*

# ARISTÓTELES

## (c. 384-322 a.C.)

> **Cronologia:** • *367 a.C.* Aristóteles entra na Academia de Platão em Atenas. • *347 a.C.* Quando Platão morre, ele deixa a Academia e parte para Lesbos. • *342 a.C.* Torna-se tutor do jovem Alexandre, o Grande, da Macedônia. • *335 a.C.* Retorna a Atenas e funda sua própria escola, o Liceu. • *323 a.C.* Acusado de impiedade ao "impedir que a cidade cometa duas vezes um pecado contra a filosofia", Aristóteles retorna a Cálcis, onde morre no ano seguinte.

A obra de Aristóteles em Física e Cosmologia foi dominante sobre o pensamento ocidental até a época de Galileu e Newton, quando se demonstrou que boa parte dela era equivocada. Ele deu início à ideia comumente aceita pelos gregos de que tudo é composto por um de quatro elementos: terra, água, ar e fogo.

☞ **OS QUATRO ELEMENTOS:**

Ele também aceitou a ideia de que a Terra está no centro do universo, com a Lua, os planetas, o Sol e as estrelas orbitando ao seu redor em círculos perfeitos. Ele acreditava que os quatro elementos sempre buscavam retornar para seu "lugar natural". Era por isso que uma pedra, por exemplo, caía ao chão assim que todos os obstáculos que a impediam de fazê-lo eram removidos – porque elementos "terrenos", sendo mais densos e pesados, naturalmente buscariam mover-se para baixo, em direção ao centro do planeta. Elementos de água flutuariam na superfície, os de ar ficariam acima deles e os de fogo tentariam erguer-se acima de todos eles, o que explicaria a direção das chamas para cima. Pelo mesmo método, Aristóteles podia explicar por que uma pedra transitaria pelo ar antes de mover-se para baixo quando atirada, em vez de dirigir-se diretamente para a terra, como se esperaria. Isso acontecia porque o ar a propeliria, buscando fechar a lacuna criada pela invasão da pedra, até que ela perdesse sua velocidade horizontal e caísse no chão.

☞ **O QUINTO ELEMENTO:**

Contudo, Aristóteles se deparou com um problema. Essa ideia de que tudo tendia ao seu "lugar natural" não estava de acordo com sua visão do resto do Cosmos, que estava em uma rotação de ordem perfeita e uniforme, com nenhum distúrbio ou disputa por posição associados aos elementos terrenos (caso contrário, os planetas e as estrelas tombariam sobre a Terra, que estava no centro do universo). Para explicar isso, ele acrescentou um quinto elemento aos quatro tradicionais, o "éter", que tinha naturalmente um movimento circular. Tudo que estava além da Lua era regulado pelo éter, o que explicava tanto seu movimento perfeito quanto sua estabilidade, enquanto tudo que estava abaixo dela era sujeito às leis dos outros quatro elementos. Embora essa explicação possa parecer inadequada para uma audiência moderna, ela foi amplamente aceita nos 2 mil anos seguintes. Com isso, ela teve um impacto duradouro no desenvolvimento do pensamento científico, ao menos retardando seu progresso, em razão da aceitação incontestável que as leis de Aristóteles tiveram por tanto tempo.

Em outras áreas da física, Aristóteles era mais detalhista em sua avaliação. Por exemplo, ele reafirmou a visão inicialmente exposta por **Pitágoras** de que a Terra era esférica. Ele notou que sempre que havia um eclipse lunar, uma sombra em forma de arco, coerente com o formato de globo, era projetada na Lua. Além disso, ele observou corretamente que, ao se deslocar em direção ao norte ou ao sul da Terra, as estrelas "moviam-se" no horizonte até que algumas gradualmente desaparecessem de vista. Ele concluiu que isso também estava de acordo com a ideia de um planeta esférico.

☞ COM RELAÇÃO
À BIOLOGIA:

Parte da teoria de Biologia de Aristóteles era incorreta, como sua ideia de que o coração, e não o cérebro, era o centro da mente. Entretanto, de acordo com sua abordagem empírica, ele realizou dissecções detalhadas para desfazer certos mitos, por exemplo, o de que um embrião é formado no momento da fertilização sobre; e que o sexo de um animal é determinado por sua posição no útero.

Aristóteles também foi um dos primeiros a tentar uma classificação metodológica dos animais usando meios de reprodução, distinguindo entre aqueles animais que davam à luz filhotes e aqueles que depositavam ovos, um sistema que foi o precursor da taxonomia moderna.

### O legado de Aristóteles:

*Em contraste com seu mestre e mentor Platão, Aristóteles acreditava que havia muito a ser aprendido com a observação da natureza. Ele aplicou essa sua abordagem em áreas vastas do conhecimento existente para legitimar, refutar ou ampliar aquilo que já era sabido em áreas como Física, Filosofia, Astronomia e Biologia. Embora tenha sido aluno na Academia de Platão por quase vinte anos, os dois grandes pensadores estavam em extremos opostos em diversos assuntos, mas as teses de Aristóteles tiveram um efeito tão profundo no pensamento ocidental quanto aquelas de seu mestre.*

*No campo do pensamento científico, em particular, Aristóteles teve uma influência ainda mais fundamental, ao ponto de nos séculos seguintes atribuírem às suas propostas uma autoridade quase divina, incontestável, o que nem sempre teve resultados benéficos.*

# Euclides

## (c. 330-260 a.C.)

> **Cronologia:** *Embora tenhamos conhecimento extenso dos pensamentos de muitos dos antigos, como já vimos, frequentemente acontece de suas vidas e épocas serem mais obscuras; isso é verdade no caso de Euclides. Embora seu nome seja familiar para qualquer criança na escola, quase nada se sabe sobre sua vida, quando ou onde ele estudou, ou até mesmo quando e onde ele nasceu e morreu: trata-se de um verdadeiro mistério internacional!*

Dizem que o rei Ptolomeu I Sóter do Egito perguntou a Euclides se era possível dominar a disciplina da Geometria de uma maneira mais rápida do que a leitura de sua obra definitiva em 13 volumes, acerca do assunto. Em uma frase famosa, Euclides respondeu: "Não há caminho real para a Geometria, Majestade". Ainda assim, o que Euclides havia fornecido era uma das rotas mais grandiosas para o assunto, que continuaria a ser reverenciada por mais de 2 mil anos.

☞ OS ELEMENTOS:

O legado de Euclides é bem conhecido e, mesmo assim, como vimos, muito da vida do matemático grego permanece um mistério. Ele provavelmente estudou com Platão em Atenas e certamente passou a maior parte de sua vida em Alexandria, onde fundou uma escola de matemática. Quer todas as obras atribuídas a ele, incluindo *Os dados*, *Sobre as divisões*, *Óptica* e *Fenômenos*, tenham sido compiladas apenas por Euclides, quer tenham sido produzidas com a assistência de alunos de sua escola, o fato permanece incerto, mas sabe-se que o impacto dos textos foi grande. Em particular *Os elementos*, a obra principal de Euclides sobre Geometria, teve uma influência fenomenal no pensamento acadêmico ocidental. Isso fica claro pela sugestão de que, depois da Bíblia, *Os elementos* foi provavelmente mais estudado, traduzido e reimpresso do que qualquer outro livro na história.

Há duas razões para isso: não apenas o que Euclides disse, mas também a maneira como ele disse. Na verdade, pode-se afirmar que o último motivo seja o mais duradouro dos dois porque ele influenciou profundamente a apresentação de quase todo texto posterior de matemática, ciência, teologia ou filosofia, entre outros. A razão disso é que Euclides utilizou uma abordagem sistemática na sua escrita, apresentando uma série de axiomas (verdades) no início e construindo cada prova de teorema que se seguia tomando como base as verdades introduzidas antes. Esse método lógico de "bloco de construção" foi o precedente da maneira acadêmica de se provar um conhecimento, continuando a ser um padrão hoje em dia.

☞ UMA SÍNTESE GEOMÉTRICA:

A compilação de conhecimento que Euclides fez nos 13 volumes de *Os elementos* era tão extensa e persuasiva que permaneceu praticamente inalterada e incontestável, como manual didático, por mais de 2 mil anos. Certamente muitas das teorias descritas não eram dele: ele estava apenas buscando assimilar todo o conhecimento geométrico (e de várias outras áreas da matemática) em um único texto. Por exemplo, as ideias de matemáticos gregos anteriores, como Eudoxo, Teeteto e Pitágoras, eram todas evidentes, embora muito da prova sistemática das teorias, assim como outras contribuições originais, sejam de Euclides. Os primeiros seis volumes tratavam da geometria plana, descrevendo, por exemplo, os princípios básicos dos triângulos, quadrados, retângulos e círculos e de quaisquer questões sobre eles, assim como explicavam outros princípios básicos da matemática, incluindo a teoria de Eudoxo sobre a proporção. Os quatro livros seguintes tinham como assunto a teoria do número, incluindo a famosa prova de que há um número infinito de números primos. Os três últimos livros tratavam da geometria dos sólidos.

☞ ESPAÇO NÃO EUCLIDIANO:

Ironicamente, foi em alguns dos primeiros axiomas do texto que os matemáticos posteriores encontraram erros. O último axioma, em particular, mostrou-se controverso. Esse axioma "paralelo" estabelece que, se um ponto está fora de uma linha reta, então se pode desenhar apenas uma única linha reta que passe pelo ponto e nunca encontre a outra linha naquele plano (isto é, linha paralela). Isso foi examinado no século XIX pelo matemático romeno Janos Bolyai. Baseando-se no trabalho do pai, ele tentou provar o postulado paralelo de Euclides, mas descobriu que, na verdade, ele não podia ser provado. Isso deu início a uma nova escola de pensamento e, mais tarde, quando recebeu mais atenção pela crença de Albert **Einstein** de que a geometria do espaço também era não euclidiana, provou-se em seguida que ele era verdadeiro.

### O legado de Euclides:

*Embora as descobertas dos últimos duzentos anos tenham mostrado que tempo e espaço, sob certas circunstâncias, não são euclidianos, isso não significa que suas realizações foram diminuídas. Por ter composto* Os elementos *da maneira como ele fez, por ter tido um efeito de tal magnitude no desenvolvimento do pensamento ocidental, e por ter sido aceito como única autoridade em geometria por tanto tempo (e para a maior parte dos objetivos práticos, ele ainda mantém tal status), ele possui um legado que poucos puderam igualar.*

# ARQUIMEDES
## (c. 287-212 a.C.)

> **Cronologia:** • *213 a.C. As máquinas de guerra de Arquimedes garantem que o ataque romano a Siracusa não seja bem-sucedido.* • *212 a.C. Os romanos tomam Siracusa; Arquimedes é morto por um soldado romano durante o saque à cidade.* • *75 a.C. O túmulo de Arquimedes é descoberto e restaurado pelo estadista romano Cícero.*

"Deem-me um ponto de apoio e eu moverei a Terra." Acredita-se que Arquimedes tenha dado essa declaração ao povo de Siracusa. A natureza prática de uma vida prosaica pode lhe ter negado esse pedestal particular, mas fazer com que seu patrão, o rei Hieron, movesse um navio empurrando uma pequena alavanca foi um feito considerado quase um milagre. Com demonstrações assim audaciosas, em conjunto com seu brilhantismo como inventor, cientista mecânico e matemático, não é de admirar que Arquimedes fosse muito popular e bastante estimado entre seus contemporâneos.

☞ O MATEMÁTICO:

Não foram apenas seus pares, entretanto, que se beneficiaram do trabalho de Arquimedes. Muitas de suas realizações são sentidas até hoje. Em primeiro lugar, Arquimedes era um matemático puro, extraordinário, "normalmente considerado um dos maiores matemáticos de todos os tempos", de acordo com o *Oxford Dictionary of Scientists* (Dicionário Oxford de Cientistas).

Ele foi, por exemplo, o primeiro a deduzir que o volume de uma esfera era $4\pi r^3 \times 3$, em que r é o raio. Outro trabalho na mesma área, como ressaltado em seu tratado *Sobre a esfera e o cilindro*, levou-o a deduzir que a área da superfície de uma esfera pode ser encontrada multiplicando-se a área de seu maior círculo por quatro; ou, de modo semelhante, que o volume de uma esfera equivale a dois terços do cilindro que a circunscreve. Ele calculou que o valor do pi era em torno de 22/7, um número amplamente usado nos 1.500 anos seguintes.

*"Deem-me um ponto de apoio e uma alavanca longa o bastante e eu moverei a Terra"*

☞ O PRINCÍPIO DE ARQUIMEDES:

Arquimedes também descobriu o princípio de que um objeto imerso em líquido flutua ou é impelido para cima por uma força equivalente ao peso do líquido que ele desloca. O volume do líquido deslocado é igual ao volume do objeto imerso. Diz a lenda que ele fez essa descoberta quando o rei Hieron o desafiou a descobrir se uma de suas coroas era feita de ouro puro ou se era falsa. Enquanto refletia sobre o problema, Arquimedes tomou um banho e notou que, quanto mais ele imergia seu corpo na água, mais água transbordava da banheira. Ele percebeu que se ele imergisse a coroa em um recipiente com água e medisse quanta água havia transbordado, ele poderia saber o volume da coroa. Ao verificar o volume de ouro puro equivalente ao volume de água deslocada pela coroa e, em seguida, ao pesar tanto a coroa quanto o ouro, ele conseguiu responder à pergunta do rei. Ao perceber essa solução, dizem que Arquimedes levantou-se de sua banheira e correu nu pela rua, gritando "eureca!", "eu descobri!".

☞ ALAVANCAS E POLIAS:

Na verdade, foram as consequências práticas da obra de Arquimedes que tiveram mais importância para seus contemporâneos e foi por elas que ele se tornou famoso. Uma dessas demonstrações práticas permitiu ao rei Hieron mover um navio com uma única alavanca pequena – que, por sua vez, estava conectada a uma série de outras alavancas. Arquimedes sabia que o experimento iria funcionar porque ele já havia preparado uma teoria geral de alavancas. Matematicamente, ele entendeu a relação entre o comprimento da alavanca, a posição do fulcro, o peso a ser erguido e a força necessária para mover esse peso. Isso significava que ele poderia predizer, de modo bem-sucedido, soluções para quaisquer alavancas e objetos a serem erguidos.

De forma semelhante, ele entendeu e explicou os princípios da polia composta, do molinete, da cunha e do parafuso, e também encontrou formas de determinar o centro de gravidade nos objetos.

☞ ARQUIMEDES VAI À GUERRA:

Talvez as invenções mais importantes para seus contemporâneos tenham sido, contudo, os dispositivos criados durante o cerco romano a Siracusa na Segunda Guerra Púnica. Os romanos por fim tomaram Siracusa em razão do descuido das defesas, e Arquimedes foi morto por um soldado romano enquanto estava concentrado em um trabalho sobre diagramas matemáticos. Dizem que suas últimas palavras foram: "Meu caro, não interfira nos meus círculos!".

### Outras realizações:

*Invenções:*
- *Parafuso de Arquimedes: um dispositivo usado para bombear água para fora dos navios e também usado para irrigação;*
- *A garra de Arquimedes: uma enorme máquina de guerra desenvolvida para afundar os navios ao agarrar suas proas e virá-los, usada na defesa de Siracusa;*
- *Sistemas de polias compostas: permitiu o levantamento de pesos enormes com um gasto mínimo de energia;*
- *O método da exaustão: um processo de limitação de cálculo integral usado para computar a área e o volume de lâminas bidimensionais e de sólidos tridimensionais;*

*Descobertas:*
- *Arquimedes foi responsável pela ciência da hidrostática, o estudo do deslocamento dos corpos na água (veja o Princípio de Arquimedes). Ele também descobriu os princípios da mecânica estática e da picnometria (a medição do volume ou densidade de um objeto).*
- *Conhecido como o "pai do cálculo integral", os cálculos de Arquimedes foram posteriormente usados por Kepler, Fermat, Leibniz e Newton, entre outros.*

# HIPARCO
## (c. 170-125 a.C.)

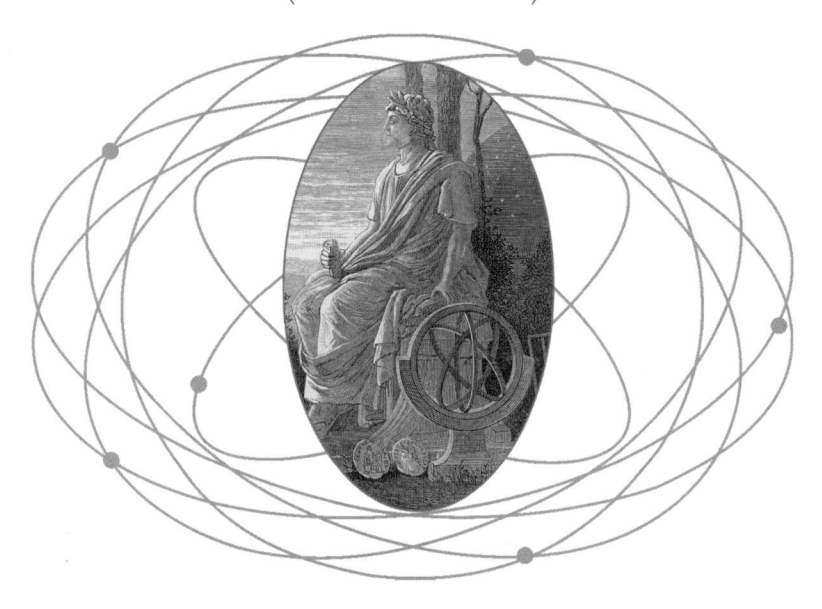

> **Cronologia** *A data mais importante relacionada a Hiparco é o ano de 134 a.C., quando ele observou uma nova estrela na constelação de Escorpião. A maioria dos fatos da vida de Hiparco que chegaram até nós foi retirada do registro de seus feitos, por Ptolomeu. A maior parte do trabalho original de Hiparco foi perdida. Ele nasceu em Niceia, Bitínia, atualmente Turquia, onde realizou parte de suas observações astronômicas, além de ter passado períodos em Rodes e um pouco menos de tempo em Alexandria.*

Hiparco passou longos períodos tentando medir a posição da Terra em relação às estrelas. Os resultados permitiram-lhe fazer certo número de descobertas e cálculos importantes.

☞ A "PRECESSÃO DOS EQUINÓCIOS":

Ele descobriu o que é conhecido como "precessão dos equinócios" ao comparar suas próprias observações com aquelas anotadas por Timocáris de Alexandria, um século e meio antes, e com registros mais recentes da Babilônia. O que Hiparco percebeu foi que, mesmo levando em consideração erros de observação cometidos por seus predecessores, os pontos em que o equinócio (as duas ocasiões ao longo do ano em que o dia e a noite têm duração igual) ocorreu pareciam mover-se lenta, mas consistentemente, de leste para oeste contra o fundo das estrelas fixas. Ele deu um valor aproximado para a precessão anual de 46 segundos de arco, o que é extraordinariamente próximo do número atual de 50,26 segundos, considerando os instrumentos e dados disponíveis naquela época.

## *A primeira pessoa a usar os conceitos de longitude e latitude em posições geográficas*

☞ A DISTÂNCIA DA LUA:

A partir dessas observações, Hiparco pôde fazer cálculos muito mais precisos sobre a duração do ano, encontrando um número que estava a 6,5 minutos do verdadeiro. Ele também pôde determinar corretamente as durações das estações e oferecer previsões mais precisas de quando os eclipses aconteceriam. Ele fez observações sobre a suposta órbita do Sol e tentou fazer o mesmo com a órbita da Lua, que é mais irregular. Embora tenha sido em parte bem-sucedido, ele não conseguiu fazer cálculos totalmente precisos. Ao utilizar medidas e tempos relacionados à sombra da Terra durante os eclipses, ele fez outras tentativas de determinar o tamanho do Sol e da Lua e de suas distâncias da Terra. Novamente, ainda que não totalmente precisa, Hiparco propôs que a distância entre a Lua e a Terra era de 380 mil quilômetros, o que é extraordinariamente próximo do cálculo atual.

☞ UM CATÁLOGO DE ESTRELAS:

Talvez o feito astronômico mais importante de Hiparco tenha sido sua representação do primeiro catálogo conhecido das estrelas, apesar dos avisos de alguns de seus contemporâneos de que isso o faria ser acusado de impiedade. Hiparco foi inspirado a dar início ao seu trabalho em 134 a.C., depois de, segundo ele, ter visto uma "nova estrela", o que o induziu à sua especulação de que as estrelas não são fixas como antes se pensava. Ele chegou a registrar a posição de 850 estrelas nos anos seguintes, um feito importante, dados os recursos disponíveis. Além disso, ele planejou uma escala para registrar a magnitude ou o brilho de uma estrela: da mais visível – a primeira magnitude – à mais fraca – a sexta. Ainda que tenha sido modificada de forma considerável, a escala é usada até hoje.

## ☞ DESENVOLVIMENTO DA TRIGONOMETRIA:

Por causa das rápidas descobertas que Hiparco estava fazendo na astronomia, ele precisou renovar outras disciplinas, particularmente a matemática, para facilitar suas observações e cálculos celestes. Seu feito mais notável foi desenvolver uma versão inicial da trigonometria. Como ele não possuía a ideia de seno, precisou construir uma tabela de cordas, que calculava a relação entre o comprimento de uma linha que unia dois pontos em um círculo e o ângulo correspondente no centro.

### Influência de Hiparco em outras áreas:

*Embora Hiparco seja considerado um dos astrônomos mais influentes do mundo antigo, pode-se argumentar que suas realizações de maior impacto tenham sido em áreas como matemática e geografia. O geógrafo e astrônomo Ptolomeu mencionou Hiparco como seu predecessor mais importante e ele é, com frequência, reverenciado por suas medições e catalogações astronômicas. Por outro lado, como o suposto inventor da trigonometria, assim como a primeira pessoa a representar locais na superfície terrestre utilizando longitude e latitude, sua influência foi bastante duradoura e abrangente.*

*Ele conseguiu aplicar seu trabalho em trigonometria das esferas ao planeta, base sobre a qual ele fazia suas observações. Ele também é importante por ter sido a primeira pessoa a utilizar longitude e latitude em seus cálculos matemáticos para indicar as posições dos lugares na superfície terrestre. Como muitas das realizações de Hiparco, esse seu trabalho pioneiro ainda pode ser sentido hoje em dia.*

# Zhang Heng

(78-139 d.C)

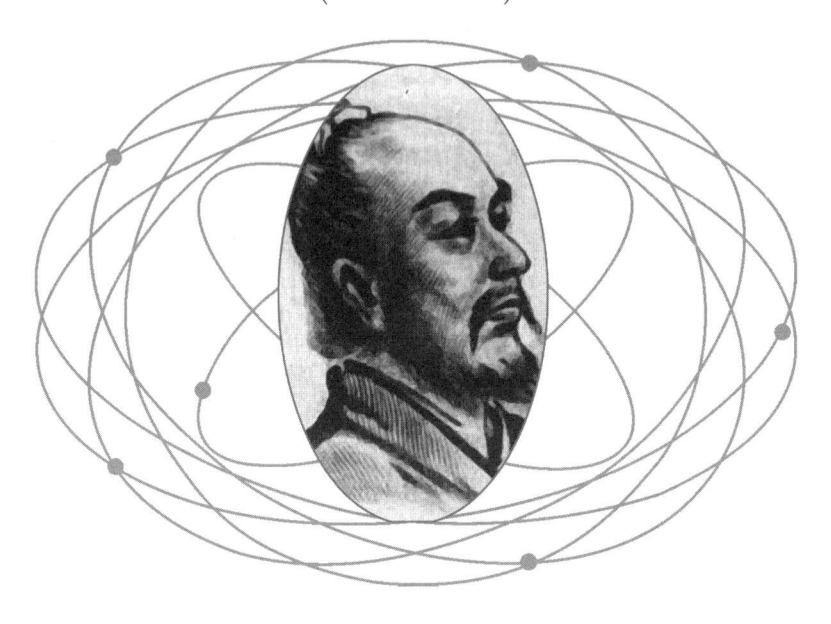

> **Cronologia:** • *78 d.C.* Zhang Heng nasce em Nag-yang, China. • *123 d.C. Corrige o calendário, coordenando-o com as estações.* • *132 d.C. Inventa o primeiro sismógrafo para medir terremotos.* • *138 d.C. A máquina de Zhang Heng detecta o local de um terremoto a 500 quilômetros de distância.*

A ciência ocidental muitas vezes recebeu o crédito por descobertas e invenções feitas em outras culturas séculos antes. Isso pode acontecer em razão da falta de registros confiáveis; da dificuldade em discernir entre fato e lenda; dos problemas em atribuir um achado a um determinado indivíduo ou grupo; ou, frequentemente, por causa da simples ignorância. Não existem desculpas desse tipo para a obra de Zhang Heng, cuja vida e realizações estão bem registradas, assinalando que sua maior invenção foi criada cerca de 1.700 anos antes de os cientistas europeus "inventarem" a mesma coisa.

☞ ESTUDO DA TERRA:

Zhang, um estudioso chinês da Dinastia Han do Leste, era um homem de muitos ramos do conhecimento, incluindo astronomia, matemática e literatura. No entanto, sua grande realização foi em geografia, inspirado por uma das tarefas atribuídas a ele no curso de seu trabalho como historiador imperial! A China sofria regularmente com terremotos e, como parte de seu trabalho, Zhang havia sido designado para registrar quando e onde eles ocorriam. Em vez de aceitar a superstição comum de que os terremotos eram uma punição de deuses irritados, Zhang acreditava que, se ele fizesse uma abordagem científica da anotação dos dados sobre os tremores, a dinastia estaria melhor equipada para prever, preparar-se e lidar com eles. Com esse objetivo, ele planejou o primeiro sismógrafo do mundo, uma invenção que ele chamou de *Di Dong Yi*, "Instrumento de Movimentação da Terra".

*Zhang Heng projetou o primeiro sismógrafo do mundo, que chamou de Di Dong Yi, Instrumento de Movimentação da Terra*

☞ O INSTRUMENTO DE MOVIMENTAÇÃO DA TERRA:

O sismógrafo era grande, tinha quase 2 metros de diâmetro e era feito de bronze. Oito varas finas de cobre eram ligadas a um eixo central em uma ponta e a um número igual de cabeças de dragão na outra. Essas cabeças apontavam para oito direções principais de uma bússola (norte, nordeste, leste, sudeste e assim por diante) e cada uma delas continha uma bola de cobre em sua boca. Sob cada dragão havia um sapo de cobre com a boca aberta. Quando havia um tremor, a bola de cobre caía do dragão – o que estivesse mais perto da direção a partir da qual o terremoto havia vindo – dentro da boca do sapo que, por sua vez, fazia soar um sino alertando a casa real. Há uma história registrada de que em 138 d.C. uma bola de cobre caiu do oeste. Zhang relatou seu achado para o imperador, mas por dois dias nada de diferente aconteceu e não havia nenhuma informação de atividade em qualquer outro lugar. Os céticos puderam questionar a credibilidade da máquina de Zhang. Porém, por fim, mensageiros chegaram a cavalo informando que um forte terremoto havia ocorrido 500 quilômetros a oeste. Zhang provou estar certo.

☞ OBSERVAÇÃO DAS ESTRELAS:

Famoso por ser um homem com fortes poderes de concentração, Zhang também conseguiu empregar suas habilidades para alcançar resultados excelentes na Astronomia. Por meio de suas observações, ele deduziu corretamente que o Sol era o responsável pela iluminação da Lua e que os eclipses lunares aconteciam quando a sombra da Terra era projetada em sua superfície. Ele mapeou o céu noturno de forma detalhada, registrando 2.500 estrelas "resplandecentemente brilhantes" em 124 constelações, das quais 320 eram nomeadas. Ele estimou que, no total, incluindo as "muito pequenas", havia 11.520 estrelas. Além disso, Zhang escreveu diversos livros sobre astronomia, dos quais o mais famoso é *Lin Xian*. Em outro, *Hun-i-chu*, ele ressaltou sua percepção do universo e a posição da Terra dentro dele. "O céu é como o ovo de uma galinha", escreveu, "e é tão redondo quanto uma bala de balestra; a Terra é como a gema do ovo, sozinha no centro. O céu é extenso e a Terra é pequena." Zhang Hen, portanto, assim como seus predecessores gregos, acreditava que a Terra era esférica e que estava no centro do universo. Isso lhe permitiu criar, possivelmente, o primeiro modelo tridimensional do Cosmos: um orbe celestial de bronze movido a água. Todo ano, ao completar uma única rotação, ele mostrava como as posições das estrelas haviam se alterado.

> **Outras realizações:**
>
> *Zhang realizou outros trabalhos que tiveram um impacto duradouro. Ele melhorou o cálculo anterior do π de 3, o número tradicionalmente utilizado pelos chineses, para: 10 ou 3,162, mais próximo do número de 3,142 utilizado hoje em dia. Zhang também fez cálculos relacionados ao tempo, corrigindo de modo notável o calendário chinês em 123 d.C. para harmonizá-lo com as estações. O sismógrafo de Zhang é reconhecido no mundo inteiro como um instrumento que estava muito à frente de seu tempo. Até hoje, ninguém foi capaz de reproduzi-lo. Ele construiu também o primeiro hodômetro, ele é considerado um dos quatro grandes pintores de sua época. Zhang também produziu mais de 20 obras literárias famosas.*

# PTOLOMEU
## (90-168 d.C.)

> **Nota sobre as datas:** *Apesar de tudo o que se sabe a respeito da obra de Ptolomeu, muito pouco se conhece sobre sua vida. De origem grega, ele nasceu e viveu em Alexandria, Egito. Acredita-se que ele raramente deixava – se é que alguma vez deixou – sua cidade, o que é irônico para um homem que mapeou o mundo. Em vez de viajar, ele obteve seu conhecimento geográfico dos relatos dos marinheiros e dos visitantes romanos.*

A obra de Cláudio Ptolomeu em Astronomia e Geografia teve um impacto profundo na percepção humana do mundo e do Universo a partir do século II d.C. até o Renascimento. Sua genialidade estava na habilidade de refinar e sintetizar os achados importantes de seus predecessores, aprimorando-os em seguida ou fornecendo prova "científica" de suas teorias a partir de um ponto de vista abrangente. Os textos de Ptolomeu foram escritos com tanta autoridade que as gerações posteriores esforçaram-se por mais de mil anos para desafiar suas teses de modo convincente.

☞ O ALMAGESTO DE PTOLOMEU:

A obra pela qual Ptolomeu era mais respeitado é *Coleção matemática* em 13 volumes, posteriormente mais conhecida como *Almagesto*. Ela forneceu, pela primeira vez, uma compilação definitiva de tudo o que se sabia e se aceitava no ramo da astronomia até aquele momento. Em particular o trabalho de **Hiparco** como ponto de partida de muitos dos desenvolvimentos de Ptolomeu, e é principalmente pelos registros dele que as teorias de Hiparco são hoje conhecidas. Além disso, como ponto de partida para seus argumentos, Ptolomeu utilizou o conceito aristotélico de que a Terra estava no centro do universo, com as estrelas e os planetas em rotação ao seu redor, em círculos perfeitos. Ele então fez a tentativa de justificar essa interpretação por meio da observação astronômica e da especulação matemática. O resultado foi o "Sistema Ptolomaico", uma interpretação do universo matematicamente "comprovada" que não encontraria rivais até 1543, com Copérnico.

Para explicar suas observações no contexto de um modelo geocêntrico do universo – que no fim provou estar errada –, Ptolomeu apresentou algumas explicações e cálculos complexos para obter um resultado convincente. A mais notável delas, ao explicar o movimento planetário e estelar, foi sua argumentação por um sistema de "deferentes", círculos grandes, em rotação ao redor da Terra, e oitenta "epiciclos", círculos pequenos, que circulavam no interior dos deferentes. Ele também examinou teorias de "excêntricos móveis", que propunham apenas um círculo de rotação, com seu centro ligeiramente deslocado da Terra, assim como "equantes" – pontos imaginários no espaço que também ajudavam a definir o ponto focal de rotação dos corpos celestes. Ptolomeu precisou empregar essas teorias complexas porque não sabia que os planetas, na verdade, moviam-se em órbitas elípticas, não nos círculos perfeitos que ele havia suposto. Como resultado, suas previsões para alguns de seus movimentos continuaram a ser imprecisas, mas elas eram as melhores explicações disponíveis na época e assim continuaram por muitos séculos.

*O sistema astronômico "ptolomaico" não encontraria rivais até Copérnico, 1.400 anos mais tarde*

☞ GEOGRAFIA:

*Geografia*, de Ptolomeu, teve um impacto de quase mesma importância no mundo. Pela primeira vez, ofereceu-se uma explicação matemática detalhada para calcular linhas de longitude e latitude. Mais uma vez, esse trabalho baseou-se naquele que Hiparco havia começado. Isso permitiu a Ptolomeu realizar uma pesquisa pioneira sobre a projeção da esfera terrestre em um plano, levando ao desenho de um mapa em escala do mundo conhecido que repercutiu por tanto tempo quanto *Almagesto*. Embora houvesse muitos erros nesse mapa – o equador, por exemplo, estava muito ao Norte e a Ásia alongava-se demais na direção leste –, sua importância para as gerações posteriores não pode ser subestimada. O maior exemplo disso é a sugestão de que a Ásia parecia ser muito mais próxima da Europa no mapa de Ptolomeu do que é na verdade (presumindo-se que a Terra era uma esfera, examinada da direção oeste), fato que encorajou Cristóvão Colombo a navegar para oeste na esperança de encontrar uma rota mais curta para a Ásia e, assim, acidentalmente descobrir a América.

☞ ASTROLOGIA:

Ainda hoje lido e citado com frequência, outro texto importante de Ptolomeu é o *Tetrabiblos*, possivelmente a obra fundadora da então "ciência" da astrologia. Embora se encaixe de modo mais apropriado na categoria de "pseudociência", Ptolomeu, de fato, ao menos supõe que a influência dos astros sobre os humanos pode ser provocada por algum tipo de radiação.

### Influência de Ptolomeu em outras áreas:

*Ptolomeu escreveu sobre diversos assuntos e dois trabalhos em particular tiveram alguma importância. Seu último texto foi Óptica, visto por muitos como o seu melhor. Nessa obra, Ptolomeu anuncia vários princípios elementares da óptica, que ele em seguida pretende demonstrar. Depois de estabelecer os princípios da reflexão, Ptolomeu passa a examinar a refração de raios de luz atravessando a água, fornecendo tabelas de vários ângulos de incidência, que são claramente baseadas em observação empírica.*

# GALENO DE PÉRGAMO

(130-201 d.C.)

> **Cronologia:** • *129 d.C. Galeno nasce em Pérgamo (agora Bergama, na Turquia).* • *148-157 d.C. Viaja e estuda em Corinto e em Alexandria.* • *157 d.C. Assume o posto de médico dos gladiadores de Pérgamo c.* • *161 d.C. Torna-se médico dos imperadores Marco Aurélio e Cômodo* • *1628 O sistema de circulação sanguínea de William Harvey torna-se a primeira alternativa viável ao de Galeno.*

Diferentemente de muitos outros presentes neste livro, Galeno não é famoso por uma única realização, e sim por todo o volume de reflexão médica que ele realizou. Esse feito, por si só, não tornaria necessária sua inclusão, mas sim o fato de que seus trabalhos em ciência médica foram aceitos como a única autoridade no assunto nos 1.400 anos seguintes.

### ☞ INDISCUTÍVEL POR UM MILÊNIO:

A questão, portanto, é: por quê? Alguns comentários sugerem que a resposta é simplesmente porque os estudos de Galeno eram tão abrangentes que havia muito pouco, para aqueles que o seguiram, a discutir. Outra sugestão é a de que a prontidão com que as autoridades árabes, cristãs e judias receberam sua obra deram-lhe um peso que pode ter sido difícil para os outros desafiá-lo. Uma terceira explicação pode ser a de que Galeno não apenas incorporou os resultados de seus próprios achados em seus textos, mas também compilou o que havia de melhor no conhecimento medicinal anterior a ele em uma única coleção, como a de Hipócrates, por exemplo. Em particular, Galeno prontamente adotou o método dos "quatro humores" de Hipócrates e essa foi uma das principais razões por ele ter persistido por tanto tempo.

*Os estudos de Galeno eram tão abrangentes que aqueles que o seguiram tinham muito pouco para discutir*

### ☞ UM INVESTIGADOR METICULOSO:

Isso não quer dizer que Galeno não possuísse material e reflexão próprios. Ele era meticuloso e metódico na abordagem de suas próprias investigações médicas, sobretudo em Anatomia. Muitos dignitários importantes iam ao santuário de Asclépio, o deus do tratamento na cidade natal de Galeno, em busca de cura para suas moléstias. Assim, Galeno podia observar de perto os sintomas e tratamentos para doenças. Depois de curtas temporadas em Esmirna (agora Izmir), Corinto e Alexandria, estudando tanto Filosofia quanto Medicina, que ele considerava intrinsecamente relacionadas, além de estudar a dissecação de animais, ele retornou a Pérgamo em 157. Lá, permaneceu quatro anos no cargo de médico dos gladiadores, o que lhe permitiu maior prática em medicina anatômica.

### ☞ MÉDICO DOS IMPERADORES:

Isso tudo foi uma excelente preparação para sua mudança para Roma. Ali, ele passou grande parte de sua carreira, tornando-se o estimado médico dos imperadores Marco Aurélio, Lúcio Vero, Cômodo e Septímio Severo. Esse cargo não apenas lhe trouxe prestígio, mas também lhe permitiu a liberdade de realizar pesquisa e dissecação detalhadas na busca do conhecimento aprimorado. Galeno não tinha permissão de perscrutar cadáveres humanos, então dissecava animais, principalmente macacos-de-gibraltar por causa das características que eles compartilhavam com os humanos. Suas conclusões mais influentes diziam respeito à operação central do corpo humano. Infelizmente, elas foram influentes apenas por limitar a busca de informação mais precisa nos 1.500 anos seguintes.

Galeno acreditava que o sangue era sintetizado no fígado, a origem do espírito natural. Esse órgão, por sua vez, era nutrido por aquilo que havia no estômago e que era transportado até lá. As veias do fígado levavam o sangue para os extremos do corpo, onde ele se tornava carne e era "utilizado", dessa forma exigindo mais alimento diariamente, a ser convertido em sangue. Parte desse sangue passava pelo ventrículo direito do coração e, em seguida, fluía para o ventrículo esquerdo e misturava-se com o ar dos pulmões, fornecendo ao corpo o espírito vital que regulava sua temperatura e seu fluxo sanguíneo. Por meio das artérias, parte desse sangue era em seguida transportada para o cérebro, onde se misturava com o espírito animal. Isso criava o movimento e os sentidos. A combinação desses três espíritos controlava o corpo e contribuía para a disposição da alma. Foi por essa razão que Galeno não teve a ideia de um único sistema integrado de circulação do sangue, algo que não foi definitivamente comprovado até 1682, por William Harvey.

### O legado de Galeno:

*Embora algumas das deduções de Galeno estivessem erradas, os 129 volumes que restaram de sua obra são uma contribuição fenomenal para o assunto e ofereceram uma base a partir da qual os médicos do Renascimento puderam iniciar seu progresso crítico. Foi Galeno quem primeiro introduziu a ideia da experimentação na Medicina. Muito dos erros anatômicos cometidos por Galeno foram causados pelo fato de que só podia lidar com animais – as dissecações de humanos não eram permitidas na época. Galeno tornou-se um médico supostamente porque seu pai teve um sonho no qual Asclépio, o deus da cura, apareceu para ele.*

# AL-KHWARIZMI
## (800-850)

> **Cronologia:** • *c.786 Al-Khwarizmi nasce em Khwarizm, hoje Khiva, no Uzbequistão.* • *813 O califa Al-Ma'mun, que patrocina Al-Khwarizmi, inicia seu reinado em Bagdá.* • *c.820 A "Casa da Sabedoria" é fundada em Bagdá por Al-Ma'mun.* • *833 Morte de Al-Ma'mun.*

Um dos maiores progressos científicos de todos os tempos foi a introdução de algarismos arábicos na Matemática. O homem a quem frequentemente é atribuída a invenção desses números é Al-Khwarizmi, um matemático, geógrafo e astrônomo árabe. No entanto, considerado de modo estrito, o conceito não foi criado por Al-Khwarizmi nem teve origem no Oriente Médio.

☞ NOTAÇÃO NUMÉRICA:

O que Al-Khwarizmi fez pelos numerais arábicos, entretanto, foi apresentá-los à Europa e é por isso que muitos livros ocidentais atribuíram esse desenvolvimento a ele. A notação, na verdade, tem origem na Índia, por volta do ano de 500 d.C., e o nome do esquema numérico que utiliza as figuras, hoje chamado sistema "indo-arábico", reconhece isso. O método de utilizar apenas os números 0-9, com seu valor determinado pela posição (por exemplo, o "1" em "100" tem um valor diferente de um "1" em "10" por causa de sua posição em relação a outros números), assim como a introdução de um símbolo para o zero pela primeira vez, revolucionou completamente a Matemática. Sem isso, muitos dos progressos posteriores, que se tornaram regras no mundo moderno, teriam sido impossíveis. Al-Khwarizmi observou o sistema e, em seguida, explicou de modo claro seu funcionamento no texto *Cálculo com numerais hindus*. Mais tarde, quando foi traduzido para o latim, ele foi amplamente adotado no Ocidente e, por fim, no mundo todo. Até hoje o sistema númerico é talvez a única "linguagem" realmente global.

## *O nome "Al-Khwarizmi" tornou-se "algoritmo", que significa "regra de cálculo" no Ocidente*

☞ A CASA DA SABEDORIA:

Al-Khwarizmi tem, de fato, um mérito muito mais original, por ter escrito o primeiro livro sobre álgebra e, na verdade, por ter introduzido a palavra em nossa língua. Ele recebeu a oportunidade de desenvolver tais textos do califa Al-Ma'mun, que o patrocinava em Bagdá e que governava o enorme império muçulmano que se estendia da Índia até o Mediterrâneo. O pai de Al-Ma'mun, califa Harun al-Rashid, havia se mostrado um entusiasta ao facilitar o desenvolvimento de disciplinas acadêmicas em seu reino, e Al-Ma'mun deu continuidade aos ideais de seu pai, fundando sua "Casa da Sabedoria" para esse fim. Essa academia abrigava uma biblioteca, que incluía traduções de textos gregos importantes, e também tinha observatórios astronômicos. Al-Khwarizmi recompensou o investimento com sua obra *Cálculo por restauração e balanceamento*.

☞ UM GUIA PRÁTICO DE ARITMÉTICA:

Em seu tratado, Al-Khwarizmi fornece um guia prático de Aritmética utilizando, onde possível, cálculos posteriormente descritos como algébricos. Ao fazê-lo, ele introduziu as equações quadráticas, embora as tenha descrito em palavras e não utilizado os símbolos da álgebra (por exemplo, $x^2 + 3x = 10$) que entendemos com mais facilidade hoje. Os dois conceitos-chave que ele ressaltou foram as ideias de "restauração" e "balanceamento" das equações. Restauração é o método de desvencilhar-se dos números negativos de uma equação, movendo-os para o lado oposto (por exemplo, $4x^2 = 54x - 2x^2$ torna-se $6x^2 = 54x$). Balanceamento, por sua vez, é a redução de números positivos comuns dos dois lados da equação para uma forma mais simples (por exemplo, $x^2$

$+ 3x + 22 = 7x + 12$ torna-se $x^2 + 10 = 4x$).

☞ O "PAI DA ÁLGEBRA":

Não é claro se Al-Khwarizmi estava familiarizado com os trabalhos de Euclides, apesar do fato de que um de seus colegas na Casa da Sabedoria tivesse traduzido *Os elementos* para o árabe.

Embora Al-Khwarizmi tenha se pautado, claramente, no trabalho dos que o antecederam, como Diofanto e Brahmagupta, sua obra estava muito mais próxima da álgebra elementar moderna e, por essa razão, ele às vezes é chamado de "pai da álgebra".

De fato, o título árabe de *Cálculo por restauração e balanceamento* é *Hisab al-jabr w'al-muqabala*, e é do "al-jabr" que a palavra "álgebra" se originou.

### Outras realizações:

*Por causa da falta de cuidado com a pronúncia, o nome "Al-Khwarizmi" passou a ser mencionado no Ocidente como "algorismi", mais tarde, como "algorismo" e, por fim, como "algoritmo", daí que vem a palavra que significa "uma regra de cálculo" hoje em dia.*

*Al-Khwarizmi realizou outros trabalhos em matemática, como escrever tabelas de senos e tangentes. Ele também fez muitas observações astronômicas e era um investigador entusiasmado de geografia. Em particular, expandiu o uso de Ptolomeu da longitude e da latitude ao demarcar a posição de lugares ao redor do mundo, desenvolvendo uma série de mapas mais precisos do que aqueles de seu predecessor.*

# JOHANNES GUTENBERG

## (1400-1468)

> **Cronologia:** • *1420 Gutenberg muda-se de Mainz, Alemanha, para Estrasburgo, França.* • *1450 Retorna a Mainz e constrói sua imprensa, usando tipos móveis.* • *1450-56 Imprime alguns livros, um calendário e uma carta de indulgência papal.* • *1456 Imprime sua famosa Bíblia de 42 linhas.* • *1465 Torna-se conselheiro do arcebispo de Mainz.*

Johannes Gutenberg nasceu e passou boa parte de sua vida na cidade alemã de Mainz. Sua família era do ramo da cunhagem e da metalurgia, uma base ideal para seu treinamento como gravador e ourives. Essas habilidades permitiram-lhe criar os primeiros moldes de letras de metal individuais, matrizes, que formam a essência de suas realizações na imprensa. A impressão com blocos manuseáveis, no entanto – um processo trabalhoso de esculpir páginas inteiras de um texto "fixo" em placas de madeira, que reproduzia cópias com a utilização de tintas –, estava em uso havia muitas décadas antes do inventor alemão surgir.

☞ TIPO MÓVEL:

O que Gutenberg teve foi a ideia de colocar letras de metal individuais em blocos temporários, que podiam em seguida ser desmontados ou "movidos", assim que a página do texto estivesse completa, e reutilizados para produzir outras páginas. Em comparação com a gravação lenta e com o uso único dos blocos de madeira, o número teoricamente infinito de combinações que podiam ser criadas a partir de um conjunto de caracteres de metal, juntamente com a velocidade com que um molde podia ser criado, revolucionou a imprensa e difundiu a palavra impressa.

Acredita-se que Gutenberg tenha iniciado seus experimentos com a criação de letras de metal por volta do fim da década de 1430, durante o período em que vivia em Estrasburgo. Não foi provavelmente até algum momento entre 1444 e 1448, no entanto, que ele finalmente aperfeiçoou a criação da imprensa de tipos móveis. Sabe-se, com certeza, que ele tomou dinheiro emprestado de um parente em 1448, no seu retorno a Mainz, muito provavelmente para fundar seu negócio com a imprensa. A invenção em si consistia em uma prensa de vinho adaptada com uma placa de caracteres de metal no fundo, sob a qual um pedaço de papel era colocado; o topo da prensa era então abaixado para forçar a impressão. O problema de desenvolver uma tinta adequada para essa máquina não foi fácil de resolver também, mas acredita-se que Gutenberg finalmente encontrou uma solução em uma mistura de óleo de linhaça e fuligem.

## *O desenvolvimento mais próximo do impacto do sistema numérico na história da ciência*

☞ A BÍBLIA DE 42 LINHAS:

Nenhuma obra chegou até nós com o nome de Gutenberg, mas o primeira impresso atribuído a ele é um calendário de 1448. Muito mais famosa, com 48 das 200 cópias originais ainda em existência, é a primeira Bíblia impressa com o tipo móvel, conhecida como a Bíblia de 42 linhas, por causa do número de linhas em uma página. Acredita-se que Gutenberg e seus assistentes tenham feito as cópias entre 1450 e 1456.

Nos últimos anos de sua vida, Gutenberg viveu da patronagem do arcebispo de Mainz, uma oferta considerada um reconhecimento por sua realização pioneira. Outros, no entanto, tiveram menos disposição de reconhecer Gutenberg como o inventor do tipo móvel e, por sua vez, defendem que o inventor da imprensa certamente foi Laurens Janszoon Coster (c. 1370-1440).

Muito pouco se sabe sobre esse holandês e, como Gutenberg, não existe nenhum fragmento impresso com seu nome, mas persiste uma lenda de que ele esculpiu as letras individuais em madeira para entreter seus netos. Para diverti-los ainda mais, ele usou tinta para imprimir palavras e frases em um papel e foi aí que percebeu as possibilidades oferecidas por essas peças móveis. Coster era prensista e acredita-se que tenha começado a usar os caracteres de madeira para acelerar seus processos de impressão, provavelmente reunindo uma combinação de bloco e tipo móvel na produção de textos. O indício que sustenta tais alegações é, na melhor das hipóteses, limitado. Mesmo se for verdade, o notável é a alta qualidade das letras de metal e da imprensa de Gutenberg – elas são quase tão importantes quanto a ideia do tipo móvel por si só.

Algumas fontes atribuem aos chineses a invenção da imprensa de tipo móvel, com uso de caracteres de madeira, no início do século XIV. É quase certo, no entanto, que Gutenberg desenvolveu suas ideias de modo independente e que não estava ciente de nenhum outro desenvolvimento similar que pode ou não ter ocorrido do outro lado do mundo, um século antes dele.

### O legado de Gutenberg:

*O único desenvolvimento na história da ciência que provavelmente chega perto de se igualar ao impacto do sistema numérico indo-arábico é a invenção da imprensa que utiliza tipos móveis. Embora não seja exatamente uma realização científica, seu surgimento forneceu um dos elementos essenciais que ajudaram a dar início ao progresso revolucionário da ciência na Europa, dando aos acadêmicos a oportunidade de compartilhar conhecimento científico de modo amplo e barato.*

*No final do século XV, dezenas de milhares de livros e panfletos já estavam em circulação e o cenário estava montado para a explosão iminente de ideias científicas.*

# Leonardo da Vinci

## (1452-1519)

>   Cronologia:  • *1469 Leonardo é empregado como aprendiz no estúdio de Verrochio, em Florença. • 1482 Trabalha para o duque de Milão. • 1502 Retorna à Florença para trabalhar para Cesare Borgia como seu engenheiro militar e arquiteto. • 1516 Viaja para a França a convite de Francisco I. • 1519 Morre em Clos-Luce, perto de Amboise, França.*

Talvez seja um pouco de indulgência incluir Leonardo da Vinci em um livro sobre cientistas que mudaram o mundo, em particular porque a maior parte de sua obra permanece não publicada e em grande parte esquecida séculos após sua morte. Trata-se, no entanto, sem dúvida de uma das mais brilhantes mentes científicas de todos os tempos; pode-se dizer que talvez o grande obstáculo que o impediu de mudar profundamente o mundo foi o período em que viveu.

A genialidade dos esboços de Leonardo para suas invenções era tão superior à capacidade intelectual de seus contemporâneos e à tecnologia de seu tempo que eles eram considerados literalmente inconcebíveis por todos, a não ser por ele. Se Leonardo pudesse ter se teletransportado para a época de Edison, tendo acesso à tecnologia do século XIX, pode-se especular quantas coisas mais do que o próprio **Edison** ele poderia (ou não) ter realizado. Mas mesmo no seu próprio tempo, as realizações de Leonardo eram notáveis.

## *O termo "Homem da Renascença" poderia ter sido criado especialmente para Leonardo*

☞ HOMEM DA RENASCENÇA:

Leonardo é celebrado como o artista do Renascimento que criou obras de arte como *A última ceia* (1495-97) e *Mona Lisa* (1503-06), embora muito de seu tempo tenha sido gasto na investigação científica, muitas vezes em detrimento de sua arte. A extensão de áreas que Leonardo sondou é de tirar o fôlego. Ela incluía Astronomia, Geografia, Paleontologia, Geologia, Botânica, Zoologia, Hidrodinâmica, Óptica, Aerodinâmica e Anatomia. No último campo, em particular, ele realizou uma série de dissecações humanas, na maior parte das vezes em cadáveres roubados, para fazer esboços detalhados do corpo; no entanto, sem levar em consideração a abrangência de seus estudos, talvez a contribuição mais importante que Leonardo fez à ciência tenha sido o método de sua investigação, que introduziu uma abordagem racional e sistemática do estudo da natureza, após mil anos de superstição. Ele começava fazendo de modo direto, a si mesmo, questões científicas, por exemplo: "Como um pássaro voa?". Em seguida, ele observava o objeto em seu ambiente natural, fazia anotações sobre seu comportamento e então repetia a observação seguidas vezes, para assegurar precisão, antes de fazer os esboços e, por fim, chegar a conclusões.

☞ AERODINÂMICA:

Além disso, em muitos casos, ele podia aplicar diretamente os resultados de suas investigações sobre a natureza em projetos de invenções para o uso humano. Por exemplo, seu trabalho em aerodinâmica levou-o a fazer esboços para uma série de máquinas voadoras – que, potencialmente, poderiam ter voado –, incluindo um helicóptero primitivo, cerca de 500 anos antes da invenção se tornar realidade! Ele até previu a necessidade de suas máquinas voadoras possuírem um aparato de pouso retrátil para melhorar sua aerodinâmica quando estivessem voando. Em 1485, ele projetou um paraquedas, trezentos anos antes de ele se tornar algo real, e incluiu cálculos acerca do tamanho necessário do material para trazer, de modo seguro, ao chão um objeto com o mesmo peso de um homem. Ele também tinha uma compreensão excelente dos trabalhos de alavancas e engrenagens, o que lhe permitiu projetar bicicletas e guindastes.

☞ HIDRODINÂMICA:

Os estudos de Leonardo sobre hidrodinâmica resultaram em numerosos esboços de projetos para roda-d'água e máquinas movidas por água, séculos antes da Revolução Industrial. Além disso, ele esboçou um equipamento medidor de umidade, assim como uma série de roupas de mergulho primitivas, a maior parte com longos *snorkels* para fornecer a reserva de ar.

☞ INVENÇÕES MILITARES:

Durante seu trabalho para o duque de Milão, entre 1482 e 1499, Leonardo preparou uma série de projetos para armamentos, como catapultas e mísseis. Mesmo nessa área, no entanto, ele não podia evitar a criação de esboços de armas que estavam muito à frente de seu tempo, como granadas, morteiros, armas do tipo metralhadora, um tanque primitivo e, a coisa mais audaciosa de todas, um submarino!

### A influência de Leonardo:

*Se este fosse um livro de cientistas que "poderiam ter" mudado o mundo, Leonardo da Vinci estaria no topo da lista. Mas a despeito do fato de que muitos dos projetos para criações revolucionárias nunca terem sido publicados, sua abordagem metodológica da ciência marca um progresso importante e simbólico da Era das Trevas à Era Moderna.*

*Com esperança de garantir emprego com o duque de Milão, ele escreveu-lhe que era especialista nas seguintes áreas: construção de pontes e irrigação de canais, criação de armas militares e arquitetura, assim como pintura e escultura. Para aumentar a lista, Leonardo também é considerado a primeira pessoa a conceber uma bicicleta!*

# NICOLAU COPÉRNICO

(1473-1543)

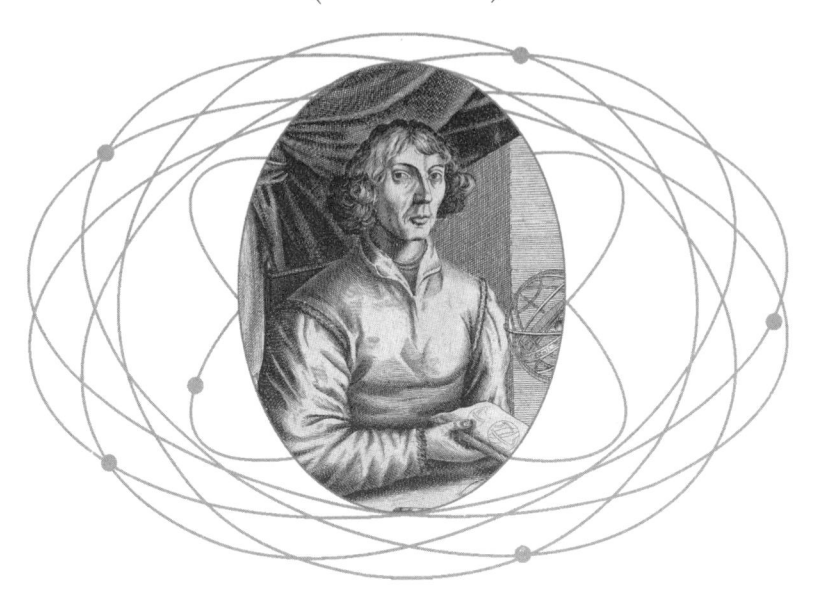

> Cronologia: • *1491 Copérnico entra na Universidade de Cracóvia.* • *1510-14 O revolucionário* Commentariolus *circula.* • *1543 De* revolutionibus oribum coelestium *(Sobre a revolução das esferas celestes), seu trabalho definitivo, é publicado enquanto ele está no leito de morte, mas é banido pela Igreja Católica. A banição não é retirada até 1835.*

Por todo o impacto que a ideia de que os planetas podem girar ao redor do Sol, não da Terra, teria na Astronomia e na ciência, pode-se dizer que seu maior desafio foi a religião. A explicação de uma Terra habitada por seres humanos, feitos à imagem de Deus, como as mais supremas criaturas, no centro de um Cosmos ao redor do qual tudo mais orbitava, adequava-se bem à interpretação do Universo e da posição da humanidade dentro dele feita pela Igreja Cristã. Esse era um conceito que remontava a Aristóteles, que havia recebido legitimidade pelas observações de Ptolomeu e autoridade pela cristandade. A religião católica ainda se opunha ao modelo heliocêntrico da movimentação planetária quase três séculos depois que ele foi publicado. Ainda assim, seu autor, Nicolau Copérnico, era ironicamente um homem da Igreja.

☞ UM HOMEM DE FÉ:

Na verdade, foi a fé de Copérnico que o levou, em primeiro lugar, a questionar o modelo geocêntrico de Ptolomeu, então aceito. Por que Deus criaria um sistema tão complicado de equantes, epiciclos e excêntricos, como Ptolomeu havia proposto, para explicar a movimentação dos planetas ao redor da Terra quando seria muito mais simples, lógico e gracioso tê-los todos girando ao redor do Sol? Essa foi uma teoria sobre a qual Copérnico passou muitos anos refletindo, enquanto estudava em Cracóvia e, mais tarde, na Itália, e que continuou a desenvolver ao retornar à Polônia para assumir um posto na catedral Frauenberg. Ele até usou sua posição dentro da Igreja para quase literalmente avançar em seus estudos, usando a torre da catedral para observar silenciosa e solitariamente as estrelas.

*Copérnico literalmente usava a Igreja para avançar em seus estudos, observando as estrelas da torre de uma catedral*

☞ A TERRA CIRCULA AO REDOR DO SOL:

Gradualmente, Copérnico tornou-se mais convicto da sua tese de que um Sol fixo estava no centro da movimentação planetária, com a Terra completando uma volta ao seu redor uma vez por ano. Entre 1510 e 1514, ele fez o rascunho de *Commentariolus*, sua exposição inicial da teoria. Para ter algum crédito, a ideia também tornava necessário que a própria Terra não estivesse fixa em sua posição como anteriormente havia se imaginado, mas que revolvesse em seu eixo uma vez a cada 24 horas. Isso também explicaria o aparente movimento das estrelas e do Sol no céu. Talvez por causa de sua posição dentro da Igreja, com medo de uma reação, ou talvez porque ele fosse um perfeccionista e reconhecesse que as ideias não estavam completamente desenvolvidas, Copérnico resistiu a publicar o *Commentariolus*, fazendo-o circular apenas entre amigos.

☞ OPOSIÇÃO DA IGREJA:

Copérnico prosseguiu com seu trabalho nos vinte anos seguintes e, embora seu trabalho final estivesse quase completo em 1530, ele continuou a resistir aos pedidos de publicação de seus amigos. As teorias de Copérnico já estavam se espalhando pela Europa e acredita-se que até o próprio papa soubesse delas, não oferecendo, inicialmente, nenhuma resistência à ideia de um modelo heliocêntrico. Na verdade, não foi antes de 1616 que a Igreja baniu o texto de Copérnico – que acabou sendo publicado – por seu conteúdo "blasfemo", embora essa sanção tenha permanecido até 1835, muito depois do "sistema copérnico" ter sido amplamente aceito pela maioria.

☞ UMA RECEPÇÃO CRÍTICA:

*Sobre as revoluções das esferas celestes* foi finalmente publicado em 1543. Mas, por mais poderosas e revolucionárias que as teorias de Copérnico fossem, seu texto foi rejeitado por muitos acadêmicos. Isso aconteceu em parte porque o autor tinha minado a simplicidade de suas ideias, permanecendo fiel à crença aristotélica de que a movimentação planetária acontecia em círculos perfeitos. Como sabemos, isso não é verdade, o que significa que Copérnico havia sido forçado a introduzir seu próprio sistema de epiciclos e outros movimentos complexos que se adequavam às observações, produzindo assim uma explicação tão complexa quanto a geocêntrica que ele havia inicialmente rejeitado por sua falta de simplicidade. Foi só quando Johannes Kepler ofereceu a solução de que os planetas movem-se em movimento elíptico, não circular, em 1609, que a simplicidade que Copérnico havia buscado revelou-se e o resto do seu modelo mostrou-se correto.

### Um homem de contradições:

Copérnico foi criado por seu tio materno Lucas, o bispo de Ermeland, e fez seu doutorado em Direito Canônico na Universidade de Ferrara em 1503. Nessa época, ele já havia se tornado clérigo de Frauenberg. Ao longo de sua vida, Copérnico lutou para resolver o conflito entre a Matemática e sua fé religiosa. Na verdade, uma das razões principais para ele não ter publicado seus trabalhos foi por medo de entrar em contradição com a Bíblia.

# ANDREAS VESÁLIO

(1514-1564)

Cronologia: • *1514 Nasce em Bruxelas, Bélgica.* • *1537 Torna-se professor de Anatomia e Cirurgia da Universidade de Pádua.* • *1543 Publica o primeiro livro médico acurado sobre anatomia,* De humani corporis fabrica *(Sobre a estrutura do corpo humano).* • *1543 Passa a fazer parte da corte de Habsburgo, onde trabalha como médico do imperador Carlos V e do rei Felipe II da Espanha.* • *1564 Morre em peregrinação à Terra Sagrada.*

É necessário ser uma pessoa corajosa para desafiar uma autoridade respeitada em qualquer assunto, especialmente uma que tenha permanecido indiscutível por aproximadamente 1.400 anos e ainda mais especialmente quando a pessoa que levanta as questões tem apenas 28 anos de idade e é relativamente recém-graduado. Essa, no entanto, foi a tarefa da qual Andreas Vesálio se ocupou. Para muitos de seus contemporâneos, não havia nada nesse confronto que pudesse ser considerado "corajoso": ao contrário, eles o chamavam de qualquer coisa, de mentiroso a louco.

☞ DESAFIANDO GALENO:

A autoridade que Vesálio ousou desafiar foi a de **Galeno**, o renomado médico romano que escreveu o que era considerado o trabalho definitivo sobre anatomia humana. Sua influência era tanta que quando as dissecações de cadáveres humanos passaram a ser permitidas na Europa do século XIV para pesquisa e ensino, os professores simplesmente liam Galeno enquanto o cadáver era cortado por um açougueiro ou assistente. Entretanto, o que de alguma forma não se percebia em toda essa reverência era o fato de que o próprio Galeno nunca havia, na verdade, dissecado um corpo humano, o que era proibido pelas leis religiosas romanas. Os estudiosos que precederam Vesálio, no entanto, ainda consideravam Galeno a autoridade no assunto e qualquer melhoria aos seus textos era considerada impossível.

*Vesálio encorajava o método participativo, revolucionando o ensino de Anatomia*

☞ UMA NOVA ABORDAGEM:

A abordagem de Vesálio era completamente diferente. Nascido e criado na Bélgica, de uma família distinta de médicos da realeza, Vesálio foi desde cedo um dissecador de animais entusiasmado. Ele então foi estudar Medicina em instituições da Europa, notavelmente as de Louvain, Paris e, em seguida, Pádua, onde se tornou professor de Anatomia e Cirurgia, aos 24 anos. Insistiu em realizar ele mesmo a dissecação de corpos humanos durante as aulas para os alunos, rejeitando o tradicional método das mãos limpas e da leitura de livros.

☞ ANATOMIA HUMANA:

Embora tenha se formado na tradição de Galeno, como todos os outros estudantes de Medicina, Vesálio começou a questionar seus ensinamentos por volta do fim da década de 1530. De 1540 em diante, tendo recebido um grande número de cadáveres humanos para dissecar, a maior parte de executores locais, Vesálio tornou-se convicto. As descobertas de Galeno, ele argumentou, não refletiam a anatomia humana, mas a dos macacos. Isso havia levado a muitos erros, baseados em suposições que Galeno havia feito em razão das semelhanças entre os dois.

☞ O TEXTO DEFINITIVO:

Em 1543, Vesálio publicou sua obra principal, *De Humani Corporis Fabrica Libri Septem* ou *Os sete livros da estrutura do corpo humano*. Esse foi o primeiro livro definitivo sobre anatomia humana realmente baseado nos resultados obtidos pela dissecação metódica de humanos e, como tal, era o trabalho mais acurado já escrito sobre o assunto. Além disso, era ilustrado de modo rico e claro, com desenhos xilogravados, provavelmente preparados nos estúdios do artista Ticiano, e era excelentemente estruturado e organizado. Sua publicação tornou obsoleto tudo o que havia sido escrito anteriormente e o texto tornou-se o guia no qual os futuros professores baseariam suas aulas. Levou algum tempo, porém, para que seu conhecimento fosse amplamente aceito, por causa da hostilidade que Vesálio teve de enfrentar com frequência por desafiar Galeno. Por exemplo, Vesálio afirmava que ele não era capaz de encontrar indício dos "poros" no coração que permitiam que o sangue escoasse do ventrículo direito para o esquerdo, um dos fundamentos principais da tradição galênica, defendido com firmeza por muitos de seus contemporâneos.

Vesálio passou boa parte de sua vida, após a publicação de *Fabrica*, a serviço de reis, primeiro como médico de Carlos V, o sagrado imperador romano, depois de Felipe II da Espanha. Ele deixou a Espanha em 1564, em uma peregrinação a Jerusalém, mas morreu na viagem de volta.

### Outras realizações:

*Apesar de sua morte prematura, Vesálio deixou um legado revolucionário aos estudantes de Anatomia. Foi apenas após suas publicações que tanto a Anatomia quanto a Medicina em geral passaram a ser tratadas como ciências com características próprias. Pela sua sensata abordagem crítica de Galeno, ele rompeu com a reverência dada ao antigo "mestre" e criou um modelo de investigação independente e racional para seus sucessores no desenvolvimento da ciência médica.*

*Vesálio também alterou a organização das salas de aula da escola de Medicina e encorajou ativamente a participação dos alunos nas aulas de dissecação.*

# WILLIAM GILBERT
## (1540-1603)

**Cronologia:** • *1569 Gradua-se na Universidade de Cambridge.* • *1600 Publica* De magnete, magnetisque corporibus et de magno magnete tellure *(Sobre os ímãs, os corpos magnéticos e o grande ímã terrestre), a primeira grande obra científica inglesa.* • *1600-03 Atua como médico da rainha Elizabeth.*

William Gilbert tem sido frequentemente considerado um dos primeiros grandes cientistas ingleses e possivelmente o primeiro grande físico da Era Moderna. Sua principal área de estudo relaciona-se com o magnetismo, na qual fez revelações inovadoras. Apesar de toda a reputação que o assunto de suas observações lhe trouxe, seu método investigativo é igualmente, se não mais, importante.

☞ TEMPOS PERIGOSOS:

Vivendo na época de Shakespeare e de Elizabeth I, de quem ele foi médico de 1600-03, a Inglaterra ainda era em boa parte um local de fervor supersticioso e religioso. A investigação científica racional era algo raro e algumas das poucas tentativas europeias anteriores, como as observações de Leonardo **da Vinci**, eram desconhecidas para Gilbert. Ele estava, no entanto, familiarizado com o trabalho de **Copérnico**, com quem havia concordado de forma passional, um sentimento potencialmente perigoso durante uma época na qual, em outros lugares da Europa, homens como Giordano Bruno e, mais tarde, **Galileu** estavam sendo perseguidos (e, no caso de Bruno, executado) por compartilhar da mesma opinião.

*O primeiro trabalho de Gilbert,* De magnete, *é considerado um dos primeiros textos científicos*

☞ NOVOS MÉTODOS:

Considerando o contexto, a abordagem que Gilbert fez de sua obra é ainda mais notável. Em uma maneira inédita, ele deixou de lado toda especulação anterior no seu assunto, incluindo as de "autoridades" da Antiguidade, e decidiu fazer deduções baseadas apenas em provas. Embora esse método possa parecer perfeitamente normal para o leitor moderno, ele era um modo racional de investigação que a religião e a superstição haviam até esse momento tornado muitas vezes impossível. O trabalho de Gilbert foi útil ao servir de modelo para a revolução científica. Pelo mesmo motivo, sua obra principal, *De magnete, magnetisque corporibus et de magno magnete tellure*, de 1600, é considerada um dos primeiros textos verdadeiramente científicos. Ele foi resultado de anos de observações e experimentos árduos que Gilbert havia realizado para aprender mais sobre magnetismo e eletricidade, um termo que ele popularizou, e para sistematicamente derrubar mitos comuns. Por exemplo, acreditava-se que o alho pudesse acabar com a precisão da agulha de uma bússola, uma das muitas lendas que Gilbert buscou corrigir.

☞ DA EXPERIÊNCIA À CONCLUSÃO:

O que ele, de fato, provou por meio de suas repetidas experiências foi que um ímã esférico forçava uma pequena agulha de bússola apontando para os polos norte ou sul de acordo com o local onde era posicionada próxima à esfera e que ela também se movia para baixo em direção à sua superfície. Isso reproduzia o comportamento da agulha de uma bússola comum quando utilizada em circunstâncias normais. A partir desses resultados, ele deduziu que a própria Terra era, na verdade, um grande ímã, com uma "barra" magnética no seu centro (o que fazia a bússola apontar "para baixo") e que continha os polos norte e sul em suas extremidades. Muito embora esses achados revolucionários tenham sido confirmados sem deixar dúvidas apenas alguns séculos mais tarde, eles foram uma descoberta vital que deu início à compreensão verdadeira da física da Terra e até mesmo do Universo.

☞ FORÇAS INVISÍVEIS:

Na verdade, Gilbert avançou até a ideia de que o magnetismo tinha um papel importante na manutenção dos planetas em suas órbitas. Isso estabeleceu o conceito de forças invisíveis e explicou em boa parte o comportamento do Universo, que Galileu e **Newton** seguiriam explorando. Ele também conjecturou de modo correto que a atmosfera terrestre não era muito profunda e que grande parte do espaço entre os planetas era um vácuo. Por meio de outras observações envolvendo experiências com âmbar, que se sabia causar eletricidade estática, ele sugeriu que pudesse haver algum tipo de relação entre eletricidade e magnetismo, uma teoria que, do mesmo modo, só seria definitivamente provada após alguns séculos.

### Outras realizações:

*Assim como sua insistência na metodologia moderna da prática científica, Gilbert criou uma série de termos, como: polo magnético, força elétrica e atração elétrica. Um termo da força magnetomotriz, o gilbert, tem esse nome para homenageá-lo e foi ele quem primeiro popularizou o termo eletricidade. Gilbert também provou serem erradas muitas crenças comuns sobre o magnetismo, incluindo aquela que dizia que o diamante podia magnetizar o ferro.*

*Outra contribuição ao estudo dos ímãs e do magnetismo foi sua demonstração de que a Terra atua como uma barra magnética com polos magnéticos.*

# FRANCIS BACON
## (1561-1626)

> **Cronologia:** • *1561 Bacon nasce em Londres.* • *1594 Bacon torna-se mestre por Cambridge.* • *1605 Ascensão de James I da Escócia ao trono da Inglaterra.* • *1607 James I nomeia Bacon conselheiro real.* • *1613 Torna-se procurador público.* • *1620 Seu* Novum Organum *ressalta que o método científico correto é a experiência.* • *1621 A carreira legal de Bacon encerra-se com escândalo e ignomínia.*

Se William **Gilbert** sugeriu suavemente uma nova abordagem racional da ciência experimental em seu livro *De magnete*, então pode-se dizer que Francis Bacon colocou-se de pé nos telhados e anunciou aos berros sua chegada ao mundo. Embora não tenha sido propriamente cientista, Bacon foi responsável por cristalizar a metodologia da revolução científica que mudaria o mundo de modo drástico. Ironicamente, ele sabia muito pouco sobre o livro de Gilbert, mas

67

mesmo assim implorava aos acadêmicos para que introduzissem uma abordagem sistemática dos seus estudos, seguindo Gilbert.

☞ UM COMEÇO PRECOCE:

Bacon mostrou desde cedo sua habilidade acadêmica ao entrar no Trinity College, Cambridge, com apenas 12 anos de idade. Com 23 anos, ele se tornou membro do Parlamento em Dorset e, nessa época, também já havia se tornado advogado. Ele continuaria a progredir até possuir uma carreira prestigiosa na corte real de James I, alcançando o título de juiz supremo da Inglaterra. Com uma ascensão tão alta, sua queda em desgraça, em 1621, foi ainda maior quando ele foi condenado por suborno na ocasião em que era juiz, perdendo seu cargo e poder. Durante e após o encerramento de sua carreira em Direito, Bacon realizou estudos acadêmicos em Filosofia e ciência. Na história da ciência, ele é notável por dois textos em particular. *The Advancement of Learning* (O avanço do conhecimento), em 1605, assinalou seu descontentamento com os limites e as abordagens do conhecimento da época e previu um futuro em que o trabalho dos antigos mestres estaria muito ultrapassado. O *Novum Organum*, de 1620, deu continuidade a esse sentimento, desafiando corajosamente a visão e abordagem aristotélicas do mundo. O próprio Aristóteles escrevera um texto chamado *Organon* ou *Obras lógicas* e a "nova" abordagem de Bacon do trabalho de seu predecessor sugeria até mesmo no título uma direção alternativa para o estudo científico.

*Bacon ergueu-se e anunciou o advento do método racional*

☞ UMA CRÍTICA DE MÉTODO:

Já no texto, Bacon criticava com veemência o método científico de "dedução" de Aristóteles, que implicava a formulação de ideias abstratas e uma construção "lógica" a partir delas para, pouco a pouco, encontrar "verdades" sem que se questionasse se aquele fundamento teórico era em si mesmo válido. Oferecendo uma alternativa para esse método, Bacon argumentou a favor da razão "indutiva", na qual os únicos postulados "certos" seriam apenas aqueles baseados em repetidas observações e em indícios coletados do mundo natural. Em vez de se pautar pela superstição ou aceitar, sem nenhum questionamento, as soluções imperfeitas dos antigos estudiosos – o que tinha acontecido com frequência nos últimos 2 mil anos –, Bacon implorou que os cientistas somente chegassem a conclusões a partir do que era "conhecido". Reunir os dados a partir dos quais se induziria tais postulados implicava uma abordagem racional, sistemática e científica, com uso das "Tábuas da Comparação" de Bacon, que basicamente forneciam uma metodologia para eliminar dados irrelevantes ao se examinar qualquer questão e ao se distinguir os fatos comprovados.

☞ UM FIM PRECOCE:

*Movim Organum* era apenas uma das seis partes de *Instauratio*, obra em que Bacon pretendia descrever seu métodos. Ela nunca foi concluída, em razão da morte prematura do estudioso, decorrente de bronquite, mas seu plano indicava que sua intenção era não apenas delinear o novo método de investigação científica, mas também reclassificar as ciências em novas divisões, reunir uma coleção de fatos "científicos", fornecer exemplos comprovados utilizando seu novo método e preparar e aderir a uma nova filosofia baseada no sucesso prático de sua abordagem.

### Outras realizações:

*Mesmo sem o planejado material adicional que Bacon nunca chegou a escrever, sua obra manteve-se profundamente influente para a ciência do futuro. Em particular, a ciência do século XVII, dando à revolução científica um alicerce sobre o qual operar. Em muitos casos, isso permanece da mesma forma.*

*Bacon advertiu aqueles que tentavam praticar seu novo método, incitando-os a repudiar quatro tipos de ídolos intelectuais:*

• *Ilusões perceptivas: "ídolos da tribo";*
• *Inclinações pessoais: "ídolos da caverna";*
• *Confusões linguísticas: "ídolos da vida pública";*
• *Sistemas filosóficos dogmáticos: "ídolos do teatro".*

*Apenas quando abandonarmos a bagagem metafísica, disse Bacon, poderemos abordar o método científico da maneira correta.*

# GALILEU GALILEI

(1564-1642)

> **Cronologia:** • *1564 Galileu nasce em Pisa, Itália.* • *1581 Estuda Medicina em Pisa, mas não consegue completar o curso.* • *1583 Observa lamparinas oscilantes na catedral de Pisa e nota que a oscilação é a mesma, independentemente da amplitude.* • *1586 Inventa uma balança hidrostática para a determinação de densidades relativas.* •*1610 Projeta e constrói um telescópio refrator. Publica observações em* Sidereus nuncius *(Mensageiro estelar).* • *1632 Publicação de* Diálogo sobre os dois grandes sistemas do mundo. *Essa obra faz com que Galileu seja forçado pela Igreja a renegar suas ideias copérnicas. Ele é colocado sob prisão domiciliar.*

Tanto na sua vida quanto na prisão que foi forçado a suportar nos anos que levaram à sua morte, Galileu, mais do que qualquer outra figura, personificou o otimismo e a luta da revolução científica. Ele foi responsável por uma série de descobertas que mudariam nossa compreensão do mundo e, ao mesmo tempo, lutou contra uma sociedade dominada pelo dogma religioso, determinada a suprimir suas ideias radicais.

☞ UM MATEMÁTICO:

Embora tenha sido inicialmente encorajado a estudar Medicina, a paixão de Galileu era a Matemática e foi sua crença nessa disciplina que serviu de base para toda a sua obra. Uma de suas contribuições mais significativas foi a aplicação da Matemática à ciência da mecânica, forjando a abordagem moderna da Física experimental e matemática. Ele pegava um problema, quebrava-o em uma série de partes simples, fazia experimentos com elas e, em seguida, analisava os resultados até que pudesse descrevê-los em uma série de expressões matemáticas.

Uma das áreas em que Galileu mostrou-se mais bem-sucedido com esse método foi na explicação das regras de movimento. Em particular, o italiano rejeitou muitas das ideias aristotélicas relativas à Física, que haviam persistido até então. Um exemplo era a ideia de Aristóteles de que objetos pesados caíam em direção à terra mais rapidamente do que os leves. Por meio de repetidos experimentos em que fazia rolar bolas de diferentes pesos em uma rampa (e, reza a lenda, deixando-as cair do topo da torre inclinada de Pisa!), ele descobriu que elas na verdade caíam na mesma velocidade. Isso resultou na sua teoria uniforme da aceleração dos corpos em queda, que sustentava que, no vácuo, todos os objetos teriam a mesma aceleração em direção à terra, o que mais tarde se provou verdadeiro. Galileu também contradisse Aristóteles em outra área da cinemática, ao defender que uma pedra lançada tinha duas forças agindo sobre ela ao mesmo tempo; uma que agora conhecemos como "momentum", que a impelia horizontalmente, e outra impelindo-a para baixo, que nós conhecemos como "gravidade". O trabalho de Galileu nessas áreas se mostraria vital para as descobertas posteriores de Isaac **Newton**.

*"No entanto, ela se move!"* – *Galileu, depois de ser forçado a renunciar à sua visão heliocêntrica da Terra*

☞ O PÊNDULO:

Os primeiros trabalhos de Galileu envolviam o estudo do pêndulo, inspirados em sua observação da lamparina oscilante na catedral de Pisa. Dando sequência a outros experimentos, ele concluiu que um pêndulo levaria o mesmo tempo para oscilar independentemente da amplitude da oscilação. Isso se mostraria vital no desenvolvimento do relógio de pêndulo, que Galileu projetou, sendo construído após sua morte pelo filho dele.

☞ ATRAVÉS DO TELESCÓPIO:

Uma das invenções que com frequência é atribuída erroneamente a Galileu é a invenção do telescópio. Isso não é verdade; já existia uma série de protótipos anteriores a ele, a maior parte desenvolvida na Holanda por um ótico holandês chamado Hans Lippershey, que pediu a patente de sua versão em 1608. No entanto, Galileu realmente desenvolveu seu próprio telescópio astronômico, muito superior, a partir apenas de uma descrição da invenção de Lippershey, e rapidamente o utilizou para realizar diversas descobertas. Como defensor fervoroso da visão copérnica do movimento planetário, as descobertas iniciais de Galileu, publicadas em *Sidereus nuncius* (1610), apresentaram a primeira evidência física real para embasar essa interpretação. Além de observar crateras e montanhas na Lua, manchas solares e fases lunares de Vênus pela primeira vez, ele também notou estrelas distantes, de brilho tênue, que embasavam a visão copérnica de um Universo muito maior do que aquele que Ptolomeu havia considerado. Algo ainda mais importante: ele descobriu que Júpiter tinha quatro luas que gravitavam ao seu redor, contradizendo diretamente a visão até então comum, incluindo a da Igreja, de que todos os corpos celestes orbitavam a Terra, o "centro do Universo".

### Galileu e Copérnico:

*O* Diálogo sobre os dois grandes sistemas do mundo – ptolomaico e copérnico, *de Galileu, em que a visão de Ptolomeu foi ridicularizada, atraiu a atenção da Inquisição Católica quando foi publicado em 1632. Ameaçado de tortura, Galileu renunciou ao sistema copérnico. Sua obra foi colocada no "Index" de livros banidos pela Igreja, onde permaneceu até 1835, e Galileu foi submetido à prisão domiciliar pelo resto da vida. Mas a revolução científica que Galileu ajudou a instigar mostrou-se forte demais para recuar.*

# JOHANNES KEPLER
## (1571-1630)

**Cronologia:** • *1600 Kepler trabalha em Praga com Tycho Brahe, o matemático imperial.* • *1601 Com a morte de Brahe, Kepler herda seu posto.* • *1609 Publica* Astronomia Nova, *que contém duas de suas leis do movimento planetário.* •*1611 Publica* Dioptrics, *que é chamado de primeira obra de óptica geométrica.* •*1619 Publica* Harmonices Mundi *(Harmonias do mundo), que contém sua terceira lei do movimento planetário.*

O matemático alemão Johannes Kepler, embora não seja tão conhecido quanto Copérnico, foi uma das principais figuras responsáveis pela aceitação das teorias do astrônomo polonês. O que Copérnico iniciou ao sugerir o modelo heliocêntrico do sistema solar, ou seja, que os planetas giravam, na verdade, ao redor do Sol, Kepler finalizou fornecendo prova aritmética, obtida pela observação, para embasar essa tese.

### ☞ TYCHO BRAHE:

O próprio Kepler deve muito de seu sucesso ao astrônomo mais famoso da segunda metade do século XVI, Tycho Brahe, um dinamarquês. Brahe tinha tomado conhecimento do potencial de Kepler depois de ler um artigo que ele havia escrito quando estava na Universidade de Tübingen. Depois de Kepler ter sido forçado a deixar seu posto de professor de Matemática em Graz, Áustria, Brahe convidou-o para ser seu assistente em Praga, sob a patronagem de Rodolfo II, que governava o Sacro Império Romano. Kepler assumiu o posto em 1600 e desenvolveu uma relação produtiva, ainda que tumultuosa, com Brahe. Um dos motivos do conflito era o fato de Brahe rejeitar completamente a visão copérnica do Universo, pela qual Kepler tinha muita estima. O dinamarquês havia formulado sua própria visão alternativa e bastante obscura acerca da rotação dos planetas, que nunca se tornou popular. Embora a história em seguida fosse provar que Brahe estava enganado, sua importância para Kepler, e para a Astronomia em geral, está no fato de que ele foi um brilhante observador dos céus, mantendo registros excelentes. Quando Brahe morreu em 1601, Kepler não apenas herdou seu posto de matemático imperial na corte de Rodolfo, mas também, o mais importante, seus registros astronômicos.

*Kepler um dia "viu uma nova luz surgir" ao perceber que as órbitas dos planetas eram elipses*

### ☞ A ÓRBITA DE MARTE:

Utilizando os registros que Brahe havia mantido nos últimos vinte anos, Kepler tentou calcular e explicar a órbita de Marte. Infelizmente, porque ele concordava com a visão copérnica de que os planetas se moviam em círculos perfeitos, o alemão esforçou-se durante oito anos para apresentar uma conclusão satisfatória. Um dia, ele "acordou de seu sono e viu uma nova luz surgir", ao perceber subitamente que os planetas não se moviam absolutamente em círculos perfeitos. Eles orbitavam em elipse, ou seja, um círculo (achatado) com dois "centros" muito próximos. De repente, isso possibilitava uma explicação matemática simples que havia passado despercebida a Copérnico e a Ptolomeu, quando tentavam prever a movimentação dos planetas.

### ☞ AS LEIS DE KEPLER:

Em 1609, Kepler publicou suas descobertas em *Astronomia Nova*, que cristalizou duas "leis" que teriam uma influência vital na nossa compreensão do Universo. Em um livro posterior de 1619, *Harmonices Mundi*, ele acrescentou outra importante regra. Essas três juntas formam "As leis de movimentação planetária de Kepler". A primeira formaliza sua descoberta anterior de que os planetas movimentam-se em órbitas elípticas com o Sol em um dos centros, ou pontos focais. A segunda estabelece que todos os planetas "varrem" ou cobrem áreas idênticas em períodos de tempo iguais, independentemente da posição em que estejam em suas órbitas. Isso é importante porque, como o Sol é apenas um dos centros da órbita de este, um planeta está mais próximo do Sol em alguns momentos do que em outros e, mesmo assim, ele "cobre" a mesma área. Isso significa que um planeta deve acelerar quando está mais próximo do Sol e desacelerar quando está mais longe. A terceira lei de Kepler estabelece que o "período" (o tempo necessário para uma rotação completa – um ano para a Terra, por exemplo) de um planeta ao quadrado é igual à distância que o planeta está do Sol ao cubo (em unidades astronômicas). Isso permite descobrir as distâncias dos planetas apenas a partir da observação de seus ciclos.

Além de possibilitar uma solução aceitável à previsão da movimentação planetária, que havia se mostrado tão difícil, os achados de Kepler posteriormente atuariam como estímulo para questões que levariam Isaac **Newton** à teoria da gravidade.

---

### Outras realizações:

*O último trabalho importante de Kepler foi* Tabulae Rudolphinae *(1627), que era uma série cuidadosamente desenvolvida de tábuas, largamente utilizadas no século seguinte, para o cálculo das posições dos planetas. Ele também fez descobertas importantes no campo da óptica ao propor a teoria da luz como raio. Ele publicou uma obra de ficção científica,* O sonho, *ou* Astronomia da Lua, *em 1634. Na época, apenas duas novas estrelas visíveis haviam sido descobertas desde a Antiguidade. A segunda foi observada por Kepler em 1604.*

# WILLIAM HARVEY
## (1578-1657)

> **Cronologia:** • *1609* Harvey recebe o posto de médico no Hospital São Bartolomeu, Londres. •*1618* Torna-se médico de James I. • *1628* Publica Exercitatio Anatomica de Motu Cordis et Sanguinis in Animalibus *(Exercício anatômico sobre o movimento do coração e do sangue em animais).* •*1651* Publica Ensaios sobre a geração dos animais. •*1661* Marcello Malpighi usa seu microscópio para provar as hipóteses de Harvey acerca de anastomoses.

Se Johannes **Kepler** abriu caminho para a Astronomia no mundo moderno ao "completar" o trabalho de Nicolau **Copérnico** – que havia ele próprio confrontado o de **Ptolomeu** –, então William Harvey foi certamente seu equivalente na área da anatomia. O que **Galeno** havia iniciado e Vesálio desafiado, Harvey introduziu de modo convincente na Era Moderna com aquela que talvez tenha sido a teoria mais importante no seu campo da Biologia a surgir até hoje. O que ele postulou e provou de modo convincente foi que o sangue circulava no corpo por meio do coração

– ele próprio um pouco mais do que uma bomba biológica.

☞ UMA NOVA TEORIA:

Galeno havia concluído que o sangue era criado no fígado a partir dos alimentos, que atuavam como uma espécie de combustível que o corpo gastava, necessitando, portanto, sempre de mais alimento para manter um estoque constante. Vesálio, apesar de todas as suas correções ao trabalho de Galeno, acrescentou pouco a essa teoria. Então sobrou para o inglês William Harvey, médico do rei James I e, posteriormente, de Charles I, provar sua teoria da circulação por meio de repetidas experimentações rigorosas com o estoque "real" de animais por mais de duas décadas. A princípio, ele havia acreditado que o coração simplesmente não era capaz de produzir as quantidades de sangue necessárias para embasar a teoria de "reabastecimento" de Galeno. Então, para Harvey, a única alternativa plausível era que o sangue não era "gasto", mas reciclado pelo corpo. Suas dissecações levaram-no a concluir corretamente que as artérias levavam o sangue do coração para as extremidades do corpo e que isso era possível graças à atuação do coração como uma espécie de bomba. As veias, com suas séries de válvulas de uma única direção, traziam o sangue de volta ao coração. Isso renegava a explicação aceita de Galeno de como o corpo funcionava.

Harvey publicou suas descobertas nas 720 páginas de *Exercitatio Anatomica de Motu Cordis et Sanguinis in Animalibus* (Exercício anatômico sobre o movimento do coração e do sangue em animais) na Feira de Livros de Frankfurt, em 1628. Ele vinha, no entanto, expondo suas teorias de circulação desde 1616, levando bastante tempo para publicar sua obra. Assim como Copérnico, ele era um tanto perfeccionista, o que explica em parte sua demora, mas ele também temia uma reação negativa contra suas teorias pelo fato de desafiar Galeno abertamente.

*Na opinião de Harvey, o sangue não era gasto, como Galeno acreditava, mas reciclado pelo corpo*

☞ OPINIÃO DIVIDIDA:

Não foi por menos. Embora ele inicialmente tenha recebido apoio de alguns acadêmicos, um número igual deles reagiu com repúdio, ridicularizando suas ideias. Uma das áreas em que a obra de Harvey era fraca – e o próprio autor reconheceu isso, mas não pôde encontrar uma solução – era o fato de que ele não conseguia apresentar uma explicação comprovada de como o sangue passava das artérias para as veias. Ele especulou que a troca dava-se por meio de vasos tão pequenos que eram invisíveis ao olho humano, o que foi confirmado após sua morte com a descoberta dos capilares por Marcello Malpighi, usando o recéminventado microscópio. Harvey, no entanto, não possuía algo tão sofisticado e até perdeu pacientes em Londres por causa das críticas que recebeu. Na época de sua morte, contudo, ele havia respondido à maior parte das objeções de seus detratores e suas conclusões tornavam-se cada vez mais aceitas, até mesmo antes da prova final de Malpighi.

☞ REPRODUÇÃO:

Em 1651, Harvey publicou outra obra notável, dessa vez na área de reprodução. *Exercitationes de Generatione Animalium* incluía conjecturas que rejeitavam a teoria da "geração espontânea" em mamíferos, que persistia até então. Em vez disso, ele sugeriu que a única explicação plausível era que as fêmeas mamíferas carregavam óvulos que de alguma forma eram levados à reprodução por meio do contato com o sêmen do macho. Ainda que ele não tenha percebido que o próprio óvulo era fertilizado da maneira como entendemos a reprodução, sua crença de que o óvulo era a raiz de toda a vida foi convincente e ganhou aceitação muito antes da prova conseguida por meio da observação dois séculos mais tarde.

### Uma metodologia moderna:

*A importância de Harvey não advém apenas de suas descobertas, mas também de sua metodologia. Assim como William **Gilbert** havia iniciado na Física, e Francis **Bacon** havia em seguida implorado em todos os aspectos da vida, Harvey foi o primeiro a levar a abordagem racional científica, moderna, para as observações na Biologia, plantando as sementes para uma metodologia que podemos aceitar hoje em dia. Deixou de lado os preconceitos de seus predecessores e apenas chegou a conclusões baseadas nos resultados de experimentos que ele podia repetir de modo idêntico, quantas vezes fossem necessárias. Esse modelo ganhou popularidade após o sucesso de Harvey e continua a ser empregado.*

# JOHANN VAN HELMONT
## (1579-1644)

> Cronologia: • *1579* Van Helmont nasce em uma família nobre e rica de Bruxelas. • *c. 1621* Mantido sob prisão domiciliar pela Igreja. • *1648* Ortus Medicinae *(Origem da Medicina)*, sua coletânea de artigos, é publicada por seu filho.

Enquanto as ciências da Física, da Astronomia e da Biologia anatômica davam passos cada vez maiores em direção à Era Moderna, a Química, assim chamada hoje em dia, era uma disciplina que ainda estava um pouco atrás. Se isso se deu por um acaso ou porque as outras ciências tinham como objetos fenômenos mais facilmente observáveis, prontamente acessíveis à investigação, tal como estrelas, movimento ou o corpo humano, o fato é que as áreas da Química não foram imediatamente sujeitas à abordagem racional típica do resto da revolução científica. Em vez disso, elas tiveram de esperar pela publicação póstuma de um químico flamengo ligeiramente excêntrico,

Jan Baptista van Helmont, para que a transformação tivesse início.

### ☞ UM OBSERVADOR PERSPICAZ:

Nascido em uma família abastada, Van Helmont podia se dar ao luxo de recusar atividades remuneradas e, em vez disso, manter um trabalho bastante solitário, trancado em seu próprio laboratório realizando experiências. Van Helmont mantinha sua crença em certas superstições, como por exemplo a cura de feridas pelo tratamento das armas que as haviam provocado, embora insistisse, opondo-se ao ensinamento da Igreja, que isso era um fenômeno inteiramente natural e de forma alguma milagroso. Essa atitude, como se podia prever, logo o levou a entrar em conflito com a Igreja, do qual resultou em prisão domiciliar grande parte de sua vida.

*Van Helmont introduziu a palavra "gás" no vocabulário a partir da pronúncia flamenga da palavra grega "chaos"*

### ☞ A PEDRA FILOSOFAL:

Outra crença do mundo da alquimia, e que Van Helmont mantinha, era a existência de uma Pedra Filosofal. De fato, a fé na realidade dessa famosa joia foi uma das forças motivadoras da "ciência" da alquimia. Para os alquimistas, a Pedra era o elixir da vida em forma sólida e material, sendo capaz, segundo as histórias, de transformar metais em ouro. Ainda que imaginária, a busca dessa pedra fantástica resultou em muitas descobertas químicas importantes.

Van Helmont ainda realizou muitas coisas para ser considerado por alguns como o "pai" da Bioquímica moderna. Em particular, ele foi o primeiro a empregar uma abordagem calculada de seu objeto, mais notavelmente por meio da aplicação da medida científica aos resultados de seus experimentos. Ele utilizou uma balança química e monitorou meticulosamente suas observações.

### ☞ ÁGUA, ÁGUA EM TODOS OS LUGARES:

Por exemplo, em uma experiência famosa, Van Helmont plantou e mediu o crescimento de um salgueiro por mais de cinco anos e, durante esse tempo, a árvore ganhou 74 quilos. O cientista fez isso para "provar" sua crença de que quase toda a matéria era composta principalmente de água. Ao rejeitar a crença aristotélica dos "quatro elementos" (mais éter), Van Helmont seguiu outro dos primeiros cientistas gregos, Tales, no fato de que ele estava convencido da predominância da água, ainda mais depois de seu experimento. Por cinco anos, a árvore havia sido nutrida apenas com água da chuva e com a quantidade limitada de terra na qual havia sido plantada. Van Helmont descobriu que a diminuição na massa da terra havia sido apenas de algumas centenas de gramas, o que o levou a concluir que a árvore era quase completamente composta da água que havia consumido. O que ele não conseguiu perceber, ironicamente, uma vez que foi ele quem descobriu o gás, foi o fato de que cerca de 50% do peso ganho advinha do dióxido de carbono no ar.

☞ DIVIDINDO O AR:

Não que Van Helmont não tenha notado a existência do gás em seus outros experimentos. Na verdade, a descoberta mais importante do químico foi que outros gases, além do "ar", existiam. Ele percebeu que elementos distintos criavam gases diferentes quando aqueceu e foi capaz de identificar quatro tipos de gases. Ele nomeou-os gás carbono, gás silvestre de duas variantes e gás pingue. Esses são os gases que hoje conhecemos como dióxido de carbono, monóxido de carbono, óxido nitroso e metano. De fato, Van Helmont apresentou ao mundo o próprio termo "gás", a partir da pronúncia flamenga da palavra grega "chaos".

### Outras realizações:

*Além de Química, Van Helmont realizou estudos em nutrição, digestão e fisiologia, utilizando a mesma metodologia científica para boa parte de seu trabalho. Ele foi incapaz, no entanto, de livrar-se de sua fascinação pelo místico na maioria de seus estudos, o que resultou no descrédito de muito de seu valor quando visto de uma perspectiva moderna. Algo mais importante foi seu reconhecimento da lei da "indestrutibilidade da matéria", ao perceber, por exemplo, que metais dissolvidos em ácido estavam apenas "camuflados", podendo ser reobtidos em quantidades idênticas. O filho de Van Helmont finalmente publicou as obras reunidas do cientista, em 1648, sob o título* Ortus Medicinae (Origem da Medicina)*.*

# René Descartes
## (1596-1650)

> **Cronologia:** • *1596 Descartes nasce em La Haye, França.* • *1616 Forma-se em Direito na Universidade de Poitiers.* • **10 de novembro de 1619** *Descartes começa a formular os princípios que formariam seu trabalho mais tarde.* • *1637* Discours de la Méthode *(Discurso do método) é publicado.* • *1637* La Geométrie (A Geometria) *é publicado como um apêndice de* Discours de la Méthode. • *1641* Méditations sur la Philosophie Première *(Meditações sobre a Filosofia primeira) é publicado.*

René Descartes foi descrito como o primeiro matemático e filósofo realmente "moderno". Certamente sua abordagem sistemática e lógica do conhecimento foi revolucionária, dominando a Filosofia nos três séculos seguintes. Algo ainda mais importante, na perspectiva deste livro, pelo menos, foi o fato de que ela levou a uma inovação que teria um grande impacto no futuro da Matemática e da Ciência.

Descartes inicialmente obteve um diploma em Direito e foi alguns anos militar antes de se estabelecer na Holanda em 1628, onde compôs todas as suas grandes obras. Em 1649, ele aceitou um posto como tutor pessoal da rainha Cristina da Suécia.

Descartes gostava de se levantar tarde e adorava uma cama quente – onde ele diz ter realizado seus pensamentos mais profundos. Por fim, ele sucumbiu ao severo clima da Suécia. Em poucos meses, contraiu pneumonia e morreu.

## *"Deem-me matéria e movimento e eu construirei o Universo"*

☞ UMA REVELAÇÃO DA FILOSOFIA:

Três décadas antes, na noite do dia 10 de novembro de 1619, enquanto estava em campanha com o Exército em Danúbio, a vida de Descartes mudou para sempre quando sua influente jornada teve início. Ele mais tarde disse ter tido uma série de sonhos nessa data, que formularam os princípios de seu trabalho posterior. Em particular, ele teve certeza de que deveria dedicar-se à teoria de que todo o conhecimento poderia ser reunido em uma única e completa ciência; desse modo, ele buscou um sistema de pensamento por meio do qual isso pudesse se realizar. Por sua vez, isso o fez especular sobre a fonte e a verdade de todo o conhecimento existente. Ele começou a rejeitar muito do que era comumente aceito e comprometeu-se a reconhecer apenas fatos que pudessem ser intuitivamente aceitos como verídicos, sem sombra de dúvida.

A articulação completa desse processo foi exposta na obra de 1641 *Méditations sur la Philosophie Première*. O livro é centrado em sua famosa máxima "Cogito, ergo sum" (Penso, logo existo), a partir da qual ele buscou todas as "certezas" por meio de um método de análise mental sistemática e detalhada. Isso, por fim, o levou a uma interpretação muito desinteressante e mecânica do mundo natural, reforçada em 1644 pelo seu texto metafísico *Principia Philosophiae* (Princípios de Filosofia), no qual ele tentou explicar o Universo de acordo com um sistema único de leis lógicas e mecânicas que ele havia anteriormente concebido e que, embora bastante impreciso, teve uma influência importante até mesmo após as explicações mais convincentes de Newton, dadas posteriormente no mesmo século. Ele também entendia o corpo humano como sujeito às mesmas leis mecânicas, como toda a matéria, distinto apenas pela mente que operava uma entidade distinta e separada.

☞ CERTEZAS MATEMÁTICAS:

Descartes acreditava passionalmente na certeza lógica da Matemática e sentia que a disciplina podia ser aplicada para dar uma interpretação superior do Universo. Foi por meio dessa convicção que a maior parte de seu legado para a Matemática e para a ciência surgiu. No seu apêndice de 1637 para o *Discourse*, intitulado *La Geométrie*, Descartes buscou descrever a aplicação da Matemática na marcação de um único ponto no espaço. Isso o levou à invenção do que agora é conhecido como coordenadas cartesianas, a capacidade de marcar uma posição de acordo com eixos x e y (isso é, perpendiculares, e em um ambiente 3D pelo acréscimo de um terceiro eixo de "profundidade"). Além disso, esse método permitia que expressões geométricas, tais como curvas, fossem escritas pela primeira vez como equações algébricas (utilizando o x, o y e outros elementos do gráfico).

A união da Geometria e da Álgebra foi uma inovação importante e pôde, ao menos em teoria, prever o curso futuro de qualquer objeto no espaço, uma vez que fossem conhecidas suficientemente suas propriedades físicas e seu movimento. É a partir dessa interpretação matemática do Cosmos que Descartes mais tarde diria: "Deem-me matéria e movimento e eu construirei o Universo".

### O "Cogito":

*Talvez a mais famosa das máximas filosóficas, "Cogito, ergo sum", seja melhor traduzida como "Estou pensando, portanto existo". Ela resultou de uma forma de experimento mental feito por Descartes, no qual ele havia decidido duvidar de todas as suas crenças, de modo a descobrir quais eram justificadas pela lógica. Ele argumentou que, embora toda a sua experiência pudesse ser produto de um engano criado por um demônio (uma versão mais moderna disso é um cérebro em um tanque, que recebe informação de um cientista mal-intencionado, uma ideia utilizada no filme* Matrix), *o demônio não poderia enganá-lo se ele não existisse. O fato de que ele pode duvidar de sua existência prova que ele realmente existe.*

# BLAISE PASCAL

## (1623-1662)

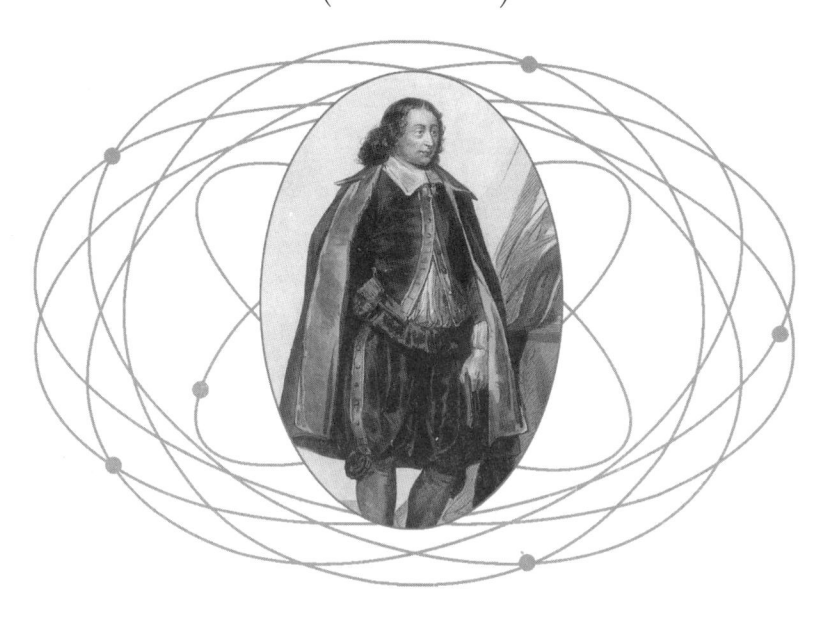

> Cronologia: • *1642-44 Pascal inventa e produz um dispositivo de cálculo para auxiliar seu pai; essa foi, na verdade, a primeira calculadora digital.* • *1647 No topo do Puy de Dome, ele prova que a pressão atmosférica diminui em grandes altitudes.* • *1655 Abandona os estudos e entra no retiro jansenista em Port-Royal.* • *1670 Aposta de Pascal.*

Talvez uma das vantagens menos notadas de ser uma criança-prodígio é o fato de que, se você morre jovem, você mesmo assim teve tempo suficiente para demonstrar todo o seu potencial! Blaise Pascal, um francês que faleceu com apenas 39 anos, é um exemplo disso. Embora seu tempo em terra tenha sido, infelizmente, interrompido em razão de sua saúde fraca, e suas contribuições para a Matemática e para a ciência tenham sido severamente limitadas pelo seu abandono dos estudos em favor da devoção religiosa, em 1655, ele ainda assim teve influência significativa em ambos os campos.

☞ MEDIÇÃO DA PRESSÃO:

Com seus 20 e tantos anos, Pascal passou bastante tempo realizando experiências no campo da Física. As mais importantes envolviam a pressão do ar. Um cientista italiano, Evangelista Torricelli (1608-47), havia argumentado que a pressão diminuiria em grandes altitudes. Pascal buscou provar essa declaração, utilizando um barômetro de mercúrio. Ele registrou as medidas iniciais em Paris e, em seguida, no Puy de Dome a 1.200 metros de altitude, em 1646, acompanhado de seu cunhado, e confirmou decisivamente que a hipótese de Torricelli era verdadeira.

## *Com 21 anos, Pascal terminou aquilo que foi, na verdade, a primeira calculadora*

☞ A LEI DE PASCAL:

Mais importante, no entanto, foi o fato de que seus estudos nessa área levaram-no a desenvolver o Princípio ou Lei de Pascal, que estabelece que a pressão aplicada sobre um líquido, em um espaço fechado, distribui-se igualmente em todas as direções. Esse tornou-se o princípio básico a partir do qual todos os sistemas hidráulicos derivaram, tais como os utilizados na fabricação de freios dos carros; e ele também explicou como artefatos pequenos, como um macaco, são capazes de erguer um veículo. Isso ocorre porque a pequena força criada ao se mover a alavanca do macaco com um grande movimento equivale a uma enorme quantidade de pressão, suficiente para mover a cabeça do macaco alguns centímetros. Ao aplicar de forma prática o que descobria nos estudos, Pascal ainda inventou a seringa e, em 1650, a prensa hidráulica.

☞ CRIANÇA-PRODÍGIO:

Apesar dessas descobertas, no entanto, Pascal é provavelmente melhor lembrado por seu trabalho no campo de Matemática. Foi nela que ele demonstrou sua genialidade desde criança. Por exemplo, descobriu de forma independente uma série de teoremas de Euclides, com 11 anos; conseguiu ainda dominar *Os elementos*, o texto definitivo do grande matemático, aos 12. Quando tinha 16 anos, publicou artigos de Matemática que seu contemporâneo mais velho, Descartes, a princípio, recusou-se a acreditar que pudessem ter sido escritos por alguém tão jovem. Em 1642, ainda com apenas 19 anos, Pascal começou a trabalhar na invenção de uma máquina de cálculo mecânica que pudesse somar e subtrair. Ele terminou aquilo que era, na verdade, a primeira calculadora digital, em 1644, e deu-a de presente ao seu pai, para ajudá-lo nos negócios.

☞ TEORIA DA PROBABILIDADE:

Foi apenas mais tarde, em sua curta vida, por volta de 1654, que Pascal fez, em parceria, sua descoberta matemática que teria maior impacto nas gerações futuras. Ela começou com um pedido de um jogador compulsivo, o Chevalier de Méré, para que o ajudasse a calcular sua chance de sucesso nos jogos de que participava. Junto com Pierre de Fermat, outro matemático francês, Pascal desenvolveu a teoria das probabilidades, usando seu agora famoso Triângulo de Pascal no processo. Além de seu impacto óbvio sobre todas as seções da indústria do jogo, a importância da compreensão da probabilidade teve aplicação posteriormente em diversas áreas, de Estatística a Física teórica.

A unidade SI de pressão – o pascal – e a linguagem de computador, Pascal (em homenagem à sua contribuição à computação com a invenção da primeira calculadora), são assim chamadas em reconhecimento das duas áreas em que ele teve maior sucesso científico.

Sete dos artefatos de cálculo que ele fabricou em 1649 existem até hoje.

### Aposta de Pascal:

*Como muitos de seus contemporâneos, Pascal não separava a Ciência da Filosofia e, em seu livro* Pensées, *ele aplicou sua teoria matemática da probabilidade no perene problema filosófico da existência de Deus. Na ausência de indício a favor ou contra a existência de Deus, diz Pascal, o sábio escolherá acreditar, uma vez que, se estiver correto, será recompensado e, se estiver incorreto, não tem nada a perder, um argumento interessante, ainda que um tanto cínico.*

# ROBERT BOYLE
(1627-1691)

**Cronologia:** • *1638 Boyle inicia seus estudos em Genebra, depois de quatro anos no Eton College.* • *1664 Retira-se para sua propriedade em Dorset, a fim de realizar seus próprios estudos.* • *1654 Muda-se para Oxford, onde conhece e torna-se amigo de Robert* **Hooke**. • *1659 Boyle e Hooke fazem experimentos com vácuo.* • *1662 Formula seu famoso dito químico, a Lei de Boyle.*

Nascido na atual República da Irlanda, 14º filho do homem mais rico do país, que então era parte da Grã-Bretanha, Boyle aproveitou todos os privilégios de uma educação aristocrática. Educado em Eton e, em seguida, em casa, ele continuou seus estudos realizando uma longa viagem ao redor da Europa de 1639 a 1644. Por fim, retornou para sua propriedade herdada em Dorset, Inglaterra, evitando os piores excessos da Guerra Civil. Aí, deu início aos seus estudos científicos. Em 1656, mudou-se para Oxford, onde, com o filósofo John Locke e com o arquiteto Christopher Wren, formou o Clube da Filosofia Experimental. Também conheceu Robert Hooke, que se tornou seu assistente, formando com ele uma parceria produtiva. Foi em conjunto com Hooke que Boyle começou a fazer as descobertas pelas quais se tornaria famoso.

☞ A LEI DE BOYLE:

A principal entre elas foi a expressão do que agora é conhecido como a Lei de Boyle (também descoberta de modo independente pelo cientista francês Edme Mariotte), que estabeleceu uma relação direta entre a pressão do ar e os volumes de gás. Ao utilizar mercúrio para represar um pouco de ar no pedaço final de um tubo de ensaio em formato de "J", Boyle conseguiu observar o efeito no seu volume ao adicionar mais mercúrio. O que Boyle descobriu foi isto: se ele dobrasse a massa de mercúrio (na verdade, dobrando a pressão), o volume de ar no fim do tubo caía pela metade; se ele o triplicasse, o volume do ar era reduzido para um terço e assim por diante. Quando a massa e a temperatura do gás fossem constantes, sua lei estabelecia que a pressão e o volume eram inversamente proporcionais.

*A Lei de Boyle: a pressão é inversamente proporcional ao volume em temperatura constante*

☞ A BOMBA DE VÁCUO:

Esse experimento foi o ápice de uma série de outros testes envolvendo o ar e seus efeitos. Eles começaram logo após Boyle mudar-se para Oxford e progrediram rapidamente quando Robert Hooke construiu uma bomba de ar, a seu pedido. A bomba era capaz de criar o melhor vácuo artificial até aquele momento e, com experiências envolvendo sinos, animais e velas, Boyle conseguiu chegar a uma série de conclusões importantes. Ele descobriu que o som não podia viajar pelo vácuo, necessitando de ar para fazê-lo. O ar era necessário para a respiração e para a combustão, mas não completamente utilizado durante os processos de respiração e queima. Além disso, ele provou a hipótese de Galileu de que toda a matéria caía em velocidade igual no vácuo.

☞ O QUÍMICO CÉTICO:

Em 1661, Boyle publicou *The Sceptical Chemist* (O químico cético), que criticava a visão aristotélica de um Universo composto de apenas quatro elementos (terra, água, ar e fogo), além do éter no espaço sideral. O texto ajudou a estabelecer o caminho para nossa visão atual dos elementos. Embora ele não tenha descrito os elementos exatamente como os entendemos hoje em dia, ele acreditava que a matéria consistia, em última instância, de "corpos primitivos e simples ou perfeitamente distintos", que podiam se combinar com outros elementos para formar um número infinito de compostos. Isso era um acréscimo à sua crença na antiga teoria atômica, acreditando no que ele chamava de pequenos "corpúsculos". Apesar de uma interpretação que não corresponde inteiramente à visão moderna, sua importância estava na promoção de uma área de pensamento que influenciaria as inovações posteriores de Antoine **Lavoisier** (1743-93) e Joseph **Priestley** (1733-1804) no desenvolvimento de teorias relacionadas aos elementos químicos.

### A influência de Robert Boyle:

*Robert Boyle fez uma série de contribuições para a história da ciência, mas talvez a mais significativa seja sua alegação de ter sido o homem responsável pelo estabelecimento da Química como uma disciplina científica distinta, importante por si só. Como seu ídolo Francis* **Bacon**, *ele fez experiências incansavelmente, não aceitando nada como verdade a não ser que tivesse indícios empíricos a partir dos quais pudesse tirar conclusões.*

*Outros importantes legados de Boyle foram a criação dos testes de chama na detecção de metais, assim como testes para identificar acidez e alcalinidade.*

*Boyle foi também um membro fundador da Royal Society, a sociedade científica mais antiga do mundo. Mas foi sua insistência na publicação de teorias químicas embasadas em acurados indícios experimentais – incluindo, pela primeira vez, detalhes dos aparatos e métodos utilizados, bem como experiências fracassadas – que teriam maior impacto sobre a Química moderna.*

# CHRISTIAAN HUYGENS
## (1629-1695)

**Cronologia:** • *1655 Huygens descobre Titã, a maior lua de Saturno.* • *1657 Um relógio é construído com seu esboço totalmente inovador.* • *1658* Horologium *(O relógio) é publicado.* • *1674* Horologium Oscillatorium *(O relógio de pêndulo) é publicado.* •*1690* Traité de la Lumière *(Tratado sobre a luz) é publicado.*

O holandês Christiaan Huygens é amplamente considerado o segundo mais importante cientista físico do século XVII. Filho do ilustre diplomata e estudioso Constantjin Huygens, Christiaan conhecia, desde criança, notáveis como René **Descartes**, um amigo da família.

Infelizmente para ele, uma de suas proposições principais acerca do comportamento da luz contrastava diretamente com a primeira e a mais importante, proposta originalmente por Isaac **Newton**. Consequentemente, a teoria de Huygens foi popularmente ignorada por mais de um século. No entanto, suas outras realizações na medição do tempo tiveram impacto imediato, ajudando sua ciência a progredir de uma forma que, em outro caso, teria sido bastante difícil.

☞ CONTRA NEWTON:

Isaac Newton articulou uma teoria da luz como partícula, acreditando que ela era composta de "corpúsculos". Essa visão foi resumida em seu texto de 1704, *Opticks* (Óptica), mas havia sido defendida nas décadas anteriores. Ele desafiava veementemente qualquer um que tentasse contradizer sua opinião, como descobririam Leibniz e Robert **Hooke** (1635-1703) – que tinha opinião semelhante à do holandês. Huygens acreditava que a luz, na verdade, tinha o comportamento de uma onda, em um método que se tornou conhecido como "Construção Huygens", esboçado em *Treatise on Light* (Tratado sobre a luz). No entanto, em 1690 (embora a tenha exposto pela primeira vez em 1678). Essa opinião explicava de modo muito mais satisfatório a maneira como a luz refletia e refratava, antecipando corretamente que, em um meio mais denso, a luz viajaria mais lentamente. Embora a interpretação moderna seja de que a luz pode se comportar tanto como uma partícula quanto como uma onda, dependendo da situação, a visão de Huygens, quando redescoberta e defendida pelo inglês Thomas Young (1773-1829), no início do século XIX, acabaria por se tornar a visão mais comumente aceita. A influência de Isaac Newton era tanta, porém, que as teorias de Huygens foram totalmente ignoradas durante todo o século XVIII, enfrentando ainda forte resistência na época de Young.

*Sua ideia principal sobre o comportamento da luz contradizia a de Newton; ela foi ignorada por um século*

☞ O RELÓGIO DE PÊNDULO:

De impacto muito mais imediato, contudo, foram as inovações de Huygens na fabricação de relógios. Desde a época de **Galileu** (1564-1642), cientistas sabiam que um pêndulo oscilante poderia manter uma batida regular e tentaram utilizar esse conhecimento para criar um artefato que medisse o tempo de modo preciso. Nenhum deles foi bem-sucedido. Huygens percebeu que isso aconteceu, em parte, porque um pêndulo que imitava a curva de um círculo não mantinha uma oscilação exata e, para que isso fosse possível, ele deveria, na verdade, seguir um arco "cicloidal". Essa descoberta abriu caminho para que ele projetasse o primeiro relógio de pêndulo bem-sucedido. Ele o mandou construir em 1657 e anunciou sua criação ao mundo em 1658, no livro *Horologium* (O relógio). A invenção foi de importância monumental para o progresso da Física, pois sem um método preciso de medição do tempo o progresso da disciplina nos séculos seguintes teria sido severamente dificultado.

Huygens voltou aos seus achados práticos, com explicações matemáticas, ao descrever a oscilação de um pêndulo no livro de 1673, *Horologium Oscillatorium* (O pêndulo de relógio). O texto incluía uma série de outras explicações dinâmicas e antecipava a primeira das leis de movimento de Newton, a "lei da inércia", que estabelece que um objeto movendo-se em linha reta continuará a se mover do mesmo modo indefinidamente, até encontrar outra força.

Huygens associou-se a Leibniz, a quem ele apoiou durante seu controverso embate com Isaac Newton acerca da lei da gravidade. Apesar disso – e a despeito da opinião de Huygens de que a teoria da gravidade de Newton estava incompleta sem uma explicação mecânica, como exposta em *Principia* (Princípios), Newton era um admirador leal do holandês.

### Astronomia e Luz:

*Além de ser um físico de sucesso, Christiaan Huygens foi também um astrônomo perspicaz e fez algumas contribuições importantes nessa área. Ele projetou uma versão bastante aperfeiçoada do telescópio, utilizando-o para fazer uma série de achados, incluindo a descoberta da maior lua de Saturno, Titã, em 1655. Além disso, observou e explicou com precisão o sistema de anéis de Saturno. A hipótese de Huygens de que a luz era uma onda foi amplamente ignorada na época, já que entrava em conflito com a teoria de Newton, que propunha que a luz tinha estrutura de partícula. Ambas estavam corretas, na verdade.*

*Huygens foi um dos fundadores da Academia Francesa de Ciências em 1666 e recebeu dela uma pensão mais alta do que qualquer um dos outros membros.*

# ANTON VAN LEEUWENHOEK

(1632-1723)

> **Cronologia:** • *1673* Van Leeuwenhoek começa a se corresponder com a Royal Society. • *1674* É o primeiro a observar protozoários. • *1677* É o primeiro a observar espermatozóides humanos. • *1683* É o primeiro a observar bactérias. • *1684* É o primeiro a observar glóbulos vermelhos.

Quem disse que você precisa ser um cientista em tempo integral, com dinheiro e família aristocrática, para fazer descobertas que mudam o mundo? Provavelmente, a vasta maioria das pessoas que viveu no século XVII, quando a maior parte dos cientistas vinha da nobreza – possuindo riqueza que os possibilitava realizar pesquisas sem precisar de um emprego – ou as que eram mantidas pela nobreza por meio de patronagem. Não foi bem assim com Anton van Leeuwenhoek, um humilde vendedor holandês de tecidos que, apesar de ter tido pouca educação formal, pôde entreter reis e rainhas com suas revelações notáveis.

☞ SEU HOBBY:

Nascido em Delft, na Holanda, onde passou toda a sua vida, Van Leeuwenhoek tornou-se aprendiz de vendedor de tecidos com 16 anos e continuou na profissão até abrir seu próprio negócio na cidade, por volta de 1654. Em 1660, ele arranjou um posto melhor remunerado na corte judicial da cidade. Isso lhe possibilitou maiores meios e mais tempo livre para se dedicar ao objeto que teria um grande impacto na história. Van Leeuwenhoek havia desenvolvido uma paixão pelo microscópio e, por volta de 1660, estava dedicando todo o seu tempo livre para produzir lentes de maior ampliação.

*Ele descobriu que, quando suas fezes estavam "um pouco mais moles que o normal", havia protozoários nelas*

☞ PELO ESPELHO:

Van Leeuwenhoek manteve em segredo seus métodos de produzir lentes durante todos os seus 90 anos. Embora suas melhores lentes únicas, de distância focal curta, pudessem aumentar um espécime em até 300 vezes, acredita-se que ele empregava uma técnica adicional, talvez alguma forma de iluminação, para enxergar os minúsculos "animaizinhos" que ele observou. Outra grande descoberta foram os protozoários, na verdade pequenas plantas de uma célula, com os quais ele se deparou entre espécies aquáticas em 1674. Em estudos científicos mais recentes, os protozoários seriam relacionados a uma série de doenças tropicais, incluindo, entre as mais importantes, a malária e a disenteria amebiana. Em 1683, talvez algo ainda mais importante, Van Leeuwenhoek observou bactérias pela primeira vez. Elas eram menores que protozoários e foram mais tarde relacionadas a doenças tais como no cólera e tétano, bem como seu tratamento.

☞ REPRODUÇÃO ANIMAL:

Entre esses achados, Van Leeuwenhoek descobriu os espermatozóides. Diz a lenda que, em 1677, seu contemporâneo Stephen Hamm levou ao microscopista uma amostra de sêmen humano. Ao examiná-la, ele descobriu os espermatozóides de breve existência, reforçando sua opinião de que eles eram importantes na reprodução ao descobrir criaturas semelhantes no sêmen dos sapos, insetos e outros animais. Ele fez observações detalhadas e exatas de pulgas e formigas, provando que as primeiras eram geradas em ovos como quaisquer outros insetos, em vez de surgir espontaneamente. Ele também mostrou que os ovos e pupas de formigas eram fenômenos que aconteciam em dois estágios distintos. A partir disso, alegou de modo correto que sua existência era um indício de que a crença na visão comum da "geração espontânea" de insetos e outros organismos pequenos era incorreta.

Outras importantes descobertas incluíam a observação dos glóbulos vermelhos, em 1684, fornecendo maior embasamento ao trabalho de 1660 de Marcello Malpighi sobre os vasos capilares que, por sua vez, havia sido importante por reforçar a especulação de William **Harvey** sobre a transferência do sangue das artérias para as veias. De formigas a moluscos, Van Leeuwenhoek também realizou uma série de outros estudos, incluindo observações da vida animal.

☞ BARREIRA LINGUÍSTICA:

Por causa da falta de estudo acadêmico, Van Leeuwenhoek descreveu seus achados em holandês, em vez do científico latim, publicando pouco. Em vez disso, ele foi aceito na Royal Society da Inglaterra por correspondência em 1673. Pelo resto de sua vida, Van Leeuwenhoek escreveria regularmente para a Royal Society em holandês, esboçando suas últimas descobertas, pois não falava inglês. Ao todo, a sociedade traduziu e publicou cerca de 375 notas na sua publicação *Philosophical Transactions* antes da morte de Van Leeuwenhoek.

### Outras realizações:

*As cartas de Van Leeuwenhoek e sua coletânea de obras tornaram o cientista bissexto famoso e trouxeram muitos visitantes nobres para Delft. Entre eles, vieram ver de perto os "animálculos" James II da Inglaterra e Pedro, o Grande da Rússia.*

*Quando Van Leeuwenhoek morreu, deixou 247 microscópios completos, dos quais nove existem até hoje. Um dos seus microscópios tinha uma resolução de dois micrômetros.*

*Ao examinar suas próprias fezes, ele observou que, "quando de espessura normal", não havia protozoários, mas quando estavam "um pouco mais moles", havia protozoários nelas.*

# ROBERT HOOKE
## (1635-1703)

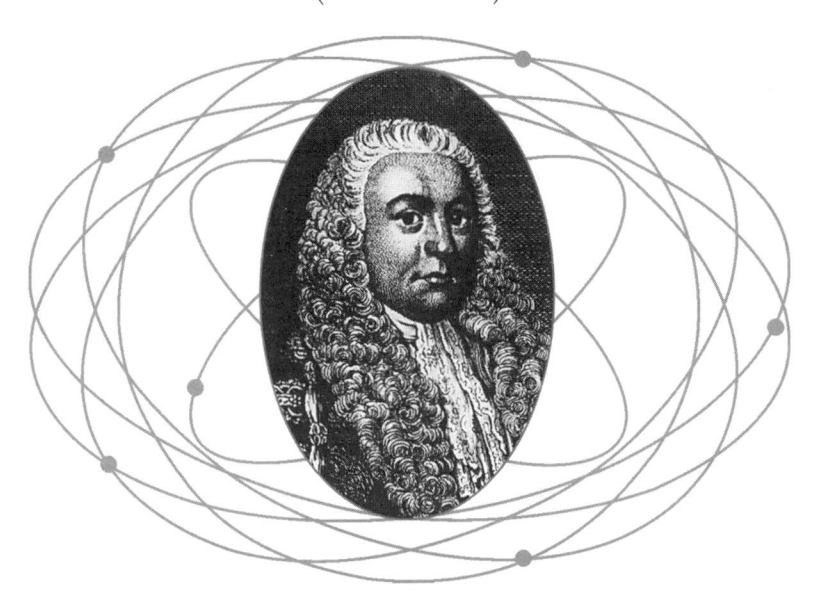

> **Cronologia:** • *1656 Hooke conhece Robert Boyle em Oxford.* • *1659 Projeta a bomba, que criava vácuo do modo mais eficiente na época.* • *1662 Torna-se primeiro curador de experimentos da Royal Society.* • *1665* Micrographia *(Pequenos desenhos) é publicado.* • *1670 Descobre a lei da elasticidade.*

Talvez um dos mais "subestimados" cientistas do século XVII, Robert Hooke, um inglês, fez experiências e avanços em uma ampla gama de áreas científicas. Mesmo assim, por causa de seu ecletismo, ele quase nunca desenvolvia seus conceitos ao máximo. Isso explica por que raramente ganhava o crédito por eles. De fato, pode-se dizer que seu papel como fornecedor de ideias a outros é seu legado mais importante.

☞ ASSISTENTE DE BOYLE:

O exemplo mais óbvio de suas contribuições aos outros foi o trabalho que realizou com Robert **Boyle** em Oxford, onde os dois se conheceram em 1656. Boyle, como aristocrata, era claramente o parceiro dominante na relação, ao menos em termos sociais. Hooke, seu assistente, atuava sob as instruções de Boyle, mas muitas de suas criações eram invenções valiosas por si sós. O exemplo mais óbvio é a bomba de ar que ele projetou em 1659, que criava vácuo do modo mais eficiente da época. Ela possibilitou que Boyle continuasse com muitas de suas descobertas.

☞ FORNECEDOR DE IDEIAS:

Além disso, Boyle era responsável, ainda que indiretamente, por manter Hooke nessa posição de entendido em todas as ciências, mas especialista em nenhuma. O aristocrata tinha usado sua influência para fazer Hooke subir ao posto de curador de experimentos na Royal Society em 1662. Enquanto o prestígio do posto agradava a Hooke, o fato de o trabalho exigir que ele demonstrasse "três ou quatro experimentos consideráveis" à Sociedade em cada uma das reuniões semanais foi certamente o fator que assegurou que Hooke nunca tivesse tempo para desenvolver nenhuma de suas descobertas por completo.

*Hooke acusou Newton de plágio, dando início a uma amarga hostilidade entre os dois, que durou a vida toda*

☞ UMA FONTE DE IDEIAS:

Outro cientista a quem Hooke sentiu ter fornecido ideias foi o físico holandês Christiaan **Huygens**. Huygens recebe o crédito por criar sua influente teoria da luz como onda, que ele publicou em 1690. No entanto, em 1672, Hooke havia exposto sua descoberta da difração (a curvatura dos raios de luz), sugerindo que a luz poderia ter um comportamento de onda.

Isaac **Newton** opôs-se com veemência à teoria de Hooke sobre a luz, dando início a uma hostilidade amarga que continuaria durante toda a vida de Hooke. Ele também alegou ter descoberto uma das teorias mais importantes atribuídas a Newton, argumentando que este havia plagiado suas ideias, expostas em correspondência entre os dois durante o ano de 1680. As cartas de Hooke certamente sugeriam alguma noção da gravitação universal e indicavam alguma compreensão do que posteriormente tornou-se a Lei da Gravitação de Newton. Apesar disso, no entanto, é inquestionável que os cálculos matemáticos de Newton e seus esforços em formular a lei dão-lhe um crédito muito maior.

Os inúmeros experimentos de Hooke, no entanto, resultaram, sim, em algumas descobertas atribuídas unicamente a ele. Hooke foi, por exemplo, o primeiro a descrever a lei universal de que toda a matéria expandirá se for aquecida. A ele é atribuída a lei da elasticidade, descoberta em 1670. Também conhecida como a Lei de Hooke, ela estabelece que uma tensão, ou alteração de tamanho, imposta a um sólido – quando estendido – é diretamente proporcional à força aplicada sobre ele. Hooke também foi a primeira pessoa a utilizar a palavra "célula" no sentido científico que nós entendemos hoje em dia, depois de observar as propriedades da cortiça em um dos microscópios mais potentes que ele havia desenvolvido. Essa palavra é utilizada em sua obra de 1665, *Micrographia* (Pequenos desenhos), que também incluía muitos outros avanços, como a teoria de combustão de Hooke, assim como outras descobertas feitas com microscópio, incluindo a estrutura cristalina da neve e estudos de fósseis que levaram à proposição de que eles eram resquícios de criaturas que haviam existido algum dia. Ele sugeriu que espécies completas haviam vivido e desaparecido muito antes do homem, séculos antes de Charles Darwin chegar à mesma conclusão. Hooke também fez descobertas em Astronomia, localizando a grande mancha vermelha de Júpiter, sugerindo que o enorme planeta girava em seu próprio eixo.

### Outras realizações:

*As invenções de Hooke foram bastante influentes. Ele ou inventou ou fez grandes melhorias em telescópio refletor, microscópio composto, barômetro, anemômetro, higrômetro, mola de balanço (para uso em relógios de pulso), quadrante, junta universal e diafragma (posteriormente utilizado em câmeras). Ele também mostrou uma visão impressionante, prevendo o desenvolvimento de um motor a vapor e do sistema telegráfico.*

*As invenções do microscópio composto e da mola de balanço para uso em relógios de pulso também são atribuídas a ele. Além disso, ele foi um arquiteto bem-sucedido e projetou algumas áreas de Londres após o grande incêndio de 1666.*

# Sir Isaac Newton

## (1642-1727)

> **Cronologia:** • *1670-71* Newton compõe Methodis Fluxionum *(Métodos das fluxões), sua obra principal sobre cálculo que só é publicada em 1736.* • *1672* New Theory about Light and Colours *(Nova teoria sobre luz e cores) é publicada. É sua primeira publicação.* • *1687* Philosophiae Naturalis Principia Mathematica *(Princípios matemáticos da filosofia natural), conhecida como* Principia, *é publicada.* • *1704* Publicação de Optica.

Tantos livros e artigos extensos têm sido escritos sobre a vida e o impacto de *sir* Isaac Newton ao longo dos três últimos séculos que é impossível fazer jus às suas realizações em uma nota curta como esta. Ele é simplesmente um dos maiores cientistas de todos os tempos.

☞ UM INÍCIO LENTO:

Seus primeiros anos não necessariamente sugeriam, contudo, o que ele se tornaria. Nascido e criado em uma vila tranquila de Woolsthorpe, em Lincolnshire, Inglaterra, e educado na cidade próxima de Grantham, ele não era particularmente notável por suas realizações acadêmicas quando criança. Mesmo após sua entrada no Trinity College, Cambridge, ele não se destacou até, ironicamente, a Universidade ser forçada a fechar durante 1665 e 1666 em razão do alto risco de peste. Newton retornou para Woolsthorpe e deu início a dois anos de reflexão notável sobre as leis da natureza e sobre a Matemática, que transformariam a história do conhecimento humano. Embora não tenha publicado nada nesse período, ele formulou e testou muitos dos princípios científicos que se tornariam base para suas realizações futuras.

Contudo, muitas vezes passaram-se décadas até que ele retornasse às suas descobertas iniciais. Por exemplo, suas ideias sobre gravitação universal não ressurgiram até que ele começasse uma correspondência controversa acerca do assunto com Robert **Hooke**, por volta de 1680. Além disso, só quando Edmond **Halley** desafiou Newton em 1684 a descobrir como os planetas poderiam ter as órbitas elípticas descritas por Johannes **Kepler**, e Newton respondeu que já sabia, ele articulou de modo completo sua lei da gravitação. Contudo, ele havia começado a trabalhar no assunto na década de 1660, em Woolsthorpe, após observar a famosa maçã cair de uma árvore e se perguntar se a força que a propelia em direção à terra poderia ser aplicada em outro lugar no Universo. Após sua declaração a Halley, Newton foi forçado a recalcular sua prova, depois de perder suas anotações originais, e o resultado foi publicado na obra mais famosa de Newton, *Philosophiae Naturalis Principia Mathematica* (1687). Essa lei da gravitação propunha que toda matéria atraía matéria com uma força que dependia da combinação de suas massas, mas que essa atração era diminuída com a distância, em proporção inversa ao quadrado de suas distâncias. Esse princípio universal podia ser aplicado com a mesma validade tanto entre duas partículas pequenas na Terra quanto entre o Sol e os planetas e Newton conseguiu utilizá-la para explicar as órbitas elípticas de Kepler.

*"Se eu vi mais do que os outros, foi porque estava me apoiando nos ombros de gigantes"*

☞ AS LEIS DE MOVIMENTO DE NEWTON:

Na mesma obra, Newton trabalhou com observações feitas anteriormente por **Galileu** e expôs três leis de movimento que têm sido a alma da Física moderna desde então. A "lei da inércia" estabelece que um objeto em repouso ou em movimento em linha reta, em velocidade constante, permanecerá no mesmo estado até encontrar outra força. A segunda estabelece que uma força pode mudar o movimento de um objeto de acordo com o produto de sua massa e aceleração, algo vital na compreensão da dinâmica. A terceira declara que a força ou ação com a qual um objeto encontra outro objeto depara com uma força ou reação igual.

Além das séries de amplos usos para as leis de Newton expostas em *Principia*, o ponto importante é que toda especulação histórica acerca de diferentes princípios mecânicos para a Terra e para o resto do Cosmos foi deixada de lado em favor de um sistema único e universal. Ficou claro que simples leis matemáticas podiam explicar uma enorme série de fatos físicos aparentemente não relacionados, dando à ciência as explicações diretas que ela havia buscado desde a época dos antigos. A insistência de Newton no uso da expressão matemática de ocorrências físicas também sublinhou o padrão a ser seguido pela Física moderna.

### Outras realizações:

*Newton realizou grandes inovações em outras áreas também. Sua comprovação de que a luz branca era composta de todas as cores do espectro foi exposta na sua obra de 1672,* New Theory about Light and Colours. *Em* Optica *(1704), ele também articulou sua influente (ainda que parcialmente imprecisa) teoria acerca da luz como partícula ou corpúsculo. Outra realização significativa para a Matemática foi sua invenção do "teorema binomial".*

*Newton também tinha um lado prático e inventou o telescópio refletor na década de 1660. Esse novo instrumento contornava os problemas de foco causados pela distorção cromática do telescópio refrator do tipo que Galileu havia criado. Durante seu período como mestre da Casa da Moeda Real, 27 acusados de falsificar dinheiro foram executados.*

# EDMUND HALLEY

(1656-1742)

**Cronologia:** • *1679* Catalogue of the Southern Stars (*Catálogo das estrelas do sul*) é publicado. • *1682* Halley observa o cometa que agora tem seu nome. • *1687* Encoraja Newton a publicar o Principia, financiando a publicação com seus próprios fundos. • *1705* Astronomia Cometicae Synopsis *(Uma sinopse da astronomia dos cometas)* é publicada. • *1758 O cometa retorna, como ele havia previsto. A partir daí, ele fica conhecido como cometa Halley.*

Acontece frequentemente de um morto célebre ser lembrado por uma única descoberta, ação, teoria ou invenção. Edmund Halley, o astrônomo e matemático inglês, é talvez o maior exemplo desse fenômeno, reconhecido hoje em dia pela descoberta do cometa que carrega seu nome. No entanto, mais do que qualquer outro cientista neste livro, seus interesses acadêmicos eram amplos e variados, com um impacto muito

103

maior do que teve a observação de um único bumerangue cosmológico.

☞ COMETA HALLEY:

Não que sua realização mais celebrada deva ser subestimada. O cometa Halley, como se tornou conhecido a partir da primeira vez em que reapareceu, 16 anos depois da morte do astrônomo em 1758, exatamente quando ele disse que reapareceria, foi o primeiro cometa com retorno previsto. Halley havia chegado a essa conclusão depois de observá-lo ele mesmo em 1682. Depois de pesquisar mais detalhadamente, ele deduziu que outros cometas, visíveis em 1531 e 1607, tinham características tão parecidas com as do que ele tinha observado, que provavelmente eram o mesmo visitante, simplesmente retornando em um intervalo de 76 anos. Esses achados, que também permitiram calcular as órbitas de 23 outros cometas, publicados em 1705 como *Astronomia Cometicae Synopsis* (Uma sinopse da astronomia dos cometas), foram seminais na abordagem subsequente ao estudo do assunto.

*Halley deve ser lembrado por muito mais do que a observação de um único bumerangue cósmico*

☞ CÉUS DO SUL:

No entanto, os interesses astronômicos de Halley não eram restritos aos cometas: ele contribuiu para muitos outros estudos importantes. Em 1718, demonstrou que as estrelas deveriam ter um movimento "próprio", ao fazer comparações entre o catálogo de **Ptolomeu** e a posição das estrelas no seu próprio tempo. Ele também observou o ciclo de 19 anos da Lua e, depois de fazê-lo, confirmou a teoria da aceleração secular que havia originalmente proposto em 1695. Em 1716, propôs uma maneira de calcular a distância entre a Terra e o Sol a partir dos trânsitos do planeta Vênus através do disco solar. Uma das suas grandes realizações celestes também foi uma de suas primeiras. Com 20 anos, ele viajou em um navio da East India Company para Santa Helena, a fim de mapear as estrelas no hemisfério sul. Ele deixou a Universidade de Oxford, sem completar seu curso, para fazer essa viagem. Depois de dois anos de estudo na ilha distante, sua publicação *de Catalogue of the Southern Stars*, em 1679, foi não apenas o primeiro mapeamento preciso dos céus do Sul, mas também o primeiro registro das estrelas, que ele observou, feito com telescópio.

☞ NÃO APENAS ASTRONOMIA:

Mais perto de casa, Halley ganharia crédito em muitas outras áreas. Ele é considerado por alguns como o fundador da Geofísica, que teria tido início com sua publicação de um mapa dos principais ventos da Terra, em 1686; ele continuou a preparar mapas detalhados das marés e da variação magnética. Realizou trabalhos sobre a salinidade e a evaporação dos lagos entre 1687 e 1694, utilizando os resultados que obteve para criar hipóteses acerca da idade da Terra. Halley desenvolveu uma lei matemática que demonstrava a relação da altitude com a pressão atmosférica, o que lhe permitiu continuar a fazer melhorias no barômetro. A população da cidade de Breslau foi objeto de tabelas de mortalidade que ele publicou em 1693, em um trabalho de Estatística social pioneiro, que posteriormente influenciou a indústria do seguro de vida. O tamanho do átomo, a óptica do arco-íris e até mesmo o esboço do sino de mergulho não escaparam do seu escrutínio. Halley não era, definitivamente, apenas um astrônomo. Além de comandar o *Paramour*, um navio de guerra da Marinha Real, de 1698 a 1700, ele também foi um mapeador prolífico, representando os ventos principais, as marés e as variações magnéticas em sua cartografia.

O cometa Halley retornará aos céus em 2062.

### Halley e Newton:

*Apesar de suas muitas realizações, pode-se dizer que talvez o modo mais importante de Halley mudar o mundo tenha sido sua amizade com Newton. Ele o encontrou pela primeira vez em Cambridge, em 1684, e, partir daí, teria um papel importante no desenvolvimento e na apresentação da teoria da gravitação. Em primeiro lugar, ele encorajou Newton a realizar seu maior trabalho, o* Principia. *Ele também editou, revisou o texto, escreveu o prefácio e, talvez o mais importante de tudo, ele próprio financiou a publicação em 1687, quando a Royal Society não pôde fazê-lo.*

*Se Edmund Halley não tivesse nascido, seu cometa existiria mesmo assim, embora com um nome diferente. O* Principia *de Newton, ao menos no formato que o mundo o conhece hoje, certamente, não.*

# THOMAS NEWCOMEN

(1663-1729)

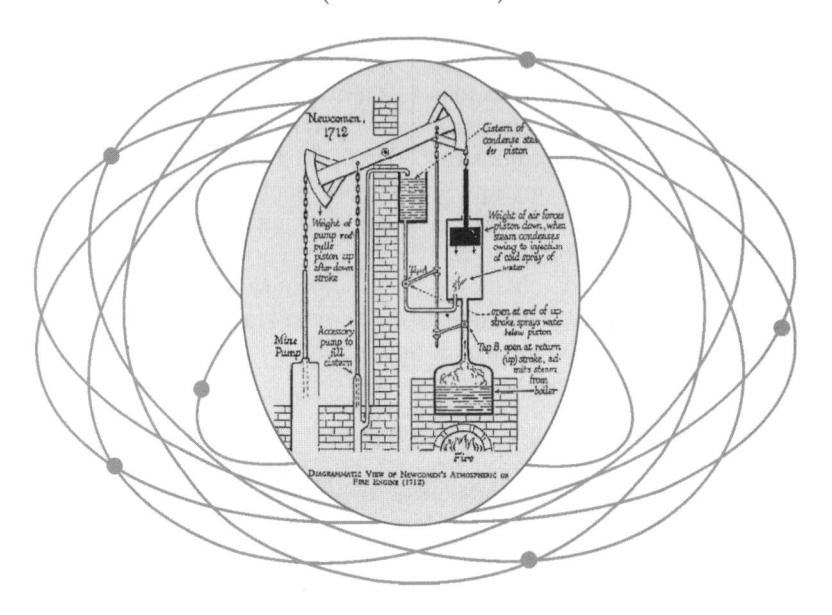

Cronologia: • *1663 Newcomen nasce em Darmouth, Devon, Inglaterra.* • *1705 Começa a trabalhar para construir seu motor a vapor.* • *1712 Constrói o motor de modo bem-sucedido, colocando-o em funcionamento.* • *1729 Morre em Londres.*

Se a Revolução Industrial mudou o mundo, então o homem que tornou disponível a fonte de energia que facilitou a transformação deve ser mencionado. Esse homem foi Thomas Newcomen, o inventor inglês do primeiro motor a vapor de baixa pressão comercialmente bem-sucedido do mundo.

É claro, Newcomen não pretendia alterar o desenvolvimento da sociedade de um jeito tão dramático. Ele tinha começado a vida como um simples ferrageiro e ferreiro em sua cidade natal Dartmouth, em Devon, estabelecendo seu meio de vida na área que escolheu muito antes de começar a trabalhar na sua invenção revolucionária. Foi, no entanto, essa ocupação que chamou sua atenção para os problemas que inspiraram tal invenção.

☞ O PROBLEMA:

Muitos dos clientes mais importantes de Newcomen eram donos de minas. Eles descreveram-lhe o problema que encontravam quando precisam cavar minas mais profundas para atender à demanda cada vez maior por recursos naturais, como carvão, estanho e ferro. Por causa da profundidade, eles eram impedidos pela inundação. A solução era bombear essa água para fora das minas, mas com apenas cavalos ou força humana para realizar o trabalho, a tarefa era cara e lenta.

## *Thomas Newcomen forneceu as fontes de energia para a Revolução Industrial*

☞ TENTATIVAS FRACASSADAS:

A ideia de utilizar a pressão atmosférica como uma nova forma de fonte de energia a ser utilizada em trabalho mecânico repetitivo, como o bombeamento, já era conhecida de engenheiros anteriores a Newcomen. Já havia sido provado que, quando se cria o vácuo, o ar, se tiver oportunidade, precipita-se com considerável força em sua direção. Mas ninguém tinha aproveitado essa descoberta de maneira bem-sucedida em uma prática provisão de energia. Em 1698, um engenheiro inglês chamado Thomas Savery (1650-1715) havia feito uma tentativa, com o projeto e patente do "Amigo do Minerador", um motor de vapor de alta pressão. Por causa de limitações práticas e tecnológicas, no entanto, ele nunca foi empregado no bombeamento.

☞ A SOLUÇÃO:

Foi nesse contexto que Newcomen decidiu iniciar, em 1705, seu trabalho de construção de um motor a vapor que aproveitasse a pressão atmosférica. Em 1712, ele havia resolvido o problema e seu motor foi construído de modo bem-sucedido, sendo utilizado para bombeamento na mina de carvão de South Staffordshire. O projeto envolvia o aquecimento de água embaixo de um grande pistão que era encaixado em um cilindro. O vapor era criado como resultado do aquecimento, forçando o pistão para cima. Um jato de água era então lançado de um tanque acima do pistão. O esfriamento rápido do vapor fazia-o condensar, criando um vácuo parcial que a pressão do ar então empurrava para baixo, forçando o pistão para baixo novamente. O pistão era preso a uma biela de duas cabeças e o outro lado dela era preso a uma bomba no poço da mina. Ao movimentar-se para cima e para baixo, a biela movia-se da mesma forma e o movimento da bomba no poço podia ser utilizado para expelir a água. O primeiro motor podia remover 120 galões por minuto, completando cerca de 12 impulsões nesse período, e

tinha o equivalente a 5,5 cavalos-vapor.
Embora o motor ainda não fosse exatamente forte, muito ineficiente no funcionamento e queimasse grandes quantidades de carvão, ele trabalhava 24 horas por dia, sem falta, e era muito melhor do que as alternativas anteriores. Consequentemente, embora cada um custasse caras mil libras para ser construído, eles foram comercializados com muito sucesso e mais de uma centena foi instalada, principalmente em minas e fábricas da Grã-Bretanha antes da morte de Newcomen em 1829. As vendas continuavam a crescer por toda a Grã-Bretanha e Europa nos cem anos seguintes. Ainda que outros motores mais eficientes fossem surgir, como aquele inventado por James **Watt** (1736-1819), sua relativa simplicidade, confiabilidade – e o preço mais baixo que o da concorrência – asseguraram que os motores continuassem a ser usados em boa parte do século XX. Nessa época, a Revolução Industrial já havia mudado o mundo e o uso que Newcomen fez do vapor e da pressão atmosférica havia estado à sua frente.

### Um gênio esquecido:

*O motor a vapor, embora originalmente desenvolvido por Newcomen para uso em minas, veio a se tornar um dos pilares da Revolução Industrial. Ele foi logo utilizado por engenheiros como James Watt e Richard Trevithick em locomotivas a vapor, por fim alimentando navios que atravessavam o oceano, diminuindo o tempo de navegação a partir da e em direção a Grã-Bretanha drasticamente. Hoje, o crédito pela invenção desse motor a vapor é dado a James Watt, enquanto o nome de Thomas Newcomen permanece obscuro; embora ele tenha, sem dúvida, mudado o mundo, não existe nenhum retrato de Newcomen.*

# DANIEL FAHRENHEIT
## (1686-1736)

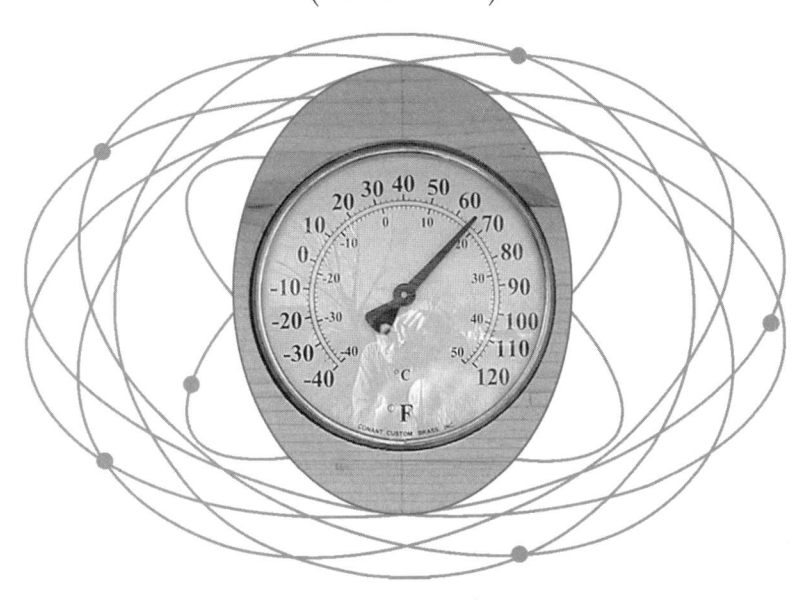

**Cronologia:** • *c. 1701 Fahrenheit chega a Amsterdã, Holanda, como aprendiz de mercadores.* • *1709 Desenvolve um termômetro a álcool superior à versão existente.* • *1714 Inventa o primeiro termômetro a mercúrio.* • *1715 Desenvolve a escala Fahrenheit de temperatura.*

Daniel Fahrenheit passou a maior parte da vida na Holanda. Ele nasceu na cidade polonesa de Danzig, hoje Gdansk, e era o mais velho de cinco filhos. Com 15 anos de idade, seus pais morreram depois de ingerir cogumelos venenosos e, enquanto seus quatro irmãos foram enviados para lares adotivos, ele tornou-se aprendiz de mercadores, que o enviaram para Amsterdã. Lá, ele se interessou por termometria, particularmente pelos termômetros primitivos inventados em Florença por volta de 1640. Fahrenheit pegou dinheiro de sua herança para desenvolver a ideia e deixou seu aprendizado – isso

109

o forçou a apressar-se. A medida e a descrição da temperatura é algo tão comum hoje em dia que é praticamente impossível imaginar um mundo sem isso. No entanto, até o começo do século XVIII, os cientistas ainda estavam se esforçando para encontrar um artefato confiável que medisse a temperatura com precisão e uma escala uniforme com a qual descrever as medições limitadas que eles podiam fazer.

☞ TERMÔMETROS PRIMITIVOS:

**Galileu** (1564-1642) tinha, de fato, sido o primeiro a criar um tipo primitivo de termômetro. Ele tinha usado seu conhecimento de que o ar se expande quando aquecido e se contrai quando resfriado para construir seu instrumento. Ao colocar um tubo cilíndrico na água, ele notou que, quando o ar estava mais quente, impelia o nível da água no aparelho para baixo, assim como subia quando o ar era resfriado. Ele logo percebeu que a leitura não era confiável, porém, porque o volume – e, portanto, o comportamento – do ar também variava de acordo com a pressão atmosférica. Gradualmente, os cientistas começaram a utilizar outras substâncias mais estáveis para melhorar a precisão da leitura e o álcool foi visto como possível substituto mais tarde, nesse mesmo século.

*A escala Fahrenheit, talvez seja evidente, é nomeada em homenagem ao seu inventor, Daniel Fahrenheit*

☞ O TERMÔMETRO DE MERCÚRIO:

Fahrenheit, por fim, tornou o termômetro confiável e preciso o bastante para os propósitos dos cientistas. Como produtor de instrumentos meteorológicos, ele fez seu primeiro progresso em 1709, com o desenvolvimento de um termômetro de álcool, muito superior a qualquer outro antes criado. No entanto, foi baseando-se no trabalho de Guillaume Amontons (1663-1705) acerca das propriedades do mercúrio que Fahrenheit realmente elevou a medição da temperatura a outro nível. Ele inventou o primeiro termômetro de mercúrio bem-sucedido em 1714, particularmente útil na aplicação de uma ampla gama de temperaturas.

☞ A ESCALA FAHRENHEIT:

Em 1715, ele complementou suas inovações na fabricação de instrumentos com o desenvolvimento da agora famosa escala de temperatura Fahrenheit. Assumindo zero grau Fahrenheit (0° F) como a temperatura mais baixa que ele podia produzir (a partir de uma mistura de gelo e sal), ele usou o ponto de congelamento da água e a temperatura do corpo humano como outros marcos na sua formulação. Nos seus cálculos iniciais, isso colocou o ponto de congelamento da água em 30° F e o do corpo em 90° F. Revisões posteriores mudaram essas marcas para 32° F para a água e 96° F para os humanos. O ponto de ebulição da água foi estabelecido em 212° F, o que significa que havia 180 graus entre o congelamento e a ebulição. A escala passou a ser amplamente utilizada, particularmente nos países de língua inglesa, onde ela permaneceu dominante até a década de 1970. A escala Fahrenheit ainda é de uso comum nos Estados Unidos.

☞ OS SUCESSORES DE FAHRENHEIT:

Em boa parte da comunidade científica, a escala de Fahrenheit foi substituída pela Celsius. Essa escala métrica, em que a água congela a 0°C e ferve a 100°C, foi iniciada pelo sueco Anders Celsius (1701-44) e revisada por seu compatriota Carolus Linnaeus (1707-78) na escala que conhecemos hoje em dia (Celsius originalmente tinha a escala invertida, com o ponto de ebulição em 0°C e o de congelamento a 100°C!). A escala Celsius é também conhecida como escala centígrada, do latim "cem degraus". Uma conversão de graus Fahrenheit para Celsius pode ser feita ao se subtrair 32 e multiplicar o resultado por 5 e então dividir o produto por 9.

### A influência de Fahrenheit:

*A escala Kelvin é mais adequada para propósitos científicos e a escala Celsius é mais clara, já que é baseada em decimais. A vantagem de usar a escala Fahrenheit é que ela é projetada para o uso cotidiano, raramente necessitando, por exemplo, de graus negativos. Farenheit, usando suas habilidades de soprar vidro para criar seu termômetro, descobriu que os pontos de ebulição de diferentes líquidos variavam de acordo com as variações na pressão atmosférica; quanto mais baixa a pressão, mais baixo o ponto de ebulição da água, um dado útil para qualquer um que queira fazer chá em grandes altitudes!*

# BENJAMIN FRANKLIN
## (1706-1790)

**Cronologia:** • *1716 Em razão de dificuldades financeiras, Franklin deixa a escola com 10 anos de idade.* • *1751 Experiments and Observations on Electricity, made at Philadelphia in America (Experimentos e observações sobre eletricidade, feitos em Filadélfia, na América), é publicado.* • *1752 Famoso episódio em que empina uma pipa durante uma tempestade.* • *1776 Um dos cinco homens que escreveu a Declaração de Independência.*

Benjamin Franklin tinha um gênio raro. Diferentemente da maior parte dos cientistas deste livro, cujos talentos extraordinários são geralmente restritos à ciência, o americano Franklin era brilhante em uma ampla gama de áreas. Em um período de cinco anos, entre 1747 e 1752, ele contribuiu mais para a ciência do que muitos cientistas em uma vida toda dedicada ao estudo. No entanto, em outros períodos de sua vida, ele atuou – e foi bem-sucedido – em campos completamente distintos. Foi um ótimo prensista e editor, um jornalista e satirista de sucesso, um inventor, um embaixador mundialmente famoso e, provavelmente de maneira mais notável, um político em um período vital da história americana. Na verdade, Franklin foi um dos cinco autores da Declaração da Independência em 1776 e um dos principais participantes na elaboração posterior da Constituição americana.

☞ ESTUDANDO ELETRICIDADE:

Franklin merece ainda estar presente neste livro apenas por suas realizações na Física – ele foi um pioneiro na compreensão das propriedades e dos potenciais benefícios da eletricidade. Embora o fenômeno da eletricidade tenha sido notado desde o tempo dos antigos, muito pouco era conhecido sobre ele a partir de uma perspectiva científica, e muitos consideravam que a possibilidade de sua utilização era restrita a truques de "mágica". Por volta de seus 40 anos, contudo, Franklin ficou fascinado pela eletricidade e começou a realizar experimentos com ela, rapidamente percebendo que era um objeto digno de estudo e pesquisa científicos. Então, vendeu seus negócios de imprensa e dedicou-se durante os cinco anos seguintes a entendê-la.

*O legado de Franklin, além de suas muitas invenções, foi essencialmente o do aprendizado*

☞ EMPINANDO UMA PIPA:

Embora Franklin tenha acreditado, de modo errôneo, que a eletricidade era um único "fluido" (isso era por si só um avanço nas teorias anteriores, que defendiam a ideia de dois diferentes fluidos), ele acreditou que esse fluido era, de alguma forma, composto de partículas móveis, que agora se sabe serem elétrons. Algo ainda mais importante é o fato de ele ter realizado estudos importantes envolvendo carga elétrica e de ter introduzido os termos "positivo" e "negativo" ao explicar o modo como as substâncias poderiam ser atraídas ou repelidas umas pelas outras de acordo com a natureza de sua carga. Ele também acreditava que essas cargas basicamente cancelavam umas às outras, de modo que, se algo perdia carga elétrica, outra substância ganharia instantaneamente a mesma quantidade de energia perdida. Seu trabalho sobre eletricidade atingiu o ápice no seu famoso experimento com a pipa, em 1752. Acreditando que os raios eram uma forma de eletricidade, Franklin empinou uma pipa durante uma tempestade com um longo fio condutor. Tendo amarrado a ponta final do fio em um capacitor, ele mostrou estar correto quando o trovão de fato o carregou, provando a existência de suas propriedades elétricas. A partir desses resultados, e percebendo o potencial de um artefato que pudesse impedir que os raios tivessem os efeitos danosos em prédios, ele desenvolveu o para-raios.

Franklin também publicou seu texto *Experiments and Observations on Electricity, made at Philadelphia in America*, em 1751, que continuou a inspirar futuros cientistas no estudo e no desenvolvimento dos usos da eletricidade.

☞ UM INVENTOR PROLÍFICO:

A partir de 1753, o tempo que Franklin dedicava à ciência diminuiu drasticamente em razão do novo posto como ministro geral de serviços postais e, mais tarde, das suas funções políticas e diplomáticas. Ele deixou, no entanto, um legado de outras invenções a partir de uma ampla gama de experimentos realizados durante toda a sua vida, incluindo: um aquecedor de ferro que ficou conhecido como "aquecedor de Franklin" (ainda em uso hoje em dia), lentes bifocais, a lamparina de rua, a cadeira de balanço, a harmônica, um hodômetro e portas a prova d'água para navios. Franklin também teve a ideia do horário de verão e foi o primeiro a mapear a Corrente do Golfo a partir de observações feitas por marinheiros. Um homem de muitos talentos, Benjamin Franklin foi bem-sucedido como inventor, político, prensista, oceanógrafo, embaixador, jornalista, satirista e, é claro, cientista.

### O legado de Benjamin Franklin:

*O legado de Franklin, além das suas muitas invenções, como pararraios, lentes bifocais e lamparinas de rua, foi o do aprendizado. Ele instituiu uma das primeiras bibliotecas públicas, assim como uma das primeiras universidades: a de Pennsylvania, nos Estados Unidos. Em um nível social mais amplo, ele estabeleceu o moderno sistema de correio, criou departamentos de polícia e de bombeiros e fundou o Partido Democrata. Ele certamente viveu de acordo com sua própria citação: "Para não ser esquecido assim que você estiver morto e decomposto, ou escreva coisas dignas de serem lidas ou faça coisas dignas de serem escritas".*

# JOSEPH BLACK
## (1728-1799)

> **Cronologia:** • *1746-50 Black estuda Química na Universidade de Edimburgo.* • *1754 Defende tese sobre o ciclo de reações na Química.* • *1756-66 Professor de Medicina e docente de Química na Universidade de Glasgow.* • *1757 Descobre o conceito de calor latente.* • *1766 Nomeado professor de Química em Edimburgo, um posto que ele mantém até sua morte, em 1799.*

Joseph Black, filho de um comerciante de vinhos, nasceu em Bordeaux, França, e estudou nas Universidades de Belfast e, posteriormente, de Glasgow. Ali, o conhecido William Cullen tornou-se seu tutor, embora sua relação logo tenha evoluído para a de professor e assistente, mais do que professor e aluno. Cullen realizou inovações nos campos da Química e na classificação de doenças, identificando quatro divisões principais, embora fosse mais conhecido por seus métodos de ensino pouco ortodoxos e por seu estilo oratório inspirado. Suas aulas certamente parecem ter inspirado o jovem Black, que iria colocar a Química em uma base confiável e científica, embora nunca tenha publicado seus trabalhos em vida.

☞ A REDESCOBERTA DO DIÓXIDO DE CARBONO:

Embora Jan Baptista **van Helmont** tenha identificado a existência de gases distintos do ar mais de um século antes de Joseph Black se destacar, pouco havia sido realizado com essas observações nos cem anos seguintes. É por essa razão que o cientista escocês é frequentemente tido como o descobridor do dióxido de carbono, que ele chamava de "gás fixo", embora Van Helmont tenha claramente reconhecido sua existência. A verdade, no entanto, é que Black foi o primeiro a entender completamente e quantificar as propriedades do dióxido de carbono e, ao fazê-lo, estabeleceu uma das bases principais da Química moderna.

*Calor latente: a habilidade da matéria de absorver calor e permanecer na mesma temperatura*

☞ A IMPORTÂNCIA DO MÉTODO:

A insistência de Black na importância dos experimentos quantitativos foi outro passo importante em direção ao estabelecimento de um padrão para a nova era da Química. Ele empregou tais métodos ao produzir os resultados de seu texto mais importante, *Experiments upon Magnesia Alba, Quickline, and some other Alcaline Substances* (1756). Ele descreveu o ciclo de transformações químicas no que se tornou um dos experimentos definitivos no ensino da ciência. Black observou como calcário (carbonato de cálcio) produzia cal (oxido de cálcio) e ar fixo (dióxido de carbono) quando aquecidos. Ele então misturou a cal com água para produzir cal hidratada (hidróxido de cálcio) e, ao combinar o produto com o ar fixo, ele foi capaz de fazer calcário novamente (mais água). Antecipando as descobertas de Antoine **Lavoisier** um século depois, Black concluiu a partir dessas experiências que o dióxido de carbono era um gás distinto do ar "normal" (atmosférico), assim como um de seus componentes em pequenas quantidades. Ele também demonstrou que remover o dióxido de carbono do calcário fazia-o mais alcalino, com efeitos inversos, caso se acrescentasse dióxido de carbono novamente, observando, portanto, as propriedades ácidas do gás. Black também conseguiu provar que o dióxido de carbono era produzido na respiração, na queima de carvão vegetal e na fermentação, mas que o gás não permitia que uma vela queimasse nem mantinha a vida animal.

## ☞ A FÍSICA DO CALOR:

Black posteriormente voltou sua atenção à Física e aí também fez algumas descobertas fundamentais que agora estão no centro da disciplina. Por meio de experiências meticulosas e medição de resultados, o cientista descobriu o conceito chamado "calor latente", a habilidade da matéria de absorver calor sem necessariamente mudar de temperatura. O melhor exemplo desse princípio é aquele da transformação de gelo em água a 0° C. Isso requer calor para formar água, ainda que o líquido formado permaneça na mesma temperatura. O mesmo princípio é verdadeiro no processo de transformação da água em vapor e, na verdade, de todos os sólidos para líquidos e de líquidos para gases. Com seu trabalho, Black fez a importante distinção entre calor e temperatura. Além da sua aplicação mais geral desde então, os experimentos com calor latente tornaram-se importantes quase imediatamente, já que um dos amigos de Black era James **Watt**, que aproveitou essas descobertas durante o desenvolvimento do motor a vapor.

### Outras realizações:

*Black também apresentou muitas outras descobertas envolvendo o calor. Em particular, ele formulou a teoria do calor específico, ou seja, a teoria que estabelece que quantidades diferentes de calor são necessárias para levar pesos iguais de diferentes materiais à mesma temperatura. A partir desse trabalho, desenvolveu-se pela primeira vez a calorimetria, um método preciso de medição do calor, ainda em uso hoje em dia, porém uma forma aperfeiçoada, assim como um aparelho utilizado para esse fim, o calorímetro.*

# HENRY CAVENDISH
## (1731-1810)

**Cronologia:** • *1731* Cavendish nasce em Nice, na França, em uma família aristocrática. • *1753* Abandona a Universidade de Cambridge sem se graduar. • *1798* Publica seus cálculos da densidade da Terra, de resultado tão preciso quanto o que se acredita hoje ser o correto. • *1871* A doação do famoso Laboratório Cavendish é feita à Universidade de Cambridge pelos seus herdeiros.

Se uma pessoa se encaixa na imagem estereotípica de um cientista esquisito e excêntrico, esse alguém é Henry Cavendish. Nascido na aristocracia inglesa e tendo se tornado herdeiro de uma grande soma de dinheiro na metade de sua vida, Cavendish usou sua riqueza para entregar-se ao seu comportamento incomum. Ele construiu escadas e entradas privadas em suas casas em Londres para não ter de interagir com nenhum dos seus empregados e só se comunicava com eles por meio de notas escritas. Ele nunca falava com mulheres, fazendo todo o possível para evitar olhar para elas, e só aparecia em público com o propósito de participar de reuniões científicas. Seu amor à solidão, no entanto, realmente lhe ofereceu bastante tempo para trabalhar nos experimentos que fariam a ciência progredir, apesar do seu comportamento igualmente excêntrico quanto à publicação de sua obra.

☞ INSTIGADO PELA CURIOSIDADE:

A motivação principal de Cavendish não era o clamor científico, mas a curiosidade, e foi por causa disso que ele não publicou muitas de suas descobertas. Ele realizou experimentos meticulosos tanto em Física quanto em Química, mas é principalmente por seu trabalho na Química que ele é mais lembrado, já que chegou a publicar uma série de artigos nessa área.

Entre os mais famosos, estão os de 1766, *Three Papers Containing Experiments on Factitions Airs (gases made from recictions between liquids and solids)*. Neles, ele demonstrou como o hidrogênio (ar inflamável) e o dióxido de carbono (ar fixo) eram gases distintos do "ar atmosférico". Embora Joseph **Black** tenha feito descobertas parecidas com o ar fixo, Cavendish merece crédito por ter sido o primeiro a distinguir e entender o ar inflamável. Ele conseguiu desenvolver técnicas confiáveis para pesar gases e, além de outros experimentos realizados por volta de 1781, descobriu que o ar inflamável, misturado ao que agora nós conhecemos como oxigênio (do ar atmosférico) em quantidades de dois para um, respectivamente, formava água. Em outras palavras, água não era um elemento distinto, mas um composto feito de duas partes de hidrogênio e uma parte de oxigênio (agora expresso em química como $H_2O$). Graças à sua típica morosidade para publicação (ele não expôs suas descobertas até 1784), sua alegada descoberta confundiu-se com observações semelhantes, feitas posteriormente por Antoine **Lavoisier** (1743-94) e James **Watt** (1736-1819). O ponto importante é que ficou provado que a água não era um elemento distinto – uma visão mantida desde o tempo de Aristóteles. No mesmo artigo, Cavendish também expôs sua descoberta de que o ar (cuja composição permanecia constante independentemente do local onde fosse coletado na atmosfera) era composto de, aproximadamente, uma parte de oxigênio para quatro partes de nitrogênio. Nesses experimentos – feitos ao se decompor o ar ao "explodi-lo" com faíscas elétricas –, ele também descobriu que havia sempre um resíduo de cerca de 1% da massa original que não poderia ser decomposto. Esse gás "inerte" só voltaria a ser estudado depois de um século, quando seria nomeado de argônio. Na mesma série de experimentos, Cavendish também descobriu o ácido nítrico ao dissolver óxido de nitrogênio na água.

## *Algumas das descobertas de Cavendish são consideradas meio século à frente de seu tempo*

☞ À FRENTE DE SEU TEMPO:

Cavendish poderia ser lembrado também como um grande físico, já que alguns de seus experimentos e descobertas foram considerados como mais de meio século à frente de seu tempo. No entanto, quase toda a sua obra nessa área permaneceu sem publicação boa parte do século XIX, quando seus registros foram descobertos. O cientista James Clerk **Maxwell** (1831-79) dedicou-se a publicar a obra de Cavendish, uma tarefa que completou em 1879. Contudo, nessa época, as potenciais inovações de Cavendish, significativas quando feitas, já haviam sido ultrapassadas pela história. Em particular, Cavendish havia realizado um trabalho significativo com eletricidade, antecipando as leis posteriormente nomeadas em homenagem aos seus "descobridores", Charles **Coulomb** (1736-1806) e Georg Ohm (1789-1854), assim como algumas conclusões posteriores de Michael **Faraday** (1791-1867). Na ausência de qualquer aparelho apropriado e coerente com suas tendências excêntricas, ele até mesmo tentou medir a corrente elétrica colocando eletrodos em si mesmo e estimando o grau de dor que ela lhe causava!

### A densidade da Terra:

*Um experimento físico pelo qual Cavendish foi aclamado em sua época (e que agora tem seu nome, em sua homenagem) foi estimar a densidade da Terra. Os experimentos envolviam uma balança de torção e a aplicação das teorias de gravidade de Newton. Em 1798, ele concluiu que a densidade da Terra era 5,5 vezes maior que a da água, um número quase idêntico às estimativas modernas.*

# JOSEPH PRIESTLEY
## (1733-1804)

**Cronologia:** • *1766 Priestley conhece Benjamin Franklin, que desperta sua curiosidade científica.* • *1767* The History and Present State of Electricity (*A história e o estado presente da eletricidade*) *é publicado.* • *1771 Descobre que uma planta em um vaso fornece ar suficiente para manter uma vela acesa.* •*1774 Descobre o oxigênio de modo independente de Karl Scheele (que anuncia sua descoberta em 1777).*

Joseph Priestley não tinha a ciência como ocupação principal, mas mesmo assim ele se tornou um dos químicos experimentais britânicos mais importantes do século XVIII. Formado pastor unitarista e com interesse ativo em política, Filosofia, História e línguas, sua fascinação pela ciência foi despertada apenas quando ele conheceu Benjamin **Franklin**, em 1766. A jornada que se seguiria a isso tornaria Priestley famoso, embora ele tenha permanecido um amador em ciência pelo resto da vida e tenha dedicado a maior parte de seu tempo ao ensino e às atividades religiosas.

☞ INÍCIO NA ELETRICIDADE:

No entanto, a Física, e não a Química, foi o objeto do primeiro esforço científico de Priestley. Encorajado por Franklin, e dada a utilização dos seus livros, Priestley escreveu *The Histiry and Present States of Electricity* (1767), que não apenas era um sumário de tudo o que se conhecia sobre eletricidade até aquele momento, mas também incluía algumas contribuições próprias de Priestley, tal como a descoberta de que o grafite conduz eletricidade.

☞ O FASCÍNIO DA QUÍMICA:

A Física não foi seu grande interesse na ciência; Priestley ficou mais intrigado com experimentos químicos. Ao assumir um novo posto ministerial em Leeds, em 1767, ele teve acesso a um estoque praticamente ilimitado de "ar fixo" (dióxido de carbono) com o qual iniciou seu trabalho. Ele o obteve de um gás liberado por meio da fermentação em sua cervejaria local. Entre outras coisas, isso levou Priestley à criação da água com gás (dióxido de carbono na água). Ele nem podia imaginar as consequências que isso teria para o futuro desenvolvimento da indústria de refrigerantes! O episódio estimulou o interesse do inglês no trabalho com gases, tornando-o determinado a acrescentar algo aos meros três conhecidos até então: "ar fixo" (dióxido de carbono), "ar inflamável" (hidrogênio) e ar atmosférico. Ao melhorar o projeto de um aparato chamado "tina pneumática", enchendo-a com mercúrio e depois aquecendo sólidos que flutuavam nele, ele conseguiu isolar e capturar gases acima do mercúrio. No entanto, descobriu quatro novos gases que conhecemos como óxido nitroso (gás hilariante), dióxido de nitrogênio, óxido nítrico e cloreto de hidrogênio.

*O trabalho científico de Priestley praticamente cessou após sua emigração forçada para os Estados Unidos*

☞ DESCOBRINDO GASES:

Pode-se dizer, no entanto, que o período mais prolífico de Priestley aconteceu enquanto ele estava sob a patronagem de lorde Shelburne na sua propriedade em Calne, Wiltshire, de 1773 a 1780. Empregado como bibliotecário e professor dos filhos de Shelburne, Priestley tinha uma grande liberdade para se dedicar aos seus estudos científicos do modo como ele quisesse. Depois de algum tempo, ele descobriu o nitrogênio, o monóxido de carbono, o dióxido de enxofre, a amônia e o tetrafluoreto de silício. Contudo, Priestley é mais famoso pela descoberta do gás que hoje conhecemos como oxigênio.

☞ A DESCOBERTA DO OXIGÊNIO:

Priestley topou com o oxigênio em 1774, ao aquecer óxido de mercúrio e observar que ele aumentava consideravelmente a combustão da chama de uma vela, prolongava a vida de ratos e era "cinco ou seis vezes tão bom quanto ar comum" (Karl **Scheele** também tinha descoberto o oxigênio de forma independente em 1772, mas não publicou seus resultados até 1777). Os achados de Priestley eram um complemento à sua descoberta de 1771 de que uma planta fornece "ar" suficiente em um vaso para acender a chama de uma vela novamente após ela ter se extinguido. Assim como sua observação posterior da importância da luz do sol no crescimento das plantas, isso foi uma base importante para outros cientistas que realizaram pesquisas subsequentes em fotossíntese. Mesmo assim, Priestley não percebeu o verdadeiro impacto de sua descoberta e ficou para Antoine **Lavoisier** (1743-94), a quem ele havia relatado seus achados em 1775, a tarefa de estabelecer a posição central que o oxigênio tinha nas áreas da Química e da Biologia. Priestley, por sua vez, nomeou seu gás "ar deflogisticado", de acordo com a teoria aceita de que todas as substâncias inflamáveis continham a substância elusiva "flogisto", que era liberada no processo de combustão, tendo papel central nessa reação.

### Posfácio:

*Priestley também realizou outros trabalhos experimentais que envolviam densidade, difusão e condutividade térmica de gases, bem como impacto de descargas elétricas sobre eles.*

*Seu trabalho científicou praticamente cessou, no entanto, depois de sua emigração para a Pensilvânia, Estados Unidos, em 1794. Isso foi algo que Priestley se sentiu forçado a fazer depois que seu laboratório em Birmingham foi objeto de violência popular, em consequência de seu apoio político declarado à Revolução Francesa, que ele viu como um antídoto à corrupção de uma sociedade vulgar.*

# JAMES WATT
## (1736-1819)

**Cronologia:** • *1764* Watt considera ineficiente o modelo do motor a vapor de Newcomen. • *1765* Tem a ideia que dá início à Revolução Industrial. • *1768* Produz o primeiro protótipo de seu novo motor. • *1788* Inventa o "controlador centrífugo", um mecanismo que automatiza o controle de velocidade. • *1790* Aperfeiçoa o "Motor Watt".

James Watt é frequentemente visto de modo errôneo pelas pessoas como o inventor do primeiro motor a vapor. Na verdade, Thomas **Newcomen** o criou quase um quarto de século antes do nascimento de Watt. Os motores de Watt, no entanto, tiveram um impacto mais amplo. As máquinas de Newcomen eram restritas ao mundo da mineração e as de Watt foram usadas em todas as indústrias. Se Newcomen é lembrado como inventor da fonte de energia que mudou o mundo, é Watt quem tornou seu potencial realidade e forneceu o catalisador da Revolução Industrial em processo.

☞ UM ACIDENTE FELIZ:

Como em todas as melhores histórias de descobertas e invenções, o fato que deu início à corrente de eventos que levaram ao motor de Watt foi apenas um acidente feliz. Em 1764, pediram a Watt que consertasse um modelo do motor de Newcomen que havia sido usado pela Universidade de Glasgow para fins didáticos. O exame detalhado do modelo de Newcomen, realizado por Watt ao consertá-lo, o fez perceber que ele era extremamente ineficiente. A maior fraqueza que Watt identificou foi no aquecimento e no resfriamento do cilindro do motor durante cada um dos tempos. Isso desperdiçava quantidades desnecessárias de combustível, assim como tempo, porque o cilindro voltava para a mesma temperatura do vapor injetado, limitando a frequência das explosões.

Consequentemente, Watt começou a pensar em melhorias para o projeto do motor de Newcomen. Dizem que o escocês encontrou a solução em 1765, enquanto andava por Glasgow Green, e hoje uma pedra memorial marca o lugar como o local onde nasceu a ideia que realmente deu início à Revolução Industrial. Ele percebeu que a chave para aperfeiçoar a eficiência do motor estava em condensar o vapor em um recipiente separado, possibilitando assim que o cilindro e o pistão permanecessem sempre quentes.

## O desenvolvimento do motor rotatório permitiu a mecanização da indústria

☞ OS SÓCIOS DE WATT:

Em 1768, Watt havia construído um protótipo totalmente eficiente do seu novo motor, entrando depois em uma sociedade com John Roebuck para financiar e vender a produção da máquina. Logo depois, a sociedade recebeu uma patente pelo motor, sob o título "Um novo método de diminuir o consumo de vapor e combustível em motores de combustão", e começou a vendê-lo para donos de minas de carvão. Infelizmente, em 1772, Roebuck foi à falência, embora isso tenha dado posteriormente a Watt a oportunidade de entrar em uma sociedade mais produtiva com o empresário Matthew Boulton, em 1775. "Boulton & Watt" imediatamente solicitaram ao Parlamento britânico uma nova patente permitindo que a companhia fosse a única produtora e vendedora dos motores de Watt no país pelos 25 anos seguintes. A solicitação foi atendida, o que deu ao negócio praticamente um monopólio na produção do motor a vapor, garantindo seu sucesso financeiro e a riqueza individual de Watt, quando ele se aposentou, em 1800.

A patente, no entanto, não impediu que o inventor tentasse fazer melhorias constantes no seu motor e foi apenas em 1790 que ele finalmente aperfeiçoou o "Motor Watt". Nos anos seguintes, ele fez uma revolução ao modificar o motor a vapor para trabalhar em movimento rotativo. A ação de subir-e-descer do seu motor e do motor de Newcomen havia sido eficiente para as minas, mas de pouca utilidade em outros lugares. Com o movimento circular, rotatório, no entanto, outras indústrias puderam utilizar a energia a vapor em suas máquinas. Por exemplo, na indústria do algodão, Richard Arkwright foi o primeiro a perceber que o motor poderia ser usado para fiar o algodão e, mais tarde, para tecê-lo. Os moinhos de farinha e papel foram outros que logo adotaram o motor e, em 1788, a energia a vapor foi usada no transporte marítimo pela primeira vez. No mesmo ano, Watt desenvolveu o "controlador centrífugo" para regular a velocidade do motor e mantê-la constante, uma base importante para a ciência da automação.

### A influência de Watt:

*Watt também recebe o crédito por uma série de outras invenções, incluindo o tacômetro e uma primeira versão de uma máquina copiadora. Algo mais importante foi o fato de que Watt foi o primeiro a cunhar o termo "cavalo-vapor", que ele usou ao comparar quantos cavalos eram necessários para gerar a mesma impulsão de uma de suas máquinas. Em 1882, a Associação Britânica também nomeou de "watt" a unidade de potência, em sua homenagem, consolidando a fama do inventor.*

*O motor a vapor de Watt foi a força motriz da Revolução Industrial, e o desenvolvimento do motor rotativo, em 1781, permitiu a mecanização de várias indústrias, tais como da tecelagem, da fiação e do transporte.*

# Charles de Coulomb

## (1736-1806)

> **Cronologia:** • *1777 De Coulomb publica um artigo que descreve os princípios de uma balança de torção extremamente sensível.* • *1781 Eleito para a Academia Francesa de Ciências.* • *1785 Publica o princípio que torna conhecida a Lei de Coulomb.* • *1802 Nomeado inspetor de instrução pública.*

Charles Augustin de Coulomb veio de uma família eminente no Direito, na região de Languedoc, na França. Depois de ter sido criado em Angoulême, a capital de Angoumois no sudoeste da França, a família de Coulomb mudou-se para Paris, onde ele entrou no Collège Mazarin. Aí, estudou línguas, Literatura, Filosofia e recebeu a melhor educação disponível em Matemática, Astronomia, Química e Botânica, antes de começar a estudar engenharia. O estudo da eletricidade estava ganhando nova dimensão ao longo do século XVIII, mas os cientistas estavam apenas começando a entender como ela se comportava, como podia ser manipulada e, algo mais importante, como podia ser utilizada. A lei da gravitação de **Newton** havia sido um notável avanço na compreensão da maneira como o Universo funcionava, então imagine o impacto da descoberta de que um princípio idêntico podia ser aplicado às forças elétricas. Esse achado é atribuído a Coulomb.

☞ UMA ÓTIMA BALANÇA:

Antes que Coulomb pudesse provar tal fenômeno, no entanto, ele seria forçado a inventar uma balança de torção extremamente sensível para medição de seus experimentos elétricos. Ele descreveu os princípios por trás desse instrumento em um artigo de 1777 e chegou a construir uma balança que era sensível a uma força tão pequena quanto a de 1/100000 de um grama. O aparelho consistia de um grande cilindro de vidro com graus marcados ao seu redor e de um canudo coberto de cera em seu interior, suspenso paralelamente à base por um cordão de seda. Uma bola eletricamente carregada podia ser fixada em uma ponta do canudo, sendo balanceada por um contrapeso na outra ponta. Ao segurar uma segunda bola carregada a várias distâncias daquela no interior do cilindro, Coulomb conseguiu medir o impacto da força elétrica pelo grau no qual a esfera suspensa no canudo girava.

*Coulomb acreditava que eletricidade e magnetismo eram dois "fluidos" distintos*

☞ A LEI DE COULOMB:

Henry **Cavendish** (1731-1810) também havia chegado à lei, mas nunca a publicou. Na sua forma mais simples, a Lei de Coulomb estabelece que a força entre dois corpos eletricamente carregados está relacionada ao quadrado da distância entre elas de modo inversamente proporcional. Então, por exemplo, ao triplicar distância entre as cargas, a força diminuiria nove vezes. De modo semelhante, a força é diretamente proporcional ao produto das cargas. Em outras palavras, a lei de gravitação de Newton estava refletida na eletricidade. A Lei de Coulomb foi publicada em 1785 em uma das séries de sete artigos que o francês escreveu entre aquele ano e 1791, descrevendo os resultados de suas observações. Nesses experimentos correntes, Coulomb também descobriu um princípio semelhante sobre a relação dos campos magnéticos, levando outros a especular que talvez a gravidade, o magnetismo e a eletricidade tivessem algum tipo de inter-relação. O próprio Coulomb, no entanto, não tinha tempo para tais conjecturas, acreditando que a eletricidade e o magnetismo em particular eram dois "fluidos" distintos. Ficou para Christian Oersted (1777-1851), André-Marie **Ampère** (1775-1836) e, mais celebremente, para Michael **Faraday** (1791-1867) o enunciado dos fenômenos do eletromagnetismo.

☞ UM ENGENHEIRO MILITAR:

Apesar de Coulomb ser mais lembrado por seus estudos de eletricidade, ele também fez descobertas em outras áreas. O francês passou boa parte de sua vida como engenheiro no Exército, trabalhando em várias áreas dominadas pela França na Índia, além de passar uma boa parte desse tempo projetando e supervisionando a construção de fortes. Não é surpreendente, portanto, que muitas das suas primeiras especulações científicas estivessem relacionadas à engenharia teórica, tal como o conceito de uma "linha de impulso", ainda em uso na construção. A unidade SI de carga elétrica, que mede a quantidade de carga elétrica carregada pela corrente de 1 ampere durante 1 segundo, é nomeada em sua homenagem: o coulomb.

### A fricção queima:

*Muitos estudiosos dão a Coulomb o crédito pela invenção da ciência da fricção. Durante seu trabalho como engenheiro militar, a questão da fricção surgia com frequência. Foi ela que o inspirou a dedicar vários anos de estudo ao assunto. O resultado final foi uma articulação da Lei de Fricção de Coulomb, que descrevia uma relação proporcional entre fricção e pressão, e foi por esse trabalho que ele foi eleito para a seção mecânica da Académie des Sciences, em 1781.*

# Joseph Montgolfier
## (1740-1810)

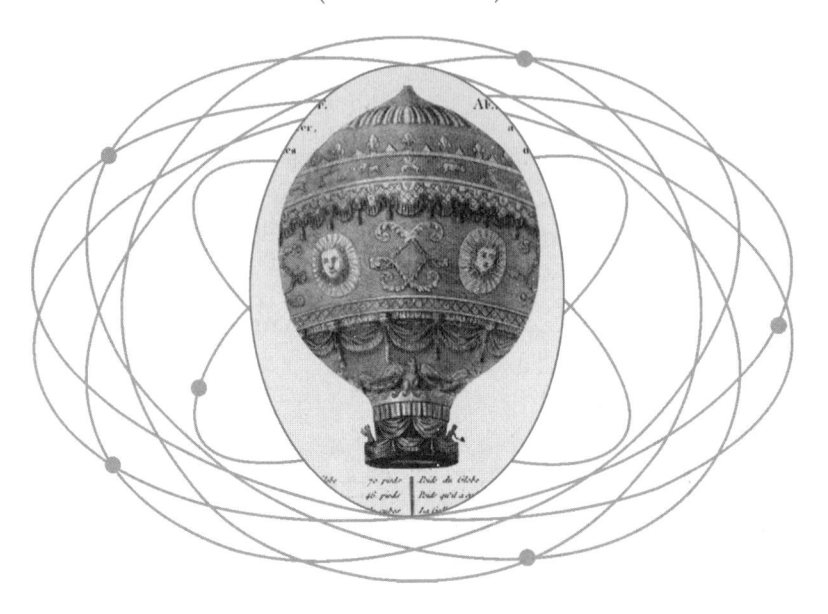

> **Cronologia:** • *1782 Os Montgolfier começam sua busca para descobrir se balões que contêm ar aquecido podem ser utilizados para erguer humanos.* • *4 de junho de 1783 Primeira demonstração pública do balão de ar quente, em Annonay.* • *19 de setembro de 1783 Seu balão carrega uma ovelha, um pato e um galo para o rei Luís XVI.* • *21 de novembro de 1783 Ocorre o primeiro voo humano na história.*

Os irmãos Montgolfier, Joseph e Étienne, eram parte de uma família de 16 filhos que cresceu próxima de Lyon, onde seu pai era dono de uma fábrica de papel. Eles haviam percebido que, quando o papel era queimado em uma fogueira, o ar quente com frequência elevava os pedaços queimados. Por volta de 1782, os irmãos começaram a pesquisar se esse fato poderia ser de alguma forma usado na tentativa de fazer humanos voar. Eles começam a fazer experiências, não apenas com ar quente, mas também com gás hidrogênio (que seu compatriota Jacques-Alexandre-César Charles posteriormente utilizou na produção do primeiro balão de hidrogênio) e vapor, para ver qual elevaria pequenos modelos de papel do modo mais eficiente. Enquanto se empenhavam para fazer progressos com hidrogênio e vapor, por volta do fim de 1782, eles conseguiram fazer com que envelopes de papel repletos de ar quente subissem até o teto de sua residência.

☞ PRIMEIRO VOO:

A partir desse sucesso inicial, os irmãos foram instigados a projetar um balão de larga escala. Em 4 de junho de 1783, estavam prontos. Eles haviam feito uma esfera de tecido com forro de papel de cerca de 10 metros de extensão. Inflando o balão com o calor produzido da queima de madeira e feno, eles o soltaram diante de espectadores em Annonay, perto de Lyon. O voo foi um sucesso: sua invenção subiu cerca de 20 metros no céu, durando dez minutos.

*Ao observar a queima do papel, os irmãos foram instigados a projetar um balão em larga escala*

☞ UMA AUDIÊNCIA REAL:

A notícia sobre o que os irmãos haviam realizado chegou até Paris, onde o rei Luís XVI pediu que uma demonstração do balão fosse feita em Versailles. Os Montgolfier concordaram, aumentando sua aposta em não apenas construir um balão mais novo e maior, mas enviando-o, dessa vez, com uma ovelha, um pato e um galo como carga. Além de oferecer uma demonstração impressionante, isso também forneceria prova de que criaturas vivas podiam sobreviver a essas subidas sem sofrer efeitos adversos. A decolagem aconteceu em 19 de setembro de 1783 e, embora o voo tenha sido curto, o balão viajou impressionantes 4,5 quilômetros em uma altitude de mais de 1.500 pés. O mais importante é que os animais voltaram ilesos.

As bases haviam, portanto, sido criadas para a realização de um sonho que havia dominado a humanidade por muito tempo: voar. Os voluntários que fariam a viagem em direção ao desconhecido eram amigos dos Montgolfier, Jean-François Pilâtre de Rozier e François Laurent, o marquês d'Arlandes. Joseph e Étienne recolheram-se novamente e construíram um balão ainda maior, capaz de suportar o peso humano. O novo balão foi construído com uma fornalha para possibilitar que os viajantes mantivessem a altitude.

☞ VOO HUMANO:

O dia em que se fez história foi 21 de novembro de 1783. As cobaias humanas foram soltas em um voo de 25 minutos por Paris. Ainda que uma grande multidão tenha se reunido para observar o voo, o marquês D'Arlandes mais tarde comentou, "Eu fiquei surpreso com o silêncio e a ausência de movimento que nossa decolagem causou entre os espectadores e acho que eles estavam espantados e talvez apavorados com o estranho espetáculo". Ao longo de todo o voo, a dupla subiu apenas algumas centenas de pés, levada por um fogo alimentado com feno, mas mesmo assim ganhou altitude o suficiente para evitar os telhados, que ficaram apenas um pouco abaixo. Embora a viagem tenha sido curta, eles cobriram vários quilômetros e, por fim, desceram em um campo fora dos limites da cidade, ilesos e triunfantes. Os feitos humanos nos céus viram o início de uma nova era.

Usar animais como cobaia foi uma ideia posta em prática novamente quando o Sputnik II foi lançado ao espaço pelos russos em 3 de novembro de 1957. A bordo, estava uma cadela chamada Laika, o primeiro cão a entrar no Cosmos. Diferentemente dos animais que os Montgolfier usaram, Laika não sobreviveria à sua jornada.

### O legado de Montgolfier:

*Desde o momento em que o homem observou os pássaros, ele sempre sonhou em voar.*

*Das primitivas fantasias gregas das asas de Ícaro aos projetos de helicópteros e outras máquinas voadoras de Leonardo, o assunto foi sempre discutido, mas raramente visto como possível. O mito de Ícaro foi tido como um alerta austero àqueles que buscavam melhorar a natureza. Então veio o francês Joseph-Michel Montgolfier e seu irmão Jacques-Étienne (1745-99). Eles observaram um único fenômeno natural e buscaram tirar vantagem dele. O resultado foi a realização de algo "inalcançável".*

# KARL WILHELM SCHEELE

(1742-1786)

**Cronologia:** • *1772 Scheele descobre o oxigênio, dois anos antes de Joseph Priestley, mas não publica seus achados até 1777.* • *1774 Descobre o cloro.* • *1775 Eleito para a Academia Real de Ciências de Estocolmo.* • *1777* Observações químicas e experimentos com ar e fogo *é publicado*.

Um dos poucos que desafiaram a grandiosidade de Joseph **Priestley** na Química experimental do século XVIII tinha mais do que apenas um amor pela experiência científica em comum com ele. Como Priestley, o sueco Karl Wilhelm Scheele foi apenas um amador na ciência, tinha pouco interesse em ciência teórica e dividiu com ele a descoberta do oxigênio. Na verdade, a alegação de que Scheele foi o primeiro é mais convincente do que a de Priestley, já que ele fez a descoberta quase dois anos antes de seu contemporâneo britânico!

☞ APESAR DOS OBSTÁCULOS:

As realizações de Scheele são ainda mais notáveis porque, diferentemente de Priestley, ele não teve o privilégio de uma boa educação, tendo iniciado seu primeiro aprendizado em tempo integral com 14 anos. Além disso, ele não tinha muitos meios e, ao longo de sua vida, foi forçado a realizar a maior parte dos experimentos limitado pelos poucos aparelhos e pela falta de um laboratório. Sua ocupação durante o dia era inicialmente de farmacêutico, trabalhando em Gothenburg, Malmo, Estocolmo e Uppsala até 1775. Ele então se mudou para Köping para administrar uma farmácia, onde permaneceu o resto da vida. No mesmo ano, ele também foi eleito para a Academia Real de Ciências de Estocolmo. Esse reconhecimento trouxe-lhe algum prestígio e, consequentemente, ofertas de trabalhos bem pagos no exterior, mas Scheele preferiu permanecer em Köping, onde suas poucas horas de trabalho deixavam-lhe bastante tempo livre para fazer experimentos como lazer, sem obrigações.

*Scheele era um homem que, quase literalmente, morreria por sua ciência*

☞ OXIGÊNIO ANTES DE PRIESTLEY:

Em 1772, os esforços científicos de Scheele resultaram na sua realização mais importante, a descoberta do oxigênio, dois anos antes de Priestley. Ele fez seu "ar de fogo" a partir de várias fontes. Elas incluíam o aquecimento de compostos tais como óxido de mercúrio, ácido nítrico e nitrato de potássio. Além disso, ele incluiu sua descoberta em uma teoria mais geral da atmosfera e da combustão, concluindo que a primeira era composta de apenas dois gases. O primeiro, "ar viciado", nitrogênio, suprimia a combustão; o outro, "ar de fogo", facilitava-a. Assim como Priestley, no entanto, ele não percebeu completamente a importância de seu achado e interpretou-o apenas dentro dos limites da teoria do "flogisto", em voga na época.

Contudo, diferentemente de Priestley, ele não recebeu crédito pelas descobertas (e mesmo agora é frequentemente esquecido), porque ele não a publicou até 1777, no seu único texto, *Observações químicas e experimentos com ar e fogo*. Nessa época, Priestley já era conhecido como o descobridor do ar "deflogisticado".

☞ UM GÁS VERDE:

A descoberta do cloro foi outro exemplo de como Scheele não percebia a importância do que havia realizado. Ele isolou o gás verde em 1774, mas foi apenas com o trabalho de outros cientistas, no início do século XIX, que ele foi identificado como um elemento distinto.

## ☞ UM CATÁLOGO DE DESCOBERTAS:

Scheele era obcecado pela descoberta de novos elementos e compostos químicos. De 1770 em diante, ele identificou um número notável de substâncias, que incluíam o dióxido de manganês, o tetrafluoreto de silício, o óxido de bário, o arsenito de cobre, a glicerina, o fluorido de hidrogênio, o sulfeto e o cianeto. Ele também reconheceu uma série de novos ácidos que incluíam as variedades cítrica, arsênica, cianídrica lática, tartárica, prússica e túngstica.

## ☞ UM MÁRTIR DE SUA CAUSA:

As inovações de Scheele não aconteceram sem sacrifício. É altamente provável que a toxicidade de muitos dos químicos com os quais ele estava trabalhando e seus processos de identificação (incluindo testes de cheiro e sabor) tenham contribuído para sua morte relativamente prematura com 43 anos. Scheele era um homem que, quase literalmente, morreria por sua ciência.

### Um cientista intenso:

*Scheele foi, possivelmente, o descobridor mais prolífico de novas substâncias que o mundo já conheceu. O feito é ainda mais notável quando se considera que ele realizou todas as suas descobertas apesar da falta de educação formal. Levando em consideração a abrangência da sua produção científica, a falta de espaço e de equipamento laboratorial adequados, reforça-se nossa visão do que deve ter sido uma determinação de ferro em produzir resultados.*

*Ao sueco também é atribuída a demonstração do efeito que a luz tem em sais de prata, um fenômeno que mais tarde se tornaria a base da fotografia.*

# ANTOINE LAVOISIER
## (1743-1794)

> **Cronologia:** • *1784 Lavoisier encontra o químico inglês Joseph Priestley em Paris.* • *1788 Nomeia o oxigênio.* • *1789* Traité élémentaire de chimie *(Tratado elementar de Química) é publicado.* • *1794 Lavoisier é guilhotinado em Paris.*

Apesar das possíveis reivindicações do título por outros cientistas, o francês Antoine Lavoisier é visto pela maioria como o verdadeiro fundador da Química moderna. Embora ele frequentemente tenha realizado trabalho semelhante ao de Henry **Cavendish** (1731-1810), Joseph **Priestley** (1733-1804) e Karl **Scheele** (1742-86), foi a interpretação de suas descobertas que distinguiu Lavoisier. Suas conclusões levaram-no a reestruturar a Química em um formato que construiu as bases para a Era Moderna e pode-se dizer que isso teve um impacto comparável ao que **Newton** (1642-

1727) teve na Física. Por isso, seria razoável presumir que o cientista podia esperar honras e prêmios de seus compatriotas. Em vez disso, cortaram sua cabeça.

☞ A CONSERVAÇÃO DA MATÉRIA:

Os primeiros estudos de Lavoisier envolviam experimentos acerca da perda ou ganho de peso das substâncias, quando eram aquecidas. Ao queimar materiais como grafite e fósforo em recipientes fechados e ao pesá-los com precisão antes e depois do aquecimento, ele conseguiu observar que os recipientes não ganhavam nem perdiam massa durante a combustão. Isso o levou, por fim, à conclusão da lei de conservação da massa. Lavoisier sugeriu que a matéria era simplesmente rearranjada com o aquecimento e nada era, na verdade, acrescido ou destruído, por isso o peso igual do recipiente antes e depois. Isso, por si só, pôs em questão a teoria "flogística", a crença comum de que todo material combustível continha um elemento misterioso que era liberado (e perdido) com o aquecimento.

*O cientista mais extraordinário da França em sua época, Lavoisier teve um trágico fim na guilhotina*

☞ TEORIA DA COMBUSTÃO:

Enquanto o peso total do recipiente permanecia igual durante os experimentos de Lavoisier, ele fez a interessante descoberta de que sólidos aquecidos podiam, na verdade, ganhar massa. Ele observou tal reação, por exemplo, em 1772, ao queimar fósforo e enxofre. A única conclusão lógica, portanto, era que o ganho de peso do sólido havia sido causado por algum tipo de combinação com o ar contido no recipiente. A ideia recebeu novo ímpeto quando Lavoisier encontrou Joseph Priestley em Paris, em 1774, e ele explicou-lhe a descoberta do ar "deflogisticado". Enquanto Priestley não percebeu o impacto desse novo gás, mantendo sua crença na teoria do flogisto, Lavoisier repetiu os experimentos do inglês para ver se essa era a fonte do ganho de peso em alguns sólidos quando aquecidos. Em 1778, ele tinha concluído definitivamente que não apenas o ar deflogisticado de Priestley era o gás da atmosfera que estava sendo combinado com a matéria, mas, além disso, que ele era realmente essencial para a combustão acontecer. Ele rebatizou o gás de oxigênio ("produtor de ácido" em grego) a partir da crença equivocada de que o elemento estava também presente na composição de todos os ácidos. Ele também notou a existência de outro componente principal do ar, o gás nitrogênio inerte, que ele chamou de "azoto".

☞ QUÍMICA MODERNA:

O francês resumiu sua nova ordem para a Química no livro de 1789, *Tratado elementar de Química*,\* soando o sino da morte para a teoria flogística e dando início à Química moderna. Nessa época, Lavoisier havia também concluído que o oxigênio era igualmente vital no processo de respiração, tendo um papel no corpo semelhante ao que tinha durante a combustão de carbono, estando ele na base de toda vida animal. Além disso, o texto incluía uma lista de todos os elementos conhecidos até então, um trabalho de identificação que ele tinha começado com uma série de outros químicos franceses em meados da década de 1880. Esse trabalho deu origem, por sua vez, ao processo de nomeação de compostos químicos que é usado até hoje. Lavoisier já tinha descrito uma combinação dessas em 1783, provando que a água era uma combinação de hidrogênio e oxigênio; por causa disso se envolveu em uma confusão com James **Watt** (1736-1819) e Cavendish acerca de quem havia feito a descoberta primeiro.

Visto hoje como o pai da Química moderna, o nome de Lavoisier é ainda usado no título do moderno sistema de nomeação da Química.

### Um final infeliz:

*Apesar da importância das realizações científicas de Lavoisier, elas não foram suficientes para salvar sua vida após a Revolução Francesa de 1789. Lavoisier era uma figura de destaque na vida pública francesa e, algo mais importante, tinha uma firma de recolhimento de impostos. Aqueles que administravam essas companhias eram considerados inimigos da revolução. O membro proeminente da liderança revolucionária, Marat, que anteriormente tinha tentado uma carreira na ciência e teve seu trabalho criticado por Lavoisier, usou esse pretexto para atacá-lo. Isso, por fim, levou-o à guilhotina e pôs um final trágico à vida do cientista mais extraordinário da França.*

---

\*N.E.: Lançado em língua portuguesa pela Madras Editora.

# CONDE ALESSANDRO VOLTA

(1745-1827)

Cronologia: • *1775 Volta inventa o eletróforo para produzir e armazenar eletricidade estática. • 1778 Descobre o gás metano. • 1780 O amigo de Volta, Luigi Galvani, descobre que as patas de rãs mortas contraíam-se quando tocadas por dois diferentes metais. • 1800 Cria a pilha voltaica, a primeira bateria, que revoluciona o estudo de eletricidade.*

A pesar do estudo de eletricidade ter começado a obter progressos com os experimentos de Benjamin **Franklin** (1706-90) e outros, ainda não existia um meio confiável de armazenar e produzir uma corrente elétrica regular. Isso tinha criado dificuldades para as experiências feitas na época sobre o assunto, limitando o escopo e a utilidade das investigações. Um cientista fascinado pela eletricidade e determinado a superar esse obstáculo foi Alessandro Volta.

139

O aristocrata italiano nasceu em Como, Lombardia, em uma família em que a maior parte dos homens entrava para o clero. No entanto, a ciência era claramente a vocação de Volta, e, em 1774, ele tornou-se primeiro assistente e, em seguida, professor de Física na Escola Real de sua cidade. Em um ano, ele havia desenvolvido sua maior inovação no campo da eletricidade, com a invenção do "eletróforo", usado na produção e armazenamento de eletricidade estática.

☞ SAPOS DANÇANTES:

Esse aparelho trouxe reconhecimento a Volta dentro dessa área e, em 1779, ele recebeu a oferta de uma cadeira de Física na Universidade de Pavia, um posto que aceitou e que manteve pelos 25 anos seguintes. Ali ele continuou suas investigações em eletricidade, tornando-se particularmente absorto no trabalho de Luigi Galvani (1737-98) durante a década de 1780. O compatriota de Volta tinha feito uma estranha descoberta durante um trabalho de dissecação. Ele tinha verificado que simplesmente ao tocar nas patas de uma rã morta com dois instrumentos de metais diferentes, os músculos das patas da rã se contraíam. Por meio de vários outros experimentos, Galvani concluiu erroneamente que era o tecido animal que de alguma forma armazenava eletricidade, liberando a substância quando tocada pelos metais.

## *Para avaliar a força da corrente de suas baterias, Volta usou a língua*

☞ A PILHA VOLTAICA:

Volta, no entanto, não estava convencido de que o músculo animal era o fator importante. Ele decidiu recriar os experimentos de Galvani e concluiu, de modo controverso na época, que o uso de metais diferentes era um fato importante na produção da corrente. Na verdade, Volta e Galvani tinham sido amigos antes de o primeiro começar a criticar as deduções que seu colega havia feito com relação à importância do tecido animal. Para piorar as coisas, foi o próprio Galvani que havia enviado a Volta seus escritos sobre o assunto para que ele os resenhasse, imaginando ser apiado. Em vez disso, uma disputa amarga teve início com relação a quem havia feito a análise correta. Embora Galvani não fosse viver o bastante para ver a refutação final de Volta de seu trabalho, a discussão já estava pesando a favor de Volta na época da morte de Galvani e ele encerrou seus dias como um homem desiludido.

☞ BATERIAS SECAS E MOLHADAS:

Para embasar sua teoria, Volta começou a reunir combinações diferentes de metais para ver se produziam alguma corrente, indo ao ponto de usar sua língua como indicador da força de uma corrente a partir dos choques que ela provocava! Esse foi, na verdade, um teste importante porque ele deduziu que a saliva de sua língua era um fator a acrescentar na fluidez da corrente elétrica. Consequentemente, Volta começou a produzir uma bateria "molhada" de fluido e metais. Sua solução decisiva surgiu em 1800, com a "pilha voltaica", uma pilha de discos alternados de prata e zinco, intercalados com camadas de papelão encharcadas de água com sal. Ao ligar um fio de cobre nos lados desse aparelho e fechar o circuito, Volta descobriu que ele produzia uma corrente elétrica regular. Ele havia criado a primeira bateria.

☞ IMPRESSIONANDO NAPOLEÃO:

A invenção melhorou radicalmente o estudo da eletricidade, facilitando maiores inovações no assunto, feitas por outros cientistas, como William Nicholson e Humphrey Davy (1778-1829), que fizeram descobertas usando eletrólise e, mais tarde, auxiliaram o trabalho de Michael **Faraday** (1791-1867). Napoleão, que na época controlava o território onde Volta vivia, convidou o cientista para demonstrar sua invenção em Paris, em 1801. Ele ficou tão impressionando que nomeou Volta um conde e, mais tarde, senador, de Lombardia, e deu-lhe como prêmio a medalha da Legião de Honra.

### Outras realizações:

*O volt, a unidade SI de potencial elétrico, tem esse nome em homenagem ao italiano. Um volt é definido como a diferença de potencial entre dois pontos de um condutor percorrido por uma corrente elétrica de 1 ampere quando a potência dissipada entre os dois pontos é de 1 watt. Volta foi também o primeiro a isolar o gás metano, uma realização feita em 1778.*

# EDWARD JENNER
## (1749-1823)

> **Cronologia:** • *14 de maio de 1796* Jenner diagnostica uma mulher que ordenhava vacas com varíola bovina. Ele extrai material de suas pústulas para infectar um garoto de 8 anos. • *1 de julho de 1796* Tenta infectar o menino com varíola. Ele não contrai a doença e torna-se a primeira pessoa a ser intencionalmente vacinada contra ela. • *1798* A Inquiry into the Causes and Effects of the Vaviolae Vaccinae (*Uma investigação das causas e efeitos da vacina da varíola*) é publicado.

O rápido desenvolvimento da ciência no século XVIII não apenas alterou a compreensão das pessoas acerca do mundo, mas várias vezes afetou suas vidas comuns. Poucos cientistas tiveram impacto em todos os níveis da sociedade como Edward Jenner, que desenvolveu a primeira vacina.

Jenner era um médico habilidoso, tendo completado seu treinamento como cirurgião em Londres, entre 1770 e 1772, sob a supervisão de um cirurgião conhecido, John Hunter, antes de retornar para sua vila natal de Berkeley, em Gloucestershire, Inglaterra, para dar início ao seu trabalho como médico. Além de se tornar um médico bem-sucedido, Jenner era um observador perspicaz da natureza, em particular dos hábitos de migração dos pássaros e do comportamento dos cucos. Ele também era interessado em experimentos médicos, realizando trabalhos em tratamentos químicos para certas doenças e investigando as causas da angina por meio de dissecação humana.

☞ A CRISE DA VARÍOLA:

Sua grande inovação aconteceu, no entanto, com seu trabalho experimental sobre a varíola. A doença era uma assassina endêmica e implacável na época de Jenner, acabando com a vida de um em cinco infectados. Os sobreviventes, por sua vez, com frequencia ficavam cegos ou bastante desfigurados. Não havia cura conhecida para a doença e tentativas de prevenção eram limitadas a uma forma grosseira de inoculação chamada de variolação. Ela consistia em uma pessoa saudável deliberadamente infectar a si mesma com varíola de alguém que tivesse uma forma branda da doença, ao retirar material das pústulas do paciente e aplicá-lo em feridas abertas. Como a varíola não podia ser contraída uma segunda vez, as pessoas esperavam que esse método lhes desse uma versão branda da doença e que as tornasse imunes para sempre. Infelizmente, esse processo era arriscado e aqueles que inoculavam a si mesmos frequentemente contraíam uma versão fatal da doença.

*A varíola era uma doença endêmica e implacável, matando um em cada cinco infectados*

☞ COMBATER DOENÇA COM DOENÇA:

Em 1796, Jenner tentou um método diferente de prevenção. Ele havia ouvido anedotas populares e observado em surtos localizados que as mulheres que ordenhavam vacas, que haviam anteriormente contraído varíola bovina do seu gado, raramente contraíam – se é que contraíam – varíola humana depois disso. A varíola bovina era uma doença relativamente branda, contraída das tetas das vacas, muito menos perigosa que a varíola humana. Em maio de 1796, uma dessas mulheres, Sarah Nelmes, chegou até Jenners com varíola bovina. Ele extraiu um pouco de material das pústulas da paciente e persuadiu um fazendeiro local a deixá-lo infectar seu filho de 8 anos, James Phipps, com varíola bovina em um experimento cujo objetivo era imunizá-lo para sempre contra a varíola humana. O garoto, como se esperava, contraiu uma forma branda da varíola bovina e logo se recuperou. Pouco depois, Jenner tentou infectar Phipps com uma dose letal de varíola humana. Nenhuma doença se manifestou. O doutor repetiu a tentativa no garoto alguns meses depois e, posteriormente, em outras pessoas, mas a varíola não se desenvolvia. A "vacinação", como Jenner a chamou (do latim para varíola bovina, *vaccinae*), tinha sido um sucesso. Jenner não entendeu as razões científicas disso, mas as implicações práticas eram claras.

☞ O SUCESSO:

Jenner comunicou seus resultados na Royal Society em 1797, mas eles recusaram a publicação; então, em 1798, ele imprimiu por conta própria um artigo: *An Inquiry into the Causes and Effects of the Variolae Vacione*. Embora o trabalho tenha inicialmente provocado controvérsia e nem todos tenham confiado na vacinação, seu sucesso logo se tornou evidente. Desde o início da década de 1900, ela foi reconhecida como o melhor método de prevenção da varíola. O governo britânico concordou, concedendo grandes prêmios a Jenner por seu trabalho. Em 1840, o método preventivo anterior, a variolação, foi banido e a vacinação compulsória de crianças introduzida em 1853. O impacto foi surpreendente, com mortes por varíolas reduzidas de 40 em 10 mil no ano de 1800 para 1 em 10 mil em 1900. Em 1980, com nenhum caso registrado, a doença foi oficialmente declarada extinta.

---

**Outras realizações:**

Jenner nunca buscou enriquecer com sua descoberta e, durante o tempo que ele passou promovendo seu uso, teve problemas financeiros, pois estava negligenciando sua prática de atendimento médico. Ele seguiu o conselho de seu mentor John Hunter: "por que pensar? Por que não tentar uma experiência?".

Jenner foi o primeiro a observar que um cuco recém-chocado, não o adulto, é responsável por remover os outros ovos do ninho.

# JOHN DALTON
## (1766-1844)

> **Cronologia:** • *1793*. Meteorological Observations and Essays (*Observações e ensaios meteorológicos*) *é publicado.* • *1801 Dalton anuncia sua Lei da Pressão Parcial.* • *1803 Descreve sua teoria atômica em uma conferência.* • *1808* A New System of Chemical Philosophy (*Um novo sistema de Filosofia Química*) *é publicado.*

Em boa parte de sua vida, o interesse principal do *quaker* inglês John Dalton foi o clima. Vivendo na notoriamente úmida Cumbria, ele manteve um diário de ocorrências meteorológicas de 1787 até sua morte, registrando no total 200 mil entradas. Mesmo assim, ele é mais lembrado pelo desenvolvimento da teoria atômica.

☞ ÁTOMOS DIFERENTES:

Foi por volta do século XIX que Dalton começou a formular sua teoria. Ele havia realizado experimentos com gases, em particular para saber quão solúveis eles eram em água. Trabalhando como professor, que praticava ciência apenas em seu tempo livre, ele esperava que gases diferentes se dissolvessem na água da mesma forma, mas não era esse o caso. Ao tentar explicar o motivo, ele especulou que talvez os gases fossem compostos de diferentes "átomos", ou partículas indivisíveis, que teriam massas diferentes. É claro, a ideia de uma explicação atômica da matéria não era nova, remontando a **Demócrito** de Abdera (c. 460-370 a.C) na Grécia antiga, mas agora Dalton tinha descobertas da ciência recente para reforçar essa teoria. Em um exame mais detalhado de sua tese, ele percebeu que não apenas ela explicaria as diferentes solubilidades dos gases na água, mas também daria conta da "conservação da massa", observada durante reações químicas, além das combinações em que os elementos aparentemente faziam ao formar compostos (porque os átomos estavam simplesmente se "rearranjando" e não sendo criados ou destruídos).

## A teoria atômica de Dalton transformaria as bases da Química e da Física

☞ TEORIA ATÔMICA:

Dalton apresentou publicamente seu apoio a essa teoria atômica em uma conferência em 1803, embora sua explicação completa tenha tido de esperar até a publicação de seu livro de 1808 intitulado *A New System of Chemical Philosoply*. Nele, Dalton resumiu suas crenças baseadas em princípios como: átomos de um mesmo elemento são idênticos; átomos não são nem criados nem destruídos; tudo é feito de átomos; uma mudança química é simplesmente uma reorganização dos átomos; e compostos são formados de átomos dos elementos relevantes. No mesmo livro, ele publicou uma tabela de átomos conhecidos e seus pesos – embora algumas dessas informações estivessem ligeiramente erradas, por causa da simplicidade do equipamento de Dalton –, baseadas no fato de o hidrogênio ter massa igual a 1. Era um alicerce básico para as tabelas atômicas que se seguiram, que atualmente são baseadas no carbono (que tem massa 12) e não no hidrogênio. Dalton também presumiu erroneamente, como princípio básico, que os elementos combinavam-se na proporção de 1 para 1 (por exemplo, a água seria HO e não $H_2O$), somente se convertendo a "proporções múltiplas" (por exemplo, do monóxido de carbono, CO, para o dióxido de carbono, $CO_2$) sob certas condições. Embora o debate acerca da validade da tese de Dalton tenha continuado por décadas, as bases do estudo da teoria atômica moderna estavam anunciadas e, por meio de contínuo aprimoramento, foram sendo gradualmente aceitas.
Anterior à teoria atômica, Dalton tinha também feito uma série de outras descobertas e observações importantes ao longo de seu trabalho.

Entre elas, estava sua "lei das pressões parciais" de 1801, que estabelecia que uma mistura de gases exerce uma pressão que equivale ao total de todas as pressões que cada um dos gases exerceria se estivessem sozinho no mesmo volume da mistura total.

Dalton também explicou que o ar era uma mistura de gases independentes, não um composto. Ele foi o primeiro a publicar a lei posteriormente atribuída e nomeada em homenagem a Jacques-Alexandre-César Charles (1746-1823). Embora o francês tenha sido o primeiro a articular a lei acerca da expansão igual dos gases quando aquecidos à mesma temperatura, Dalton havia descoberto a mesma coisa independentemente e tinha sido o primeiro a publicá-lo.

Dalton também descobriu o "ponto de orvalho" e que o comportamento do vapor de água é coerente com o de outros gases; fez ainda hipóteses acerca das causas da aurora boreal, as misteriosas luzes do Norte. Suas outras observações meteorológicas incluíam a confirmação de que a causa da chuva era a queda de temperatura, e não de pressão.

---

### Outras realizações:

*John Dalton começou a ensinar em sua escola local com 12 anos de idade. Dois anos depois, ele e seu irmão mais velho adquiriram uma escola onde ensinavam aproximadamente 60 crianças.*

*Seu artigo sobre o daltonismo, do qual tanto ele quanto seu irmão sofriam, foi o primeiro a ser publicado sobre o problema. Dalton também é bastante responsável por transformar a Meteorologia, uma arte imprecisa baseada no folclore, em uma ciência real; quão mais precisa ela é hoje em dia, no entanto, talvez seja discutível!*

# ANDRÉ-MARIE AMPÈRE
## (1775-1836)

**Cronologia:** • *1775 Ampère nasce em Lyon, França.* • *1799 Casa-se e começa a ensinar matemática em Lyon.* • *1802 Aceita om cargo de professor na École Centrale, em Paris.* • *1808 Nomeado inspetor geral do sistema universitário recém-formado por Napoleão.* • *1809 Nomeado professor de Análise na École Polytechnique em Paris.* • *1825 Anuncia sua lei empírica das forças (Lei de Ampère).*

O dinamarquês Hans Christian Oersted (1777-1851) foi o primeiro a mostrar que uma corrente elétrica poderia defletir uma agulha de bússola, provando assim o tão longamente buscado elo entre eletricidade e magnetismo. O inglês Michael **Faraday** (1791-1867) foi o primeiro a fazer uso prático e verdadeiro da descoberta de Oersted; o francês André-Marie Ampère, por sua vez, foi quem explicou a teoria. Ao fazê-lo, ele fundou a ciência do eletromagnetismo, um ramo da ciência que teria importância profunda, configurando o mundo moderno.

☞ MATEMÁTICA:

Ampère foi primeira e principalmente um matemático brilhante e foi essa habilidade na disciplina que facilitaria seu trabalho em eletromagnetismo. Ele era excelente em matemática desde criança e assumiu seu primeiro posto como professor no assunto em 1799, em Lyon. Em 1802, ele tornou-se professor de Física e Química em Bourg-en-Brasse, voltando a ser professor de Matemática na École Polytechnique de Paris, em 1809. Napoleão também o tornou inspetor geral do sistema universitário em 1808. Enquanto sua carreira profissional avançava sem muito esforço, Ampère não tinha a mesma sorte em sua vida privada. Ele havia perdido o pai na guilhotina em 1793, durante a Revolução Francesa, e sua querida esposa morreu logo após o nascimento de seu filho, em 1803. Mais tarde, ele se casou novamente, mas o casamento não foi feliz.

*Fundador da ciência do eletromagnetismo, Ampère não teve a mais feliz das vidas*

☞ ELETRODINÂMICA:

Foi nesse contexto que Ampère mais tarde realizou um trabalho revolucionário em eletromagnetismo, depois de ver uma demonstração da descoberta de Oersted, em 1820. Ampère não era, de maneira alguma, um cientista prolífico, tratando e abandonando o assunto quando queria, mas uma vez que seu interesse fosse estimulado em uma área, ele podia trabalhar com extrema rapidez. Em apenas sete dias de estudo sobre as relações entre eletricidade e magnetismo, já havia realizado experimentos e começado a fazer suas próprias apresentações sobre o fenômeno. Nos meses seguintes, começou a formular explicações matemáticas para a relação. Apenas mais tarde ela se tornou conhecida como eletromagnetismo; Ampère, nessa época, a chamava de eletrodinâmica.

☞ A LEI DE AMPÈRE:

Em particular, Ampère ficou interessado no impacto que uma corrente elétrica poderia ter sobre outra. Ele havia notado que dois ímãs podiam afetar um ao outro e se perguntou, dadas as semelhanças entre eletricidade e magnetismo, que efeito duas correntes teriam uma sobre a outra. Ao começar com eletricidade correndo em dois fios paralelos, ele observou que, se as correntes passassem na mesma direção, os fios eram atraídos um pelo outro e, se elas passassem em direções opostas, eles se repeliam. Ele então fez experiências com outras formas de fios para avaliar o impacto, interpretando todos os resultados matematicamente em uma tentativa de encontrar uma explicação abrangente para o eletromagnetismo. Isso, por fim, resultou na Lei de Ampère de

1827, mais um acréscimo à sucessão de leis de "quadrado ao inverso" que teve início com a lei da gravitação universal de Newton. Ela mostrou que a força magnética entre dois fios eletricamente carregados estava relacionada ao produto da corrente, bem como ao quadrado inverso da sua distância. Isso significava que, se a distância entre os fios fosse dobrada, a força magnética seria reduzida por um fator de quatro.

> Outras realizações;
>
> *O Solenoide:*
> *Ampère também inventou alguns aparelhos importantes, como o solenoide, um fio condutor em espiral que se torna um eletromagneto quando uma corrente elétrica passa por ele. O solenoide é mais comumente utilizado em aparelhos como sinos e válvulas, em que é necessário deslocamento mecânico.*
>
> *O Galvanômetro:*
> *Ampère aproveitou o trabalho de Oersted, projetando uma versão simples do galvanômetro, que media a intensidade da corrente elétrica por meio do grau de deflexão em sua agulha magnética.*
>
> *O Ampere:*
> *Além disso, talvez o fato mais conhecido seja o de que a unidade SI da corrente elétrica, o ampere, tem esse nome em sua homenagem.*

# AMEDEO AVOGADRO

## (1776-1856)

> **Cronologia:** • *1776 Avogadro nasce em Turim, norte da Itália, em uma longa linhagem de advogados.* • *1800 Começa o estudo de Matemática e Física.* • *1809 Torna-se professor de Física na Escola Real, em Vercelli.* • *1811 Propõe a teoria do volume do gás.* • *1834-50 Nomeado professor de Turim pela segunda vez.* • *1856 Morre em Turim.* • *1860 Stanislao Cannizzaro "redescobre" a teoria de Avogadro, mostrando-se um enérgico defensor dela em um grande congresso de Química.*

Imagine trabalhar entusiasticamente em uma pesquisa científica por quase toda a sua vida e sua contribuição para o avanço da ciência ser uma única realização ou teoria. Na verdade, muitos cientistas investem anos de esforço para se ver nessa posição e são reconhecidos apropriadamente por esse único acréscimo. Agora imagine, por outro lado, que sua única teoria digna de atenção seja quase completamente ignorada durante sua vida e por mais meio século depois de você tê-la proposto, embora essa fosse a ideia de que os cientistas necessitariam durante 50 anos para poder avançar em suas áreas! Amedeo Avodagro, que esteve exatamente nessa posição, teria todo o direito de morrer um homem frustrado.

☞ COMBINAÇÃO DE ÁTOMOS:

A teoria que o cientista italiano formulou, em 1811, envolve um meio de integrar as hipóteses aparentemente inconciliáveis de Joseph Louis **Gay-Lussac** (1778-1850) e de John **Dalton** (1766-1844). Na verdade, o último havia tentado desacreditar a lei de volumes combinados de Gay-Lussac, o qual tinha observado que os gases sempre se combinavam em uma proporção simples e consistente de números inteiros, como 2:1 ou 2:3 (e nunca em frações), sob uma mesma temperatura e mesmas condições de pressão. Dalton tinha dificuldade em aceitar isso porque ele acreditava, como algo básico, que os gases buscariam se combinar em uma proporção de um átomo para um átomo (daí sua crença de que a fórmula da água era HO, não $H_2O$). Qualquer outra coisa contradiria a teoria de Dalton da indivisibilidade do átomo, algo que ele não estava disposto a aceitar. A razão para a confusão era o fato de que, na época, o conceito de molécula não era compreendido. Dalton acreditava que, na natureza, todos os gases elementares consistiam de átomos individuais, o que é verdade, por exemplo, para os gases inertes. Esse não era o caso, no entanto, para outros gases que existiam naturalmente, em sua forma mais simples, em combinações de átomos chamadas moléculas. No caso do hidrogênio e do oxigênio, por exemplo, suas moléculas eram compostas de dois átomos, descritos em notação química como $H_2$ e $O_2$, respectivamente. Avogadro percebeu que a ideia de molécula explicaria as proporções de Gay-Lussac e, ao mesmo tempo, não entraria em contradição com as teorias de Dalton sobre o átomo. Por exemplo, com esse método, a teoria de proporção de Gay-Lussac para a água poderia ser explicada por duas moléculas de hidrogênio (totalizando quatro "átomos") combinadas a uma molécula de oxigênio (ou dois "átomos") que resultavam em duas moléculas de água ($2H_2O$). Quando Dalton analisou anteriormente a água, ele não conseguiu entender como um "átomo" de oxigênio podia dividir-se (portanto contradizendo a sua teoria de indivisibilidade do átomo) para formar duas partículas de água. A resposta, que o oxigênio existia em moléculas de dois e, portanto, o átomo não se dividia, foi exatamente o que Avogadro propôs.

☞ A LEI DE AVOGADRO:

Ele trabalhou esse princípio para sugerir, do modo célebre, que em mesma temperatura e pressão, volumes iguais de todos os gases teriam o mesmo número de moléculas. Isso se tornou conhecido como a "Lei de Avogadro". O princípio, por sua vez, permitiu um cálculo muito simples para as proporções de combinação de todos os gases, meramente pela medição de suas porcentagens no volume de qualquer composto (que por si só facilitava o cálculo simples das massas atômicas relativas dos elementos a partir dos quais ele era formado).

☞ REDESCOBERTA DE AVOGADRO:

Poucos cientistas – André-Marie **Ampère** (1775-1836) foi uma exceção – aceitaram a especulação de Avogadro, em parte por causa da falta de indícios experimentais, até que o italiano Stanislao Cannizzaro a "redescobriu", apoiando com veemência suas sugestões em um grande congresso de Química em 1860. A lei foi consequentemente aceita por muitos dos presentes, imediatamente esclarecendo a confusão dos cinquenta anos anteriores com relação aos átomos, às moléculas e ao cálculo das massas atômicas relativas e moleculares dos elementos.

### A influência de Avogadro:

*Como vimos, Avogadro está presente nesta coletânea de grandes cientistas por ter produzido uma única teoria, que só foi reconhecida após sua morte. Ele merece a inclusão nesta obra em razão da contribuição que sua teoria deu à Biologia molecular. Avogadro foi finalmente vindicado em 1860, quatro anos após sua morte. Em sua homenagem, a constante de Avogadro, que expressa o número de partículas em um único "mol" de qualquer substância, cujo valor atual é $6.022\ 1367(36) \times 10^{23}$, recebeu seu nome.*

# JOSEPH GAY-LUSSAC
## (1778-1850)

Cronologia: • *1816 Trabalha como editor adjunto dos* Annales de chimie et de physique (*Anais de Química e de Física*) •*1818 Torna-se membro da comissão de pólvora do governo.* • *1829 Nomeado diretor do Departamento de Análise de Moedas de Paris.* • *1831 Eleito para a Câmara dos Deputados.* • *1848 Demite-se de seus vários compromissos em Paris e retira-se para o interior.*

O francês Joseph-Louis Gay-Lussac pode não ter morrido pela sua ciência, mas em 1809 ele passou perto. Tendo preparado grandes quantidades de sódio e potássio, seguindo o primeiro isolamento bem-sucedido dos elementos pelo inglês Humphry Davy, Gay-Lussac começou a usá-los em outros experimentos químicos, dos quais um deu espetacularmente errado, explodindo seu laboratório e deixando-o temporariamente cego. Tais eram os perigos que enfrentavam os primeiros pesquisadores químicos. No entanto, se os riscos eram altos, também eram as recompensas, como prova o renome duradouro de Gay-Lussac.

☞ AS LEIS DO GÁS:

Embora ele tenha continuado a dar muitas contribuições originais à Química, herdando de Antoine Lauren **Lavoisier** (1743-94) o cetro de mais importante cientista francês de sua época, a primeira grande contribuição de Gay-Lussac não foi dele mesmo. Na verdade, em 1802, ele chamou a atenção do mundo para uma lei química descoberta pelo seu compatriota Jacques-Alexandre-César Charles (1746-1823) quinze anos antes, mas que seu amigo tinha decidido não publicar. Junto com a Lei de **Boyle**, o princípio agora conhecido como Lei de Charles (embora algumas vezes chamada também de Lei de Gay-Lussac porque ele a tornou popular) completava as duas "leis dos gases". Ela estabelecia que uma quantidade fixa de qualquer gás expandia-se da mesma forma em elevações iguais de temperatura, se estivesse sob pressão constante. Da mesma forma, para uma diminuição na temperatura, todos os gases tinham seu volume reduzido em um índice comum, até o ponto de cerca de −273°C, em que eles teoricamente ficam com volume zero. É por essa razão que a escala de temperatura Kelvin fixou seu grau zero nesse ponto. Embora a lei não fosse de Gay-Lussac, seu experimento de comprovação foi mais acurado do que aquele de Charles. Isso ajudou a lei a ganhar aceitação quando foi finalmente publicada (ironicamente, na mesma época em que John **Dalton** fez a mesma descoberta).

Um princípio que é inteiramente atribuído a Gay-Lussac é sua articulação, de 1808, da lei dos volumes combinados. Tendo confirmado por indício experimental, em 1805, que a água era composta de uma parte de oxigênio e duas partes de hidrogênio ($H_2O$) e tendo continuado a quebrar vários outros compostos, Gay-Lussac notou que os gases sempre se combinavam entre si em proporções simples e pequenas (tal como 2:1 ou 2:3) e nunca em frações. Na época, o motivo disso não foi compreendido de modo correto. Na verdade, John Dalton (1766-1844) buscou desqualificar a conclusão de Gay-Lussac porque ela aparentemente entrava em conflito com suas próprias teorias sobre a indivisibilidade do átomo. Em 1811, Amedeo **Avogadro** (1776-1856) forneceu uma estrutura para ambas as teorias existirem paralelamente, por meio de sua distinção de átomos e moléculas – embora isso tenha sido amplamente ignorado até Stanislao Cannizzaro (1826-1910) redescobrir e articular a teoria em 1860.

## *Os experimentos de Gay-Lussac foram notados tanto por sua natureza espetacular quanto por seus resultados*

☞ UMA JORNADA
DE DESCOBERTA QUÍMICA:

Gay-Lussac passaria boa parte do resto da vida incansavelmente empenhado em realizar experimentos químicos, ou descobrindo novos compostos e elementos, ou aprimorando de forma grandiosa o entendimento científico das propriedades de outras substâncias recém-descobertas. Muito do seu trabalho foi realizado em conjunto com seu compatriota Louis Thenard. Juntos, eles descobriram o boro e realizaram uma pesquisa sobre o "novo" elemento iodo, dando à substância o nome pelo qual hoje nós o conhecemos. Em 1815, eles foram pioneiros em criar o composto cianogênio, descobrindo que esse era o primeiro de uma série de compostos relacionados chamados "cianeto". A dupla provou conclusivamente que a suposição de Lavoisier estava errada – que todos os ácidos tinham de conter oxigênio.

A última fase de seu trabalho incluiu investigações detalhadas acerca das propriedades e reatividade do nitrogênio e do enxofre, além de pesquisa sobre o processo de fermentação. Além disso, Gay-Lussac também ajudou a modernizar as técnicas de experimentação química, sendo reconhecido como criador de um método preciso de análise volumétrica.

### Outras realizações:

*Gay-Lussac tornou-se famoso tanto pela natureza espetacular do seu trabalho investigativo quanto pelos resultados que ele produzia.*
*Além de explodir seu laboratório, ele tinha ganhado notoriedade por viagens perigosas em balões, realizadas em nome da pesquisa científica. Sua primeira ida aos céus foi em 1804, com Jean Baptiste Biot (1774-1862) e, posteriormente, sozinho (obtendo então o recorde mundial de altura de 23.000 pés/7 quilômetros) para investigar a composição do ar e a força magnética nessa altitude. Seus resultados demonstraram que não havia mudança em nenhuma das medidas feitas no nível do solo.*

# CHARLES BABBAGE
## (1791-1871)

> **Cronologia:** • *1815 Babbage ajuda a fundar a Sociedade Analítica.*
> • *1823 Começa o trabalho na máquina mais tarde conhecida como Máquina Diferencial N. 1* • *1828-39 Professor lucasiano de Matemática na Universidade de Cambridge, um posto anteriormente ocupado por Isaac Newton e, mais tarde, por Stephen Hawking.* • *1833 Seu trabalho na Máquina Diferencial é abandonado quando Babbage fica sem dinheiro.* • *1991 Doron Swade e sua equipe, no Museu de Ciência de Londres, completam a construção de uma N. 2; ela tem funcionado desde então.*

Na ocasião de sua morte em 1871, o *Times* zombou de Charles Babbage: seu trabalho era praticamente desconhecido do grande público e aqueles que tinham ouvido falar sobre ele, em geral, não o apreciavam. O reverendo Richard Shipshanks, o crítico mais severo de Babbage, escreveu, em 1854, com ironia inconsciente, que por todo o dinheiro público investido no trabalho de Babbage, "nós deveríamos ao menos ter tido um brinquedo mais esperto". Tudo tinha começado muito bem para Babbage. Tendo estudado em Cambridge, ele mostrou-se um matemático brilhante, graduando-se em 1814 e recebendo seu título de mestre três anos depois. Em 1822, ele começou a projetar o que se tornaria a primeira calculadora automática do mundo e, após se encontrar com o chanceler de Exchequer, em junho de 1823, obteve 1.500 libras para custear a criação de sua ideia avançada. Ela se tornaria conhecida como Máquina Diferencial N.1 e dominaria os dez anos seguintes da vida de Babbage.

O matemático foi levado à tentativa de construir esse conceito revolucionário, persistindo nele por tanto tempo, por causa de sua frustração com as alternativas, como os livros de tabelas matemáticas, escritas por equipes de mastigadores de números, para auxiliar com contas complicadas. Por causa de falha humana, elas estavam inevitavelmente sujeitas a erros. Babbage era grande defensor de máquinas e do método científico, levando seu entusiasmo a ponto da excentricidade. Ele acreditava que, se uma solução mecânica para cálculos complexos pudesse ser criada, a precisão estaria sempre assegurada.

*A máquina de Babbage "deveria ser utilizada para calcular quando ela vai funcionar", Robert Peel*

☞ A MÁQUINA ANALÍTICA:

A paciência do governo finalmente chegou ao fim em 1834. Ironicamente, isso aconteceu no momento da – e em parte por causa dela – grande ideia de Babbage: o primeiro computador programável. Ele o chamou de Máquina Analítica. O invento era muito mais do que uma calculadora, estava mais próximo de um computador de várias utilidades, de conceito semelhante ao computador moderno. Seu projeto previa "programas" escritos com cartões perfurados usados em *loops*. Ele incluía um leitor capaz de processar as instruções neles contidas, uma "memória" que podia armazenar os resultados, o "controle sequencial" e outras características lógicas que se tornariam componentes dos computadores do século XX. Babbage pediu ao governo mais dinheiro para construir esse novo protótipo, embora a Máquina Diferencial ainda não estivesse terminada. Ele argumentou que seria mais barato e mais benéfico construir a Máquina Analítica do que fazer as mudanças necessárias para finalizar a primeira máquina. Com o original ainda incompleto, o governo ficou relutante em financiar outro projeto ambicioso – ele já havia engolido 17 mil libras do dinheiro público. Babbage insistiu em fazer apelos ao governo por verba extra. O ceticismo atingiu os mais altos escalões do governo. Robert Peel uma vez comentou sarcasticamente, quando era primeiro-ministro, que a máquina de Babbage deveria ser utilizada para "calcular quando vai funcionar".

☞ A MÁQUINA DIFERENCIAL N.2:

Em 1842, o governo confirmou que estava definitivamente tirando da tomada o projeto original de Babbage (embora nenhum trabalho real tivesse sido realizado nele por quase uma década) e que não haveria dinheiro para seu novo projeto. Babbage continuou na década de 1850 a tentar levantar fundos para sua Máquina Analítica, mas nunca passou da fase de projeto. Na época, o matemático tinha também projetado a Máquina Diferencial N.2, um modelo muito mais simples que usava apenas uma fração das 25 mil partes que a primeira havia utilizado. Ela era também ligeiramente menor do que a primeira e tinha 2 metros, em vez de 2,5 metros. Novamente, no entanto, não havia verba do governo e ela não conseguiu passar da fase de projeto. Para comemorar seu bicentenário em 1991, a equipe do Museu de Ciência de Londres finalmente construiu uma réplica em funcionamento da N.2, baseada nos planos originais de Babbage.

### Outras realizações:

*Babbage fundou diversas sociedades, incluindo a Royal Astronomical Society, em 1820. Ele também fez avanços na teoria da álgebra e foi o responsável, ou teve papel em várias outras invenções, do velocímetro e do limpa-trilhos, passando pela distância-padrão entre os trilhos das ferrovias a taxas postais uniformes. Além disso, Babbage foi a influência de um ato do Parlamento apresentado para reduzir os direitos dos músicos de rua; o seu* Passages from the Life a Philosopher *(Passagens da vida de um filósofo) (1864) inclui uma interessante digressão sobre o mal social do barulho de rua.*

# MICHAEL FARADAY
## (1791-1867)

> **Cronologia:** •*1821* Faraday cria o primeiro motor elétrico. •*1823* Acidentalmente liquefaz o cloro. •*1831* Descobre o princípio que levará à criação do gerador elétrico, do transformador e do dínamo. •*1833* Estabelece as leis básicas da eletrólise. •*1845* Descobre o efeito Faraday.

Michael Faraday é visto como um dos grandes cientistas experimentais de todos os tempos. Até Albert Einstein (1879-1955) considerava-o uma das mais importantes influências na história da Física. Mesmo assim, o homem cujas descobertas e invenções, entre elas o motor elétrico, o gerador elétrico e o transformador, estavam para ter um impacto tão profundo na vida moderna, poderia não ter entrado na arena científica, não fossem alguns acontecimentos fortuitos de sua juventude. O primeiro foi seu aprendizado em uma encadernadora quando tinha 13 anos. Aí, seu interesse pela ciência e em particular pela eletricidade foi estimulado pela leitura das páginas dos livros que lhe eram mandados encadernar. O segundo acontecimento feliz foi sua nomeação como assistente do renomado químico *sir* Humphrey Davy (1778-1829), que tinha se lembrado do jovem Faraday presente em seus seminários. O posto temporário logo se tornou permanente e, imediatamente depois, Davy levou Faraday com ele para uma grande viagem pela Europa, que deu ao rapaz a oportunidade rara de encontrar e aprender com os principais físicos e químicos da época.

Boa parte do trabalho inicial de Faraday como cientista, na década de 1820, não foi em Física, a área em que ele acabou fazendo suas invenções revolucionárias, mas em Química. Em 1823, tornou-se a primeira pessoa a liquefazer o cloro, ainda que acidentalmente, enquanto fazia outro experimento. Ele rapidamente deduziu como a nova forma do cloro tinha sido obtida e aplicou o processo, que utilizava pressão e resfriamento, em outros gases. Ao empregar seu talento como um excelente analista dos seus próprios experimentos químicos, também descobriu o benzeno em 1825.

*Faraday foi considerado por Einstein um dos mais influentes físicos de todos os tempos*

☞ O MOTOR ELÉTRICO:

No entanto, é pela Física, em particular seu trabalho envolvendo eletricidade, que Faraday é mais lembrado hoje em dia. Já em 1821, ele conseguiu criar o primeiro motor elétrico, após descobrir a rotação eletromagnética. Ele havia desenvolvido a descoberta de Hans Christian Oersted (1777-1851), ocorrida em 1820, de que a corrente elétrica podia defletir a agulha de uma bússola. O experimento de Faraday provou que um fio em que passava uma corrente elétrica podia girar em torno de um ímã fixo e que, de modo inverso, o ímã podia revolver em volta do fio se o experimento fosse ao contrário. A partir desse trabalho, Faraday convenceu-se de que a eletricidade poderia ser produzida apenas com algum tipo de movimento magnético, mas ele levou mais dez anos até conseguir provar essa hipótese. Em 1831, ao rodar um disco de cobre entre os polos de um ímã, Faraday conseguiu produzir uma corrente elétrica estável. Essa descoberta permitiu-lhe progredir até produzir geradores elétricos, o transformador (também inventado de modo independente, por volta da mesma época, por um americano, Joseph Henry) e até mesmo o dínamo: invenções das quais se pode realmente dizer que mudaram o mundo!

☞ CAMPOS ELÉTRICOS:

A razão pela qual Faraday conseguiu fazer esses progressos foi o fato de que, no início de sua carreira, ele havia rejeitado o conceito de eletricidade como um "fluido", uma ideia que tinha sido aceita até aquela época e, em vez disso, visualizou "campos" com linhas de força em suas extremidades. Ele acreditava que o magnetismo também era induzido por campos de força, podendo estar inter-relacionado com a eletricidade porque os campos respectivos cruzavam-se. Ao provar que isso estava correto, produzindo uma corrente elétrica por meio do magnetismo, Faraday descobriu a indução eletromagnética. Ele foi encorajado por isso e continuou a explorar a ideia de que todas as forças naturais estavam, de alguma forma, "unidas". Ele então se concentrou em como a luz e a gravidade estavam relacionadas ao eletromagnetismo. Isso levou à descoberta do "efeito Faraday" em 1845, que provou que a luz polarizada podia ser afetada por um ímã. James Clerk **Maxwell** provou que a luz era, de fato, uma forma de radiação eletromagnética e, por fim, forneceu a expressão matemática para a lei de indução de Faraday.

### As leis da eletrólise:

*A fascinação de Faraday pela eletricidade e sua formação em Química encontraram uma expressão natural na eletrólise, na qual ele também realizou um trabalho revolucionário. Em 1833, foi o primeiro a estabelecer as leis básicas da eletrólise, que são: (1) durante a eletrólise, a quantidade de substância produzida em um eletrodo é proporcional à quantidade de eletricidade usada; (2) as quantidades de diferentes substâncias deixadas no cátodo ou no ânodo pela mesma quantidade de eletricidade são proporcionais aos seus pesos equivalentes.*

# CHARLES DARWIN
## (1809-1881)

Cronologia: • *1831-36 Darwin aceita o trabalho de biólogo voluntário a bordo do HMS Beagle.* • *1859 Publica* The Origin of Species (*A origem das espécies*) • *1871 Publica* The Descent of Man (*A descendência do homem*). • *1881 Morre e é enterrado na abadia de Westminster.*

A centelha que iniciou as realizações de Darwin se deu com a expedição de 1831 do HMS Beagle, que mapearia as costas da América do Sul e outras áreas do Pacífico. Darwin, supostamente estudando religião na época, tinha se tornado cada vez mais absorto em História natural e havia persuadido o professor de Botânica, John Henslow, a sugeri-lo para o posto de biólogo voluntário na viagem a bordo do Beagle. Assim, ele abandonou seus estudos universitários. Seu pai e inicialmente o capitão do navio, FitzRoy, opuseram-se, mas por fim ele os persuadiu a deixá-lo tomar parte na expedição de cinco anos.

☞ GALÁPAGOS:

Durante a jornada, Darwin fez muitas observações geológicas e biológicas, mas foi o tempo que ele passou nas Ilhas Galápagos que acabaria por ter o impacto mais significativo sobre ele. As dez ilhas eram relativamente isoladas, até mesmo umas das outras, e assim funcionavam como uma série de observatórios distintos, nos quais Darwin podia fazer comparações. Ele observou que as ilhas tinham muitas espécies de flora e fauna em comum, mas que cada porção de terra, com frequência, apresentava variações distintas de um mesmo grupo de organismos. Por exemplo, é famosa sua observação de 14 tipos diferentes de fringilídeos nas ilhas, notavelmente com bicos de formatos diferentes. Em cada um dos casos, o bico parecia ser o mais adequado para apanhar a fonte de alimento mais comum da ave, quer fossem sementes, insetos ou peixe.

Durante os anos seguintes e no seu retorno à Inglaterra, Darwin refletiu acerca do motivo das variações nos fringilídeos e em outras plantas e animais. Ele logo supôs que as aves descendiam de uma única espécie e que não haviam surgido independentemente e, dessa forma, concebeu a ideia de evolução, um conceito que existia há algum tempo, mas não era amplamente aceito. Darwin começou a procurar uma explicação para essa evolução. Um texto que teve particular influência sobre ele foi o trabalho, de 1798, de Thomas Malthus, *An Essay on the Principle of Population* (Um ensaio sobre o princípio de população), que Darwin leu em 1838. Malthus se preocupara com a ideia de que uma superpopulação pudesse resultar em fome e a possível competição por comida que daí poderia suceder. Darwin imediatamente viu que isso podia ser aplicado também ao mundo animal, onde apenas os melhor adaptados à colheita do alimento em seus ambientes conseguiam sobreviver. Aqueles que não podiam competir desapareceriam e as características dos animais bem-sucedidos, que devem ter surgido pela primeira vez ao acaso, seriam passadas a gerações futuras. Como os ambientes mudavam e os animais moviam-se, os critérios de sucesso podiam mudar gradualmente, resultando em variações dentro da espécie, assim como havia acontecido com os fringilídeos. Em última instância, novas espécies poderiam surgir.

*"O homem, com todas as suas nobres qualidades, ainda carrega a marca indelével de sua baixa origem"*

## ☞ DESAFIANDO A NOÇÃO DE DEUS:

Infelizmente, tal hipótese desafiaria a visão comumente aceita do homem como senhor da Terra, especialmente criado e colocado no planeta à imagem de Deus, como estava descrito na Bíblia. Darwin estava implicitamente sugerindo que o homem tinha evoluído por acaso ao longo de milhares de anos. Ele corretamente antecipou tumulto e resistência às suas ideias, particularmente dos líderes religiosos. Consequentemente, ele manteve suas teorias obscuras por vinte anos, enquanto reunia indícios extras para embasá-las. Ele finalmente as publicou em 1858. Fez isso em conjunto com Alfred Russel Wallace (1823-1913), cujas ideias independentes eram notavelmente semelhantes às de Darwin. Eles concordaram em fazer uma declaração pública conjunta de suas hipóteses, submetendo um artigo à Linnean Society. Darwin, em seguida, apresentou um relato mais detalhado em 1859, chamado *A Origem das espécies – e a seleção natural*,* contendo provas do que ele havia coletado ao longo das décadas anteriores.

Seguiram-se a isso o tumulto previsto e um debate acalorado, mas Darwin já tinha muitos amigos, em particular Thomas Huxley, conhecido como o "Buldogue de Darwin", que defendia suas ideias veementemente. Isso deixou Darwin livre para continuar com outras implicações de sua hipótese em novos trabalhos, incluindo o texto de 1871, *The Descent of Man*, que articulava a ideia da evolução da raça humana a partir de outras criaturas.

### O legado de Darwin:

As ideias de Darwin precisaram de muito tempo para ser aceitas (mesmo hoje elas não são admitidas por todos), porque desafiavam fortemente todos os conceitos prévios do que significava ser humano. Como foi o caso com muitos outros cientistas, ele encontrou oposição particularmente intensa da Igreja, cujos membros prefeririam a segurança de um texto sagrado às incertezas da observação e da experiência.

A ideia de evolução por meio da seleção natural está, no entanto, no coração da Biologia moderna. O homem que havia desapontado seu pai por falta de interesse acadêmico acabou revolucionando todo um ramo da academia.

---

*N.E.: Lançado em língua portuguesa pela Madras Editora.

# JAMES JOULE
## (1818-1920)

> Cronologia: • *1840 Joule descobre as propriedades da Lei de Joule.*
> • *Década de 1840 Determina o princípio de conservação de energia.* • *1849 On the Mechanical Equivante of Heat (Sobre o equivalente mecânico do calor) é publicado.* • *1852-59 Junto com William Thomson (mais tarde, lorde Kelvin), ele descreve o efeito Joule-Thomson.*

Boa parte do século XIX já havia se passado e os cientistas ainda não conseguiam compreender totalmente as propriedades do calor. A crença comum dizia que ele era um tipo de fluido transiente, retido e liberado pela matéria, chamado "calórico". Gradualmente, a ideia de que ele era apenas outra forma de energia, expresso como movimento de moléculas, começou a ganhar terreno. Ele passou a ser assim compreendido em boa parte pelo trabalho do inglês James Joule, que deu uma grande contribuição à fundação da ciência da termodinâmica no processo.

☞ JOULE, O CERVEJEIRO:

Joule era na verdade um cervejeiro e não um cientista em tempo integral. Trabalhando durante toda a vida na rica cervejaria de seu pai, ele não teve uma educação formal e realmente nunca frequentou uma universidade nem teve nenhum posto acadêmico em sua vida, o que faz suas descobertas serem ainda mais notáveis.

Seu interesse no fenômeno do calor, no entanto, levou seu pai a construir para ele um laboratório perto da cervejaria. O assunto dominaria os estudos de Joule pelo resto da vida.

## *O descobridor da Primeira Lei da Termodinâmica era um cervejeiro*

☞ ENTENDENDO O CALOR:

Joule começou examinando a relação entre corrente elétrica e resistência e o calor que elas produziam. Em 1840, isso levou à sua primeira grande realização, a expressão da "Lei de Joule", que determinava matematicamente a relação entre a corrente e a resistência no fio por onde ela passava, em termos da quantidade de calor liberado. Isso tinha uma importância a mais, já que significava, na prática, que uma forma de energia estava se transformando em outra: a energia elétrica para energia térmica, por exemplo, o que derrubou o conceito do calórico.

☞ CALOR DA ENERGIA OU TRABALHO:

Joule manteve essa linha de pesquisa na década seguinte. Ele provou que o calor podia ser produzido de muitos tipos diferentes de energia ou trabalho, incluindo energia mecânica. Ele provou isso em um experimento em que um remo era virado por meio de uma manivela na água e a temperatura da água subia, como resultado desse trabalho. Na verdade, uma das habilidades principais de Joule era a de quantificar a equivalência de diferentes formas de energia. Ele usou esse experimento com o remo para deduzir a quantidade de esforço mecânico necessário para elevar a temperatura da água em um grau Fahrenheit. A partir disso, ele formulou um valor para o trabalho necessário para produzir uma unidade de calor. Mais tarde, resumiu seus resultados em um artigo de 1849, *On the Mechanical Equivalent of Heat*, que lhe trouxe aclamação pública.

☞ CALOR NOS GASES:

Joule prosseguiu com o estudo do papel do calor e do movimento nos gases. Em 1848, forneceu a primeira estimativa da velocidade com que as moléculas de gás se movem. De 1852 até o fim da década, junto com William Thomson, que mais tarde se tornou lorde **Kelvin** (1842-1907), continuou com os experimentos nessa área e descreveu o que se tornou conhecido como o "efeito Joule-Thomson". Ele demonstrava como a maioria dos gases na verdade perde temperatura na expansão, em razão do trabalho necessário para afastar as moléculas. Essa descoberta foi posta em amplo uso prático, com o crescimento da indústria da refrigeração mais tarde, no mesmo século.

☞ A LEI DE JOULE:

Além da Primeira Lei da Termodinâmica (veja abaixo), Joule também descobriu a lei que leva seu nome. Ela descreve a conversão de energia elétrica em calor e estabelece que o calor (Q) produzido quando uma corrente elétrica (I) passa por uma resistência (R) por um período de tempo (t) é dado por $Q = I^2Rt$.

A unidade SI de energia ou trabalho, o joule, tem esse nome em sua homenagem.

### A Primeira Lei da Termodinâmica:

*A descoberta mais significativa de Joule foi um achado que ele fez durante os experimentos da década de 1840. Ele determinou o que mais tarde ficou conhecido como a primeira lei da termodinâmica: o princípio da conservação de energia. Essa era uma extensão natural do seu trabalho sobre a capacidade da energia de se transformar de um tipo para outro. Joule sustentou que o mundo natural tinha uma quantidade fixa de energia dentro dele que nunca aumentava ou diminuía, mas que apenas mudava de forma.*

*Julius Robert von Mayer (1814-78) e Hermann Ludwig Ferdinand von Helmholtz (1821-94), de modo independente, tanto de Joule quanto um do outro, chegaram a conclusões semelhantes por volta do mesmo período e também recebem crédito pela descoberta da lei.*

# LOUIS PASTEUR

(1822-1895)

> **Cronologia:** • *1862* Mémoire sur les corpusules organisés qui existent dans l'atmosphère *(Nota sobre os corpúsculos organizados que existem na atmosfera)* é publicado e põe um fim a séculos de debate sobre a teoria da geração espontânea. • *1880* Um acidente causado por um assistente leva Pasteur a desenvolver vacinas. • *1885* Pasteur usa de modo bem-sucedido sua vacina contra raiva em um menino de 9 anos, Joseph Meister. • *1892* Produz uma vacina eficaz contra o antraz.

O nome de Louis Pasteur é mais lembrado por seu desenvolvimento do processo de "pasteurização". Embora Pasteur fosse químico, suas descobertas mais significativas foram em Medicina. Na verdade, ele é considerado por muitos a figura mais importante na pesquisa médica do século XIX. Boa parte de sua reputação se deve ao desenvolvimento da vacina contra raiva. Depois da descoberta de Edward **Jenner** (1749-1823) da vacina contra varíola, feita no fim do século anterior, quase nada mais havia sido feito para aproveitar o potencial desse tratamento contra outras doenças. Em 1880, no entanto, Pasteur reconheceu e manipulou um acontecimento fortuito, que observou em seu laboratório, para finalmente sistematizar um método científico no desenvolvimento das vacinas.

☞ BACTÉRIAS EM GALINHAS:

Algumas bactérias de cólera aviária tinham acidentalmente sido deixadas sozinhas por um longo período. Pasteur notou que, quando ele as injetava em galinhas, elas não desenvolviam ou apenas sofriam uma forma branda da doença. Quando ele mais tarde injetou nas mesmas galinhas bactérias "novas", elas sobreviveram, enquanto outras que não tinham recebido o tratamento anterior morreram rapidamente. Pasteur fez paralelos com esse resultado c o trabalho de Jenner e começou a utilizar o método deliberadamente em outras doenças.

*O processo de Pasteur contribuiu muito na melhoria da fermentação do vinho e da cerveja*

☞ RAIVA E PASTEURIZAÇÃO:

Em 1882, ele tinha produzido uma vacina eficaz contra o antraz, uma doença que raramente afetava humanos, mas que podia devastar rebanhos inteiros de ovelhas e vacas. Em 1885, ele tinha desenvolvido uma vacina, extraída da espinha de coelhos infectados, para tratar animais contra raiva eficazmente.

O temor de Pasteur de realizar um teste em humanos foi deixado de lado quando um menino de 9 anos de idade, chamado Joseph Meister, foi trazido até ele. O menino tinha sido mordido diversas vezes por um cachorro com raiva. Pasteur injetou nele a nova vacina e o menino sobreviveu. A notícia do sucesso se espalhou e, no ano seguinte, mais de 2.500 pacientes infectados receberam o mesmo tratamento. O resultado foi que o número de fatalidades diminuiu para menos de 1% dos casos. Além do benefício imediato e da fama que seu trabalho lhe trouxe, ele também criou um movimento, com outros cientistas, para começar a buscar novas vacinas para outras doenças. Diversos outros casos de sucessos foram anunciados no fim do século.

Antes disso, Pasteur tinha ajudado a conter o avanço da tuberculose e da febre tifoide por meio da aplicação do seu processo de pasteurização. Ele tinha sido desenvolvido durante seus estudos sobre a fermentação do leite e do álcool. Por meio do exame microscópico e outros experimentos, ele derrubou o argumento comum da época de que a fermentação era apenas um processo químico. Pasteur provou que microrganismos eram essenciais para a fermentação ocorrer. Ele também descobriu que micróbios potencialmente perigosos que existiam no leite, como os que causavam tuberculose e febre tifoide, podiam ser eliminados pelo aquecimento do líquido por cerca de 30 minutos a 63°C de temperatura. Isso é agora conhecimento como pasteurização, um método ainda hoje utilizado no tratamento do leite.

Durante o mesmo período de trabalho, Pasteur também derrubou, de modo definitivo, as teorias de "geração espontânea", que haviam perdurado durante séculos. Ele demonstrou que um fluido esterilizado não exposto a micróbios do ar permaneceria não contaminado, e que, no momento em que o líquido entrasse em contato com eles, o fluido estragaria. Além disso, a partir do ano de 1865, ele ajudou bastante a indústria francesa de seda. Ao analisar as doenças que dizimavam os bichos-da-seda, ele acabou fornecendo recomendações para sua prevenção. Pasteur realizou trabalho importante desde o início de sua carreira, com a descoberta das moléculas assimétricas nos compostos, que foi muito importante para o desenvolvimento posterior da Química estrutural.

Pasteur usou processo semelhante à pasteurização para aprimorar a eficácia da fermentação das indústrias do vinho e da cerveja.

---

**Uma lembrança de Pasteur:**

*Na época de sua morte, Pasteur era famoso mundialmente e recebia muitas homenagens. Talvez o gesto mais comovente de todos tenha ocorrido, no entanto, meio século mais tarde. O menino de 9 anos de idade, Joseph Meister, que Pasteur havia salvado da raiva, tornou-se posteriormente vigia do Instituto Pasteur (fundado em 1888), onde o cientista estava enterrado. Em 1940, os nazistas chegaram em Paris e mandaram Meister abrir o túmulo de Pasteur, para examiná-lo. Meister preferiu suicidar-se a anuir com a violação.*

# Johann Gregor Mendel

(1822-1884)

> Cronologia: • *1856 Começa seus experimentos com ervilha.* • *1865 Mendel articula pela primeira vez suas descobertas.* • *1866* Experimentos com híbridos de planta *é publicado.* • *1868 Nomeado abade de seu mosteiro, onde os deveres o impedem de prosseguir sua pesquisa.*

O trabalho do monge austríaco Johann Gregor Mendel está no coração do desenvolvimento futuro da Biologia e fundou um novo ramo da ciência. Durante a vida e algum tempo depois, no entanto, seus esforços foram amplamente ignorados. Somente quando outros começaram a fazer descobertas parecidas sobre hereditariedade, passarando a procurar estudos relacionados ao assunto, que se percebeu que Mendel tinha chegado às mesmas conclusões havia três décadas.

☞ APENAS 12 ANOS:

O impacto posterior das descobertas de Mendel, que foram, de fato, o ponto inicial da moderna ciência da Genética, foi ainda mais notável, dado o breve período de sua "carreira" em que ele realmente passou pesquisando. Até 1856, seu tempo foi gasto em deveres religiosos, ou em seu treinamento no mosteiro, ou na tentativa de aprimorar sua formação anterior de modo a lhe permitir passar nos testes para professor. Ironicamente, ele nunca conseguiu obter a qualificação, em parte por causa da sua falta de aprovação em Biologia! Em 1868, tornou-se abade do seu mosteiro, localizado na atual República Tcheca, e teve de desistir da maior parte de sua pesquisa científica. Isso significa que ele completou apenas 12 anos de experimentação ativa.

*Mendel, o pai da Genética, teve sua nota mais baixa em uma prova de Biologia*

☞ A HUMILDE ERVILHA:

Mesmo o contexto para a descoberta era incomum. O laboratório de Mendel era o jardim do mosteiro, e seu objeto de estudo, humildes ervilhas. O monge era fascinado pelo que causava as diversas características das plantas, tais como a cor das flores, a cor das sementes e a altura. Ele decidiu realizar um estudo sistemático do período em que essas características apareciam nas gerações descendentes. Ele começou a cruzar plantas com características diferentes e a registrar os resultados.

☞ A COMPREENSÃO DA HEREDITARIEDADE:

Uma hipótese comum na época era que quando duas características diversas eram combinadas, uma intermediária ocorreria. Assim, por exemplo, uma planta alta e uma baixa resultariam em um broto de tamanho médio. Os resultados estatísticos de Mendel, no entanto, mostraram algo completamente diferente. Ao longo de uma série de gerações de descendentes, as plantas em geral não chegavam a uma característica intermediária, mas, em vez disso, herdavam as características originais (por exemplo, ou eram grandes ou pequenas) em uma proporção de 3:1, de acordo com o traço "dominante" (no caso da altura, a grandeza). Ele explicou esse fato ao assumir que cada um dos "pais' carregava consigo duas possibilidades de qualquer uma das características, por exemplo um "gene" alto (como hoje o conhecemos) e um "gene" baixo para altura, ou um gene escuro e um claro para a cor da semente, ou um gene "A" e um gene "B" para a característica X. Apenas um gene, um do pai e outro da mãe, passaria para o descendente (o que é descrito pela Lei de Segregação de Mendel), no entanto, gerando quatro possíveis combinações: AA, AB, BA e BB. A proporção 3:1 aconteceria porque o gene "dominante" manifestar-se-ia toda vez que estivesse presente. Então, se "A" fosse o fator dominante, ele ocorreria três vezes em cada quatro, com a característica "B" acontecendo apenas quando o resultado fosse BB. Ele também notou diferentes pares de genes formando as características da ervilha, tais como os que determinavam altura, os que determinavam cor da semente e assim por diante, quando ocorriam cruzados em todas as combinações matemáticas possíveis, independentemente uma da outra. Isso é agora descrito como a Lei de Mendel da Segregação Independente e ofereceu a ele um modelo estatístico simples para predizer a variedade de descendentes, baseado em indícios experimentais.

☞ RECONHECIMENTO DEMORADO:

Mendel articulou seus resultados pela primeira vez em 1865 e publicou-os em um artigo de 1866 intitulado *Experimentos com híbridos de plantas*. Ele sentiu-se frustrado por suas conclusões terem sido amplamente ignoradas durante sua vida e foi somente quando outros três cientistas, Hugo de Vries (1848-1935), Karl Erich Correns (1864-1933) e Erich Tschermak von Seysenegg (1871-1962), chegaram de forma independente aos mesmos indícios experimentais, em 1900, que o trabalho de Mendel foi redescoberto. Sua importância na explicação dos princípios de hereditariedade em todos os tipos de seres vivos (embora com maior refinamento em algumas espécies) foi logo percebida, sendo posteriormente utilizada para embasar o argumento de Darwin pela seleção natural. A ciência conhecida hoje como genética evoluiu gradualmente e a posição de Mendel como seu fundador, ainda que inconscientemente, tornou-se consolidada na história.

### O legado de Mendel:

*Embora Mendel não tenha recebido nenhum reconhecimento por seu trabalho em hereditariedade durante a vida, foi bastante respeitado e querido por seus companheiros monges e pelas pessoas da cidade. Hoje em dia, Mendel é visto como o pai do estudo da Genética.*

# JEAN-JOSEPH LENOIR
## (1822-1900)

> **Cronologia:** • *1807 François Isaac de Rivaz constrói um motor de combustão interna alimentado por oxigênio e hidrogênio.* • *1859 Lenoir demonstra seu motor de combustão interna de partida elétrica.* • *1860 Pede a patente do seu motor.* • *1863 Usa seu motor em um veículo.* • *1867 Nikolaus August Otto introduz um motor superior de quatro tempos.*

Inacreditavelmente, as origens do motor de combustão interna, hoje no centro da indústria automobilística, remontam a 1680 e ao famoso cientista holandês Christiaan **Huygens** (1629-95). Nesse ano, ele esboçou um projeto para uma forma primitiva de um motor desse tipo, que usava pólvora para dar a partida e movimentar os pistões. O projeto, no entanto, nunca foi construído e demoraria mais de um século antes que alguém chegasse perto de ressuscitar a ideia. Dessa vez, foi um inventor suíço, François Isaac de Rivaz, que, em

1807, realmente construiu um motor de combustão interna, alimentado com oxigênio e hidrogênio. Ele construiu um veículo em que poderia utiliza-lo, mas o projeto, sendo altamente impraticável, não foi comercialmente bem-sucedido. É por essa razão, portanto, que o projeto patenteado pelo belga Jean-Joseph Étienne Lenoir, em 1860, é visto como o primeiro motor de combustão interna viável, dando início à revolução na indústria do transporte que mudaria o mundo.

☞ O MOTOR DE COMBUSTÃO INTERNA DE PARTIDA ELÉTRICA:

Ainda criança, Lenoir já era fascinado pelo poder dos aparelhos mecânicos. Quando tinha apenas 12 anos de idade, dizem que ele declarava: "Quando eu crescer, farei máquinas, novas máquinas, máquinas que vão trabalhar sozinhas". Encontrando pouca utilidade para seu talento criativo na cidade pequena em que havia crescido, Lenoir mudou-se para Paris aos 16 anos. No começo, trabalhou com eletricidade, fazendo uma série de inovações em galvanoplastia, bem como em aparelhos elétricos usados na indústria da ferrovia. No entanto, foram os motores que fascinaram Lenoir e após muitos anos de projeto e, por fim, de construção, ele apresentou seu motor de combustão interna de partida elétrica, em 1859, patenteando-o no ano seguinte.

Combustíveis de petróleo líquido não eram usados na época, então o motor de Lenoir usava uma combinação de ar não comprimido e gás de carvão para alimentar o projeto de motor de dois tempos. Embora o método fosse ainda primitivo para os padrões atuais, ele foi comercialmente bem-sucedido. Lenoir trabalhou em melhorias e vendeu cerca de 500 exemplares em Paris e em seus arredores em 1865. Nessa época, ele já havia demonstrado sua versatilidade, usando-o em um barco, em 1861, e em um veículo terrestre de três rodas, em 1863.

*"Quando eu crescer, farei máquinas, novas máquinas, máquinas que vão trabalhar sozinhas"*

☞ DESENVOLVIMENTOS POSTERIORES:

Os projetos de Lenoir não durariam muito tempo, no entanto. O francês Alphonse Beau de Rochas patenteou o projeto do motor de combustão interna de quatro tempos, hoje muito mais comum, em 1862. Ele, no entanto, não chegou a construir o motor e é por isso que o alemão Nikolaus August Otto (1832-91) tornou-se muito mais conhecido pelo seu modelo de quatro tempos de 1876, bem-sucedido comercialmente. Ele funcionava utilizando o "Ciclo de Otto", sua explicação para uma série de ações que aconteciam em cada um dos tempos que fazia o motor funcionar. No primeiro tempo, de indução, o combustível é levado para dentro do motor, sendo então comprimido no segundo tempo;

entra em combustão no terceiro, com uma faísca elétrica, e então o resíduo dos gases é emitido no quarto. O processo faz um pistão subir e descer, o que, com o uso das bielas apropriadas, pode ser usado para criar movimento em uma série de dispositivos, mais comumente, é claro, nos veículos terrestres.

O motor de Otto ainda usava uma combinação de gás e ar como combustível; só com o trabalho pioneiro de Gottlieb **Daimler** (1834-1900) e outros, o motor de combustão interna de petróleo seria inventado, resultando daí manufatura difundida de motos e carros. Na verdade, Daimler tinha trabalhado para Otto, auxiliando-o no desenvolvimento do motor atribuído a este último. Foi apenas quando ele mais tarde trabalhou sozinho, no entanto, que a revolução automobilística realmente começou.

Seu motor tinha cerca de dois cavalos de potência, o que não era realmente suficiente para mover um veículo, usava uma mistura de gás de carvão como combustível e tinha apenas cerca de 4% de eficiência. Eles tinham uma construção sólida, contudo, e alguns dos modelos ainda funcionavam perfeitamente após vinte anos de trabalho contínuo.

---

### Outras realizações:

*Além desse motor, Lenoir também desenvolveu uma série de outras invenções. Elas incluíam um breque elétrico para trens (1855), um barco que usava seu motor (1886) e um método de curtir couro com ozônio.*

# LORDE KELVIN

(1824-1907)

Cronologia: • *1834 William Thomson entra na Universidade de Glasgow com 10 anos.* • *1852-59 Junto com James Joule, ele descreve o efeito Joule-Thomson.* • *1858 Patenteia um telégrafo, chamado de "galvanômetro de espelho", para ser usado com cabos submarinos.* • *1892 Thomson entra na House of Lords e torna-se lorde Kelvin.*

William Thomson, um escocês, estava claramente destinado a coisas grandiosas desde criança; ele entrou na Universidade de Glasgow com apenas 10 anos! Depois de estudar disciplinas científicas lá, foi para Cambridge, graduando-se em 1845 e, no ano seguinte, recebeu uma oferta de trabalho como catedrático de Filosofia natural (Física). Ele aceitou e permaneceu no posto por mais de cinquenta anos, um período no qual teria autoridade internacional significativa nessa área.

☞ TERMODINÂMICA:

Trabalhar durante tanto tempo deu a Thomson a oportunidade de fazer experimentos em uma ampla gama de assuntos, a maior parte dentro da esfera da Física. Sua influência principal, no entanto, era sentida em duas áreas: termodinâmica e eletromagnetismo. A primeira envolveu uma grande quantidade de trabalho colaborativo com James **Joule**, outra autoridade britânica dominante no assunto durante o século XIX, que está entre os primeiros a formular a primeira lei da termodinâmica. A maior aceitação do princípio de conservação de energia, que afirma que a energia não pode ser criada nem destruída, aconteceu, em parte, graças à descrição sistemática de Thomson em um artigo de 1852. Além disso, o escocês iria enunciar e tornar pública, de modo independente, a segunda lei da termodinâmica, que descrevia a direção única do calor. O calor só pode fluir espontaneamente do corpo mais quente para o corpo mais frio e nunca de um mais frio para um mais quente. O alemão Rudolf Clausius (1822-88) também chegou a essa conclusão na mesma época. Junto com Joule, Thomson descobriu o "efeito Joule-Thomson", segundo o qual a maior parte dos gases perdia temperatura na expansão (a partir de um bocal), em razão do trabalho que ocorria no afastamento das moléculas. Posteriormente, essa descoberta foi de importância decisiva no crescimento da indústria da refrigeração, no mesmo século.

Thomson também tentou estimar as idades do Sol e da Terra a partir de um trabalho teórico sobre a velocidade na qual uma esfera quente se resfriava, mas suas estimativas estavam significativamente abaixo dos cálculos modernos, em razão do seu desconhecimento de que o calor é produzido pelo fenômeno da radioatividade.

## *A escala Kelvin, usada principalmente para propósitos científicos, define o zero absoluto como −273°C*

☞ A ESCALA KELVIN:

Uma das razões do nome nobre de Thomson, Kelvin, ser tão conhecido hoje em dia é o trabalho que ele realizou ao definir uma escala de temperatura absoluta. Ele realizou trabalho teórico para predizer que −273,16°C é o ponto no qual as moléculas em uma substância atingiriam seu menor grau de energia; nada poderia ser mais frio abaixo desse ponto chamado "zero absoluto". A partir disso, ele propôs a escala Kelvin de temperatura, que tem os mesmos acréscimos que a escala de Celsius, mas define 0K (graus Kelvin) como zero absoluto. 0°C equivale a 273,16K e o ponto de ebulição da água é de 373,16K. A escala Kelvin é amplamente usada pela comunidade científica hoje em dia.

☞ ELETROMAGNETISMO:

Em eletromagnetismo, Thomson estudou o trabalho de **Faraday** (1791-1867), buscando acrescentar alguma coisa ou reforçar suas descobertas. Em particular, tentou oferecer algum embasamento matemático que faltava a Faraday ao expor suas teorias, ajudando a ideia de campos eletromagnéticos a ganhar aceitação. Também contribuiu com ideias para a base da teoria eletromagnética da luz, embora nisso, assim como em seu trabalho matemático, ele tenha sido apenas parcialmente bem-sucedido. Seria necessário que James Clerk **Maxwell** (1831-79) posteriormente reunisse o trabalho de Faraday e Thomson em uma hipótese definitiva, de sólida base matemática. Thomson, no entanto, realmente assinalou as voltagens corretas para cabos de sinais telegráficos subaquáticos e auxiliou no projeto que faria o primeiro cabo transatlântico, completado em 1866. Em razão desses sucessos, Thomson tornou-se rico e, em 1892, foi elevado à nobreza, tomando o nome pelo qual hoje ele é mais lembrado, Kelvin.

### Outras realizações:

*William Thomson arriscou sua vida para participar pessoalmente do árduo processo de completar o primeiro cabo transatlântico, que o deixaria rico.*

*Ele introduziu o conceito de zero absoluto, uma temperatura abaixo da qual nada poderia ficar.*

*Como homem de muitos interesses, Thomson também se preocupou com questões geofísicas acerca das marés, do formato da Terra, da eletricidade atmosférica, com estudos termais do solo, com a rotação da Terra e com geomagnetismo. Ele manteve uma cadeira de Filosofia natural na Universidade de Glasgow por 53 anos.*

# JAMES CLERK MAXWELL

## (1831-1879)

> **Cronologia:** • *1861 Maxwell produz a primeira fotografia colorida.* • *1864* Dynamical Theory of the Electric Field (*Teoria dinâmica do campo elétrico*) *é publicado* •*1873* Treatise on Electricity and Magnetism (*Tratado sobre eletricidade e magnetismo*) *é publicado.* • *1888 Heinrich Rudolph Hertz descobre ondas de rádio, confirmando as teorias de Maxwell de tipos ainda não descobertos de onda.*

As descobertas do físico escocês James Clerk Maxwell em eletromagnetismo aconteceram principalmente no começo da década de 1860, quando ele era professor no King's College, em Londres. Maxwell examinou a ideia de **Faraday** que tratava da relação entre a eletricidade e o magnetismo, interpretados em termos de campos de força, e começou a buscar uma explicação para essa relação. Maxwell logo viu que ela era simples: eletricidade e magnetismo são apenas expressões alternativas dos mesmos fenômenos, um argumento que ele provou ao produzir ondas magnéticas e elétricas intercaladas a partir de uma corrente elétrica oscilante. Além disso, Maxwell descobriu que a velocidade dessas ondas seria semelhante à da luz (300 mil quilômetros por segundo) e concluiu, como Faraday quase conseguiu, que a luz visível normal era, na verdade, uma forma de radiação eletromagnética. Ele argumentou que as luzes infravermelha e ultravioleta eram as mesmas e previu a existência de outros tipos de onda – desconhecidas na época – que poderiam ser explicadas da mesma forma. A descoberta das ondas de rádio, em 1888, por Heinrich Rudolph Hertz (1857-94) confirmaria isso.

*"As ideias mais profundas e frutíferas desde a época de Isaac Newton", Albert Einstein sobre Maxwell*

☞ ELETROMAGNETISMO:

Maxwell, no entanto, não parou por aí. Em 1864, ele publicou sua *Dynamical Theory of the Electric Field*, que oferecia uma explicação matemática unificadora para o eletromagnetismo. O texto era baseado em quatro equações, agora conhecidas simplesmente como "equações de Maxwell", que descreviam a relação entre os campos magnético e elétrico. Ele posteriormente escreveu outro texto sobre essa associação, publicado em 1873 sob o título de *Treatise in Electricity and Magnetism*.

☞ MAXWELL E BOLTZMANN:

Embora as realizações mais impressionantes de Maxwell tenham se dado na explicação da radiação eletromagnética, ele também realizou trabalho importante em termodinâmica, oferecendo importantes explicações cinéticas para o comportamento dos gases. Para isso, ele baseou-se na ideia do movimento das moléculas em um gás. O escocês propôs que a velocidade dessas partículas tinha uma grande variação. Novamente, utilizou suas habilidades matemáticas para produzir um modelo estatístico que reforçaria as ideias por trás dessa pesquisa, agora conhecida como a lei de distribuição de Maxwell-Boltzmann (a última parte do nome vem do austríaco Ludwig Eduard Boltzmann, que chegou de modo independente à mesma explicação). Entre outras coisas, a explicação convincente de que o calor em um gás é o movimento das moléculas finalmente derrubaria a teoria do calor como um fluido calórico.

☞ FOTOGRAFIA COLORIDA:

Os outros feitos de Maxwell envolviam a dedução de que todas as cores podem ser criadas a partir de uma mistura de três primárias. Em 1861, ele aplicou sua descoberta de modo prático, na fotografia, produzindo uma das primeiras fotos coloridas. No início de sua carreira, Maxwell havia estudado os anéis de Saturno e tinha concluído que eles eram feitos de muitos corpos pequenos e não podiam ser nem líquidos nem totalmente sólidos, como havia sido anteriormente especulado. Em 1871, retornou a Cambridge e tornou-se o primeiro professor de Física do Laboratório Cavendish, que ele ajudou a estabelecer. O laboratório tornou-se famoso mundialmente, dominando o progresso da Física por muitas décadas, produzindo incontáveis cientistas de ponta.

É altamente possível que o próprio escocês pudesse ter realizado muitas outras descobertas, não tivesse sido sua trágica morte prematura. Ele morreu de câncer com apenas 48 anos.

Embora considerado um aluno lento pelos seus primeiros professores, William Hopkins, uma das mentes mais brilhantes do país, reconheceu sua grande capacidade na universidade. **Einstein** também descreveu a mudança na concepção de realidade em Física, que resultou do trabalho de Maxwell, como "a mais profunda e mais frutífera que a física conheceu desde a época de Newton".

### O legado científico de Maxwell:

*James Clerk Maxwell pode não ser tão famoso, mas é frequentemente considerado por muitos como um cientista do mesmo patamar de Isaac Newton e Albert Einstein.*

*Como esses outros grandes cientistas, ele ofereceu explicações para fenômenos físicos que revolucionariam nossa compreensão sobre eles. Ele abriu caminho para os cientistas, ao tomar as descobertas experimentais de Faraday (1791-1867) no campo do eletromagnetismo e fornecer a elas uma explicação matemática unificada, algo que havia ocupado outras mentes por muito tempo.*

# ALFRED NOBEL

(1833-1896)

> **Cronologia:** • *1864 A fábrica de nitroglicerina de Nobel explode, matando seu irmão.* •*1866 Inventa a dinamite.* •*1876 Inventa a gelatina explosiva.* *1886 Inventa a balistite.* • *1896 A Fundação Nobel é criada de acordo com a vontade de Nobel.* • *1901 São entregues os primeiros prêmios Nobel.*

Alfred Bernhard Nobel é um cientista singular neste livro. Suas pesquisas e invenções foram importantes, mas talvez elas próprias não sejam significativas o bastante para justificar sua inclusão nesta compilação. No entanto, o fato de seu nome estar indiretamente associado não apenas a um, mas a vários cientistas que mudaram o mundo por meio do prêmio que leva seu nome certamente é.

☞ UM HOMEM DO MUNDO:

Embora fosse sueco, nascido e criado em Estocolmo, a maior parte da educação de Nobel foi feita na Rússia. Sua família mudou-se para o país em 1842 para juntar-se ao seu pai, um engenheiro, que havia aceitado um posto de supervisão em São Petersburgo. Durante seus estudos lá, Nobel mostrou talento para línguas, dominando russo, francês, inglês, alemão e sueco, mas foi a Química que realmente cativou seu interesse. Em 1850, ele foi estudar o assunto em Paris, antes de passar alguns anos nos Estados Unidos. Então voltou para São Petersburgo, onde permaneceu até 1859.

*Quando Nobel não recebeu permissão para reconstruir sua fábrica, ele continuou a pesquisa em uma barca*

☞ NITROGLICERINA:

Nobel, por fim, retornou para a sua terra natal, Suécia, e começou a colocar seu conhecimento de Química em prática. Ele montou uma fábrica para manufaturar um líquido explosivo relativamente instável, a nitroglicerina, a fim de atender ao mercado crescente da engenharia civil. Em 1864, no entanto, talvez de modo previsível, um desastre aconteceu. Houve uma grande explosão, que destruiu a fábrica de Nobel, matando tragicamente cinco pessoas, entre elas seu próprio irmão Emil. O acidente deixou Nobel determinado a encontrar um explosivo mais estável, mas o governo não permitiu a reconstrução da fábrica, então ele teve de prosseguir com sua pesquisa em uma barca.

☞ EXPLOSIVOS ESTÁVEIS:

Em 1866, Nobel fez sua descoberta. Ele percebeu que um explosivo líquido tornava-se seguro para manuseio se fosse absorvido por uma substância chamada kieselguhr e embrulhou-os em pequenos "bastões". Nobel chamou a invenção de dinamite e obteve patentes para ela no Reino Unido e nos Estados Unidos. A natureza relativamente segura, mas poderosa, do explosivo tornou-se bastante popular e foi um sucesso comercial. Ele continuou a melhorar a eficácia de sua invenção, desenvolvendo uma substância mais formidável chamada gelatina explosiva, em 1876, e outro composto dez anos mais tarde chamado balistite. Suas outras invenções incluíam uma série de artefatos de detonação. Eles substituíram a necessidade de uma faísca no local para incendiar os explosivos, aumentando ainda mais a segurança.

☞ OS PRÊMIOS NOBEL:

O sucesso das dinamites de Nobel, assim como seu interesse em petróleo, ajudou-o a obter uma vasta riqueza pessoal. Ironicamente, para um homem que havia passado a maior parte da vida desenvolvendo explosivos, Nobel era um pacifista. Embora ele tivesse esperança de que o potencial devastador de suas invenções atuasse como um empecilho para a guerra, temia que abusassem de seu uso no futuro. Essa foi uma das razões pelas quais ele decidiu deixar boa parte de sua fortuna para financiar a criação de uma série de prêmios, que incluíam um para a paz. Havia outro dedicado à literatura, com os três restantes distribuídos para realizações na ciência. Os primeiros prêmios Nobel para Medicina (ou Fisiologia), Física e, é claro, Química foram concedidos em 1901 e, desde então, tornaram-se sinônimos de excelência nos seus campos de atuação. Eles são concedidos anualmente, de acordo com o desejo de Nobel, "para aqueles que, durante o ano anterior, deram os maiores benefícios à humanidade". Por sua própria definição, os prêmios são dados a cientistas que mudaram o mundo e encorajaram outros a se empenhar em fazê-lo, colocando, dessa forma, Alfred Nobel na mesma posição.

### Outras realizações:

*O sexto Prêmio Nobel, o de Economia, foi criado, em 1968, pelo Banco da Suécia, sendo concedido pela primeira vez em 1969.*

*Alfred Nobel foi prolífico como inventor, obtendo mais de 350 patentes em vários países: couro artificial, seda e o detonador foram algumas de suas várias invenções.*

*Sua fortuna não veio apenas de explosivos, mas também de sociedades nas companhias de petróleo de seus irmãos, assim como de um grande envolvimento com a indústria bélica da Suécia, particularmente a Companhia Bofors. Ironicamente, para alguém que se tornou famoso pela invenção da dinamite, Nobel era um pacifista convicto.*

# WILHELM GOTTLIEB DAIMLER

(1834-1900)

**Cronologia:** • *1885* Daimler patenteia o primeiro motor de combustão interna de petróleo. • *1885* Inventa a motocicleta. • *1886* Inventa o automóvel de quatro rodas a petróleo. •*1889* Constrói um motor de dois tempos e quatro cilindros aperfeiçoado. • *1899* Produz o primeiro automóvel Mercedes. • *1893* Karl Benz produz o primeiro automóvel de fabricação em massa. • *1926* Associação de Daimler e Benz.

O alemão Gottlieb Daimler passou boa parte da vida trabalhando com motores, muito antes de realizar a inovação que mudaria o modo como o mundo se desloca. Quando o sucesso chegou, no entanto, ele continuou rápida e dramaticamente. Daimler estava há muito tempo convicto de que o motor a vapor estava ultrapassado. Como um *workaholic* temperamental, ele aperfeiçoou o primeiro motor de combustão interna de petróleo, produziu a primeira motocicleta e o primeiro automóvel de quatro rodas a petróleo, com apenas alguns anos de diferença entre um e outro. Daimler era um cosmopolita e fundou empresas na Inglaterra, na França, além da Alemanha.

☞ O COMEÇO DO TRABALHO:

As bases do trabalho de Daimler já tinham sido estabelecidas pelos esforços pioneiros de Jean Joseph Étienne **Lenoir** (1822-1900), Alphonse Beau de Rochas (1815-93) e Nikolaus August Otto (1832-91) na criação de motores de combustão interna de dois e quatro tempos, que usavam petróleo como combustível. O próprio Daimler esteve envolvido nesses primeiros projetos, como diretor técnico na fábrica de Otto, no início da década de 1870, auxiliando no desenvolvimento do motor de quatro tempos e o "ciclo de Otto" que o fazia funcionar.

*Daimler, o homem que tornou a revolução automobilística possível, nunca gostou de dirigir*

☞ A INOVAÇÃO:

Em 1882, Daimler deixou o emprego na fábrica de Otto para começar um negócio com Wilhelm Maybach (1846-1929), um engenheiro que havia trabalhado para ele na antiga companhia e que tinha feito um trabalho pioneiro no uso do petróleo líquido como possível combustível para o motor de combustão interna. Embora o combustível fosse conhecido há milhares de anos e estivesse comercialmente disponível há décadas, ele não tinha sido usado no desenvolvimento da indústria do motor de combustão interna porque o líquido não podia ser comprimido da mesma maneira que o gás. Juntos, no entanto, com seu desenvolvimento do carburador, Daimler e Maybach realizaram a inovação que lhes permitiria tirar vantagem desse combustível.

O carburador convertia petróleo líquido em um leve *spray*, que podia ser comprimido e inflamado em um motor de quatro tempos, exatamente como nos modelos anteriores que utilizavam gás. As primeiras patentes da empresa foram registradas em 1883 e, em 1885, eles já tinham acabado de desenvolver um motor leve, semelhante ao moderno, que utilizava petróleo e que se tornaria a base para a crescente indústria automobilística.

☞ OS PRIMEIROS VEÍCULOS:

Daimler tirou vantagem imediata de seu motor, usando-o em seu "Reitwagen" de 1885, a primeira moto do mundo. Em 1886, ele inventou o primeiro automóvel de quatro rodas movido a petróleo, utilizando seu motor na carruagem. Nesse meio-tempo, porém, ele perdeu a chance de anunciar o primeiro carro a motor de combustão interna do mundo. Embora utilizasse um motor menos potente de 0,75 cavalo-vapor, Karl Benz (1844-1929), um nome ainda famoso na indústria automobilística, havia projetado e construído um veículo de três rodas com uma ignição elétrica superior.

☞ ASSOCIAÇÃO DE DAIMLER E BENZ:

Em 1889, Daimler construiu um motor aprimorado de dois cilindros e quatro tempos. No ano seguinte, Maybach aprimorou-o para uma versão de quatro cilindros. Benz, enquanto isso, estava fazendo progressos na fabricação de automóveis e apresentou o primeiro carro de produção em massa em 1893, o Benz Velo. As duas empresas tornaram-se líderes na indústria do carro, uma posição que mantêm até hoje, e combinaram suas forças em uma fusão em 1926. Daimler havia falecido há muito tempo, mas Benz ainda estava vivo e fez parte do quadro administrativo da empresa até o fim da vida.

Ironicamente, a morte de Daimler foi acelerada por uma viagem de carro em condições climáticas ruins, que ele insistiu em fazer contra ordens médicas. O mais irônico é que o homem que tornou a revolução automobilística possível, aparentemente, nunca gostou de dirigir!

### Daimler, Mercedes e Benz:

*Foi o desenvolvimento do carburador que deu início ao transporte movido a petróleo. Muito dos princípios que ele desenvolveu ainda estão em uso nos veículos modernos.*

*Mercedes era originalmente o nome da filha de Emil Jellinek, um empresário que pilotava os carros de Daimler sob o pseudônimo "Mercedes". Em 1900, houve um acordo sobre o desenvolvimento de um novo motor sob o nome Daimler-Mercedes. Como o motor se mostrou praticamente imbatível, o nome ficou e passou a ser a marca registrada.*

*Um carro da Daimler ganhou a primeira corrida internacional, de Paris a Rouen, em 1894.*

# DMITRI MENDELEEV

## (1834-1907)

> **Cronologia:** • *1860 Mendeleev participa de um seminário de Stanislao Cannizzaro, que teria uma profunda influência em seu trabalho posterior.* • *1868-70 Os princípios da Química é publicado.* • *1869 Sobre a relação das propriedades dos pesos atômicos dos elementos é publicado, contendo a primeira tabela periódica.* • *1893 Torna-se diretor do Departamento de Pesos e Medidas.* • *1955 O elemento 101 é descoberto e chamado de mendelévio em sua homenagem.*

Mendeleev foi caçula de uma família numerosa de Tobolsk, Sibéria, cujo pai, cego, não conseguia sustentar. Sua mãe conseguiu fazer a família sobreviver abrindo e administrando uma fábrica de vidro. Sob tais circunstâncias, a educação primária de Mendeleev foi limitada, embora ele tivesse frequentado a escola. Ele mostrou ser bastante promissor, no entanto, ao encorajar sua mãe a deixar a Sibéria em 1848, logo após seu pai morrer e a fábrica pegar fogo, em uma tentativa de ter oportunidade de entrar na universidade. Mendeleev foi recusado em algumas academias antes de começar a estudar ciência no Instituto Pedagógico de São Petersburgo. Aí, ele mostrou excelência, qualificando-se como professor em 1855, antes de receber outras oportunidades de estudar em universidades da Rússia e do exterior, nos anos seguintes.

☞ SUA MAIOR INFLUÊNCIA:

Em 1860, Mendeleev participou de uma importante conferência em Karlsruhe, onde o italiano Stanislao Cannizzaro (1826-1910) anunciou e defendeu, de modo apaixonado, sua redescoberta da distinção entre moléculas e átomos, originalmente feita em 1811 por **Avogadro** (1776-1856).

A compreensão dos pesos atômicos dos elementos tinha sido confusa por meio século sem essa distinção; a apresentação de Cannizzaro teve uma influência profunda no desenvolvimento do trabalho posterior de Mendeleev.

Durante a década de 1860, Mendeleev retornou a São Petersburgo, tornando-se por fim catedrático de Química na Universidade, em 1866. Ele percebeu, durante esse período, que faltava um livro didático abrangente de Química, então começou a escrever um, que foi finalmente publicado em 1869, sob o título *Os princípios da Química*, estabelecendo um novo padrão. Foi durante as pesquisas para esse livro que Mendeleev voltou sua atenção para os pesos atômicos dos elementos, introduzindo seu jogo de cartões na equação.

*Descobridor da tabela periódica, Mendeleev perdeu o Prêmio Nobel por um voto*

☞ A ESTRUTURA DOS ELEMENTOS:

Mendeleev queria listar os elementos químicos conhecidos de maneira estruturada. Outros cientistas tinham tentado fazer o mesmo no passado, mas não haviam tido sucesso em encontrar uma maneira uniforme para listá-los ou até mesmo em decidir os critérios pelos quais arranjá-los. Então Mendeleev decidiu anotar as propriedades de cada elemento em um único cartão e começou a dispô-los de diferentes formas, de acordo com vários princípios. Ele rapidamente descobriu que se posicionasse os elementos de acordo com o peso atômico, em fileiras curtas, umas debaixo das outras, as colunas resultantes pareciam compartilhar propriedades comuns. O químico britânico John Alexander Reina Newlands (1837-98) tinha, de modo independente, feito uma observação semelhante em 1864, mas ela foi ignorada.

☞ A TABELA PERIÓDICA:

Mendeleev deu um passo adiante em seu trabalho. Ele desenhou uma "tabela periódica" dos elementos, de acordo com seus pesos atômicos e as propriedades comuns que encontrou nas colunas. Percebeu que, para esse esquema funcionar, era necessário deixar espaços para elementos que ele acreditava que ainda não haviam sido descobertos. Mendeleev conseguiu, no entanto, prever suas prováveis propriedades e mostrou estar correto quando, no decorrer dos anos, o gálio, o escândio e o germânio foram descobertos para preencher as lacunas que ele havia deixado.

Mendeleev também acreditava que alguns pesos atômicos, como o do ouro, haviam sido calculados erroneamente e fez uma nova estimativa de seus detalhes para encaixá-los nessa estrutura. Novamente, medidas mais precisas posteriormente mostraram que as hipóteses de Mendeleev estavam corretas. Ele publicou sua tabela pela primeira vez em 1869. O texto não foi amplamente aceito no início, mas por fim tornou-se o método-padrão de classificar elementos químicos, reestruturando toda a disciplina da Química e ajudando muito os cientistas de todas as áreas a entender as propriedades e o comportamento dos elementos.

### Mendelévio, São Petersburgo e a Tabela:

*Mendeleev previu três elementos a serem descobertos, incluindo o eca-silício e o eca-boro, e sua tabela não incluía nenhum dos gases nobres que na época ainda eram desconhecidos. Mendeleev também investigou a expansão termal dos líquidos e a natureza e a origem do petróleo. Em 1890, renunciou ao seu cargo de professor e, em 1893, tornou-se diretor do Departamento de Pesos e Medidas de São Petersburgo.*

*O elemento com número atômico 101, descoberto em 1955, foi chamado de mendelévio em homenagem ao grande cientista russo que perdeu o Prêmio Nobel de Química em 1906. Ele não ganhou por um voto.*

# Wilhelm Conrad Röntgen

## (1845-1923)

**Cronologia** • *1868 Röntgen defende seu doutorado com a tese* Estados de gases. • *1894 Começa a fazer experimentos com raios catódicos.* • ***8 de novembro de 1895*** *Descobre por acaso os raios X.* • ***28 de dezembro de 1895*** *Revela sua descoberta ao mundo.* • ***1901*** *Torna-se a primeira pessoa a receber o Prêmio Nobel de Física.* • ***1912*** *Os raios X são finalmente entendidos, graças ao trabalho de Max Theodor Felix von Laue.*

Hoje em dia, os usos dos raios X, particularmente nos hospitais, são bem conhecidos do público em geral; mesmo assim, pouco mais de um século atrás, físicos de ponta sequer estavam conscientes de sua existência. Seria necessária uma descoberta, feita por acaso, por um alemão chamado Wilhelm Conrad Röntgen para isso mudar, dando início a um processo que não apenas resultaria na compreensão dos raios X, mas também levaria a um trabalho pioneiro em radioatividade.

☞ RAIOS "X":

Röntgen foi um cientista bem-sucedido muito antes de se deparar com os raios X. Ele era professor de Física na Universidade de Würzburg, na Alemanha, desde 1888, e tinha feito pesquisa em muitas áreas. No entanto, era bastante desconhecido do grande público até que, em 28 de dezembro de 1895, fez a excitante descoberta pela qual seria mais tarde lembrado. Contudo, a história dos raios que Röntgen nomeou "X", por causa de suas propriedades misteriosas, tinha na verdade começado algumas semanas antes, em seu laboratório, em 8 de novembro de 1895. Ele tinha começado a realizar alguns testes que envolviam os poucos conhecidos raios catódicos, quando notou algo estranho. Röntgen sabia que os raios catódicos emitidos pelo aparelho que estava usando podiam viajar apenas alguns centímetros, mas, de repente, percebeu que um outro objeto no quarto escuro ficou iluminado durante o teste. Era uma tela coberta por uma substância chamada platinocianeto de bário e Röntgen percebeu logo que o brilho não podia ter sido provocado pelos raios catódicos, já que o objeto estava a mais de um metro de distância. Ele pensou que talvez isso indicasse algum tipo de radiação não identificada emitida quando os raios atingiam a parede de vidro do aparelho de projeção. Ele então começou a investigar com afinco as propriedades de sua descoberta acidental.

## *Expostos aos raios X de Röntgen, os ossos apareciam como sombras em uma tela*

☞ FOTOS DE OSSOS:

Depois de anunciar sua descoberta para o mundo, ele descobriu várias das propriedades dos raios, incluindo alguns dos fatores que continuariam a ser de utilidade no futuro. Por exemplo, Röntgen descobriu que os raios passavam através de vários tipos de material, incluindo metais, madeira e, o mais importante, membros humanos. Na verdade, os ossos apareciam como sombras em uma tela ou chapa fotográfica, permitindo que se obtivesse uma imagem de raio X delas. Ele também descobriu que os raios viajavam em linhas retas e não tinham sua trajetória desviada por campos elétricos ou magnéticos. Ele estava inseguro, no entanto, acerca do que exatamente os raios eram; eles tinham algumas características em comum com os raios de luz, mas não refletiam ou refratavam como luz. Só em 1912 eles foram completamente entendidos, quando Max Theodor Felix von Laue (1879-1960) mostrou que eram uma forma de radiação eletromagnética, com um comprimento de onda menor do que a luz visível.

☞ APLICAÇÃO MÉDICA:

Os benefícios do raio X na Medicina foram rapidamente levados ao uso comum e, quando melhor entendidos, foram aplicados em outras áreas, tal como o estudo da estrutura molecular e a pesquisa das propriedades dos cristais. Outros cientistas se depararam com um novo fenômeno, produto secundário de suas pesquisas sobre raio X, mais notavelmente Antoine-Henri **Becquerel** (1852-1908), que começou a entender a radioatividade como resultado de suas investigações. Do mesmo modo, foi necessário algum tempo até que os efeitos potencialmente prejudiciais da radiação do raio X fossem entendidos e a saúde de Röntgen fosse afetada por seus experimentos.

Röntgen, no entanto, recebeu o Prêmio Nobel. Em 1901, ele foi a primeira pessoa receber o prêmio de Física em reconhecimento de sua descoberta.

---

### Outras realizações de Röntgen:

*Wilhem Röntgen foi a primeira pessoa a tirar imagens de raio X. Elas incluíam, entre outras coisas, imagens da mão de sua esposa.*

*Depois de sua descoberta, ele precisou de apenas seis semanas para determinar muitas das propriedades do raio X. Esse progresso auxiliou na posterior descoberta da radioatividade.*

*Röntgen também trabalhava e pesquisava em outras áreas científicas: elasticidade, capilaridade, o calor específico dos gases, condução de calor em cristais, piezoeletricidade, absorção de calor por gases e luz polarizada.*

*Infelizmente, como consequência dos seus experimentos, Röntgen e seu técnico foram ambos afetados pelos efeitos nocivos da radiação.*

# THOMAS ALVA EDISON

(1847-1931)

Cronologia: • *1870 A primeira invenção comercialmente bem-sucedida de Edison foi um aparelho que transmitia telegraficamente as cotações da bolsa de valores.* • *1875 Estabelece seu laboratório em Menlo Park.* • *1877 Patenteia o transmissor de carbono, ainda usado nos telefones de hoje.* •*1877 Inventa o fonógrafo.* • *1879 Inventa a primeira lâmpada incandescente comercial.*

Entre as muitas invenções universalmente conhecidas atribuídas a Thomas Edison, está a expressão "O gênio é 1% inspiração e 99% transpiração". Como um resumo da ética de trabalho do homem que a aplicou à sua própria vida, ela não poderia ser mais apropriada.

☞TENTATIVA E ERRO:

Isso não significa diminuir a mente altamente criativa e original que estava na raiz das invenções de Edison. O fato de que sua natureza e abordagem da ciência eram uma antítese completa de quase todo pesquisador e inventor de sua época, deixando de lado métodos teóricos e matemáticos altamente complexos e confiando, com frequência, em experimentos práticos de tentativa e erro, era uma demonstração de gênio por si só. Estudiosos atribuíram o raciocínio singular de Edison a uma série de causas, desde sua falta de educação formal (ele deixou a escola aos 12 anos) até sua perda crescente de audição, que começou aos 14 anos, ficando quase surdo, o que teria permitido que se concentrasse nas suas tarefas sem se distrair. Sua mãe relatou que, desde criança, ele questionava tudo o que aprendia, mas outros atribuem tudo ao "1%".

Edison simplesmente recusava-se a aceitar que as "impossibilidades" não pudessem se tornar fatos sem fazer experimentos, incansavelmente, que o convencessem do contrário. Nas próprias palavras de Edison: "Eu descubro aquilo de que o mundo precisa; aí eu tento inventá-lo". Com 1.093 patentes pedidas apenas por ele ou em conjunto, na época em que parou de fazer invenções, com 83 anos de idade, ninguém duvidava do que Edison disse. Ele foi o inventor mais prolífico que o mundo já conheceu, pedindo uma patente a cada duas semanas desde que começou a trabalhar. Considerando tal declaração, a questão não é como ele mudou o mundo, mas qual das suas invenções mais mudou o mundo.

*"Até o homem criar uma folha, a Natureza pode rir desse conhecimento 'científico'"*

☞ SUA MAIOR OBRA:

Será que foi o fonógrafo, a primeira máquina que gravava o som, projetada e inventada em 1877, surpreendendo o próprio Edison quando realmente funcionou? Talvez tenha sido a primeira lâmpada incandescente comercial, produzida de modo bem-sucedido em 1879, depois de mais de 6 mil tentativas de encontrar o filamento correto, até que ele encontrou a solução em uma fibra de bambu carbonizada. Será que foi a criação da primeira luz elétrica, do sistema de aquecimento, ou do sistema de energia comercial, fornecida por um gerador central para alimentar diretamente casas e centros comerciais – estabelecido por Edison na baixa Manhattan em 1882 – e que, por fim, levou à criação da companhia General Electric? Ou será que foi o desenvolvimento dos aparelhos que gravavam e reproduziam fotos em movimento, o cinetógrafo e o cinetoscópio, respectivamente, disponíveis comercialmente desde 1894, que resultaram nos filmes mudos e na indústria que se seguiu a ele? Há também outras invenções notáveis por si sós: o transmissor de carbono, ainda em uso nos telefones atuais, que tornou os telefones de Bell audíveis o suficiente para exploração prática e comercial; o dictafone, o mimeógrafo, um contador automático de votos, sua primeira invenção patenteada; ou o aparelho que transmitia telegraficamente as cotações da bolsa de valores, sua primeira invenção comercialmente bem-sucedida, vendida em 1870 por 40 mil dólares, o que lhe permitiu financiar a pesquisa que levou às invenções posteriores.

☞ MÉTODO REVOLUCIONÁRIO:

O método revolucionário de Edison de criar centros de pesquisa e desenvolvimento cheios de inventores, engenheiros e cientistas, trabalhando dia e noite em testes e construções, trouxe muitas de suas ideias à realização. Ele começou com o laboratório em Menlo Park, Nova Jersey, em 1876. Esses centros não apenas ajudaram Edison a completar, na prática, suas próprias invenções, mas também mudaram o método de pesquisa e desenvolvimento do resto do mundo dos negócios.

### O legado de Edison:

*Pode-se dizer que ele foi o americano mais conhecido de sua geração; Thomas Edison era considerado lento na escola, em razão de seu problema de audição, e frequentou-a apenas ocasionalmente por cinco anos. Apesar desse início pouco auspicioso, Edison inquestionavelmente mudou o mundo, registrando 1.093 patentes, sozinho ou em conjunto. No entanto, esse inventor prolífico sentiu que havia apenas arranhado a superfície do possível: "Até que o homem crie uma folha", ele disse uma vez, "a natureza pode rir desse suposto conhecimento 'científico'", acrescentando "nós não sabemos nem um milionésimo de 1% de nada".*

# ALEXANDER GRAHAM BELL

(1847-1922)

**Cronologia:** • *1870 Após a morte de dois irmãos de Bell por tuberculose, a família muda-se para o Canadá.* • *1873 Bell torna-se professor de Fisiologia Vocal na Universidade de Boston.* • *1875 Seu telégrafo múltiplo é patenteado.* • *1876 Bell patenteia o telefone.*

Embora Alexander Graham Bell tenha posto em prática a anteriormente irreal ideia da comunicação por meio de um fio antes de chegar aos 30 anos, seu caminho até a invenção do telefone foi, ao menos fisicamente, bastante longo. O escocês, nascido e criado em Edimburgo, recebeu a maior parte de sua educação em casa, com alguma formação limitada à Universidade de Edimburgo e à University College, em Londres. Seu desenvolvimento do telefone, no entanto, aconteceu em Boston, nos Estados Unidos, em 1876. Nesse meio-tempo, ele havia assumido um posto como docente em Elgin, na

Escócia. Foi aí que começou a estudar as ondas sonoras que se mostrariam tão importantes na criação do seu aparelho revolucionário.

✒ EMIGRAÇÃO:

Depois disso, ele trabalhou com seu pai em Londres – como o filho, o pai Bell era uma terapeuta de fala. A tragédia abateu a família pouco depois, com as mortes sucessivas dos seus dois irmãos por tuberculose. Isso funcionou como um estímulo para que os outros membros da família Bell emigrassem para o Canadá, em 1870. Nessa época, porém, Alexander também já havia contraído a doença. Ele se recuperou bem em sua chegada ao Canadá e, em 1871, estava saudável o bastante para ir à cidade americana de Boston, que forneceu o local, o material e o suporte financeiro para sua criação principal. No início, no entanto, ele começou dando uma série de conferências sobre a linguagem do seu pai, o Discurso Visível, um sistema de símbolos fonéticos que permitia aos surdos conversar. Ele continuou seu trabalho com os surdos e, em 1873, assumiu um posto de professor em Fisiologia Vocal na Universidade de Boston.

*O inventor do telefone dedicou boa parte da vida ao trabalho com os surdos*

✒ IDEIAS POSTAS EM PRÁTICA:

Os estudos de Bell sobre ondas sonoras estavam agora em estágio avançado, mas seus experimentos práticos não. Foi talvez mais importante, nesse contexto, seu encontro com o habilidoso faz-tudo Thomas Watson, que ajudaria as ideias teóricas de Bell tornarem-se realidade física com a construção dos projetos do escocês. Watson também levantou dinheiro para financiar o trabalho dos entusiasmados pais de dois de seus estudantes surdos, uma das quais acabaria tornando-se sua esposa, Mabel Hubbard.

✒ ONDAS SONORAS:

Os planos de Bell para a comunicação via voz eram baseados em um único e simples conceito. Ele acreditava que as ondas sonoras que saíam da boca podiam ser convertidas em corrente elétrica, se o aparelho apropriado pudesse ser criado para fazer a conversão. Uma vez que isso estivesse feito, o envio da corrente por um fio seria um trabalho relativamente simples, antes de colocar outro aparelho do lado oposto para reconverter a corrente em som. Depois de vários anos desgastantes trabalhando com Watson para aperfeiçoar o aparelho conversor, ele finalmente conseguiu produzir um exemplar do equipamento que mudaria o mundo, ao menos tanto quanto qualquer outra criação antes ou depois. O telefone de Bell foi patenteado em março de 1876 e, apesar de muitas disputas envolvendo prioridade e direitos autorais fossem se seguir, o escocês marcou seu lugar na história.

Ainda jovem, no entanto, Bell usou o dinheiro conseguido com sua invenção, os prêmios e sua companhia AT&T para financiar a construção de laboratórios de pesquisa. Assim como Thomas Alva **Edison** (1847-1931) mais tarde aprimorou a viabilidade do telefone de Bell por meio de seu transmissor de carbono, também Bell melhorou o fonógrafo de Edison.

Além disso, o inventor escocês também trabalhou, entre outras coisas, com o reconhecimento sonar, máquinas voadoras e o fotófone, outro aparelho transmissor de som, dessa vez utilizando luz como meio de transmissão. O trabalho de Bell com os surdos também teve continuidade, incluindo o desenvolvimento e o aprimoramento dos métodos de ensino, assim como um período gasto na educação da agora famosa estudante surda e cega Helen Keller. Bell também ajudou a estabelecer o periódico internacional *Science*.

### O legado de Bell:

*Para o homem que é mais lembrado por uma invenção que permitiu às pessoas se comunicarem a longas distâncias, usando apenas a voz humana, é talvez um pouco irônico que Alexander Graham Bell tenha dedicado boa parte de sua vida ao trabalho com os surdos.*

*Quando Bell não estava ensinando às pessoas que não podiam ouvir, estava inventando ou sonhando as ideias para suas invenções. Embora o telefone tenha sido de longe a mais bem-sucedida delas, sua paixão o fez se envolver em uma ampla gama de projetos, dos quais muitos não tinham nenhuma relação com sua invenção principal, o telefone.*

# Antoine-Henri Becquerel
## (1852-1908)

> Cronologia: • *1875 Becquerel começa a pesquisar vários aspectos da óptica.* • *1876 Assume um posto como docente na École Polytechnique, em Paris.* • *1888 Obtém seu doutorado na École.* • *1899 Eleito para a Academia Francesa de Ciências.* • *1896 Descobre a radioatividade.* • *1903 Recebe o Prêmio Nobel de Física, em conjunto com Marie e Pierre Curie.*

A descoberta de Wilhelm Conrad **Röntgen** dos raios X, por volta do fim de 1895, iniciaria uma série de investigações sobre as propriedades do novo fenômeno. Um dos que foi estimulado pela descoberta de Röntgen foi o francês Antoine-Henri Becquerel. Enquanto tentava fazer maiores pesquisas sobre os raios X, em 1896, ele se deparou com o que agora é conhecido como radioatividade, abrindo todo um novo caminho para a pesquisa científica.

☞ O ENGENHEIRO:

É claro, na época da descoberta em que é lembrado, Becquerel já era um cientista bem estabelecido, vindo de uma família notável por suas realizações científicas. Seu avô e seu pai eram físicos respeitados e ambos tinham conseguido postos como docentes em Física no Museu Francês de História Natural, algo que Antoine-Henri também conseguiria mais tarde. Na verdade, seu próprio filho, Jean (1878-1953), continuaria a tradição da família ao seguir o mesmo caminho.

Assim como seus predecessores imediatos, Antoine-Henri estudou na École Polytechnique em Paris, e também na Escola de Pontes e Estradas, em engenharia e ciências. Não foi surpresa, portanto, que Becquerel acabasse se tornando engenheiro-chefe do Departamento de Pontes e Estradas. Todavia, ele trabalhava paralelamente em sua carreira de ciência, mantendo muitos postos acadêmicos. O mais notável deles veio em 1895, quando Becquerel tornou-se catedrático de Física na École Polytechnique e, novamente, seguindo os passos do pai e do avô, recebeu a honra de se tornar membro da prestigiosa Académie des Sciences em 1889, em reconhecimento aos seus esforços científicos. No entanto, ainda faltava a Becquerel seu "grande feito", a realização que marcaria seu lugar na história da ciência. É quase certo que ele não fizesse a menor ideia de que suas inofensivas pesquisas sobre raio X o levariam até lá.

## *Ao investigar os raios X, em 1896, Becquerel se deparou com o fenômeno da radioatividade*

☞ UMA HIPÓTESE INSPIRADA:

A inovação do francês começou com uma única hipótese. Becquerel acreditava que havia uma possibilidade de os raios X de Röntgen serem também responsáveis pelo brilho ou "fluorescência", notada em algumas substâncias após sua exposição ao Sol. Se esse fosse o caso, ele deduziu, os raios deixariam uma impressão em uma chapa fotográfica coberta, passando pela proteção, como Röntgen havia demonstrado. Becquerel começou o experimento baseado nisso. Aconteceu que uma das substâncias "fluorescentes", na qual ele era particularmente especialista, era o urânio, cuja composição havia pesquisado. Então, era natural que Becquerel usasse tal composto em seus experimentos e descobriu que, após a exposição à luz do sol, o material realmente marcava a chapa fotográfica.

Foi quando Becquerel guardou seu equipamento, no entanto, que sua descoberta realmente excitante aconteceu. Depois de vários dias no escuro, ele pegou seu aparato novamente, agora não mais fluorescente, e ficou admirado ao descobrir que o composto de urânio, mesmo após ausência prolongada de luz, ainda liberava radiação suficiente para deixar uma impressão sobre a chapa fotográfica coberta (também guardada ao lado do composto). Ele rapidamente percebeu que esse resultado não havia sido provocado por raios X, mas por um fenômeno novo para o qual ele não tinha nenhuma explicação razoável, mas que acontecia independentemente de qualquer emissão de luz solar. A investigação mais detalhada isolaria o urânio como a causa da "radioatividade", um nome dado ao fenômeno não por Becquerel, mas por Marie **Curie** (1867-1934), famosa por suas pesquisas posteriores no assunto. Becquerel recebeu, junto com Marie Curie e seu marido Pierre Curie (1859-1906), o Prêmio Nobel de Física em 1903 por seu trabalho com radioatividade. A unidade SI de radioatividade, o becquerel, tem esse nome em homenagem ao francês.

### Outras realizações:

*A importância da descoberta fortuita de Becquerel não foi percebida de imediato e só quando os Curie voltaram ao assunto, em 1898, que seu potencial e impacto foram entendidos pela primeira vez. Uma observação importante, que o próprio Becquerel faria mais tarde, era a possibilidade de utilizar materiais radioativos na Medicina, após ter se queimado com um pouco de rádio que estava em seu bolso, em 1901. O desenvolvimento posterior resultaria no uso da radioterapia, tão comum no tratamento do câncer hoje em dia.*

# Paul Ehrlich
## (1854-1915)

> Cronologia: • *1882 Robert Koch descobre o bacilo da tuberculose.* • *1885 Das Sauerstoff-Bedürfniss des Organismus (A necessidade de oxigênio do organismo) é publicado.* • *1892 Ehrlich mostra que as mães passam anticorpos por meio da amamentação.* • *1908 Recebe o Prêmio Nobel da Medicina (em conjunto com Élie Metchnikoff).* • *1909 Descobre um composto de arsênico que combate a sífilis.*

Depois do trabalho de Edward **Jenner** (1749-1823) e de Louis **Pasteur** (1822-95), o papel e o valor das vacinas já eram amplamente reconhecidos na luta contra as doenças. No início do século XX, no entanto, restavam muitas outras doenças fatais sem tratamento. Os cientistas começaram a procurar por meios alternativos de domar a doença. Um que foi particularmente bem-sucedido e que, no processo, fundou um novo caminho de descoberta de curas foi o alemão Paul Ehrlich.

### ☞ O PRINCÍPIO DA COLORAÇÃO:

No início da sua carreira, Ehrlich ficou profundamente impressionado pelo desenvolvimento de uma nova descoberta de "colorir" células, destacando-as na observação pelo microscópio. Alguns dos corantes coloriam apenas alguns tipos particulares de microrganismos e Ehrlich auxiliou na criação de um que iluminava o bacilo da tuberculose, descoberto por Robert Koch (1843-1910) em 1882. Essa foi uma realização importante por si só, tornando-se uma técnica amplamente utilizada no diagnóstico da tuberculose.

## *A "bala mágica" de Ehrlich tornou-se uma cura para doenças como tuberculose e sífilis*

### ☞ A BALA MÁGICA:

Os princípios da coloração permaneciam centrais para o resto do trabalho realizado por Ehrlich durante sua carreira e forneceriam inspiração para a conquista pela qual ele é mais lembrado. A partir de cerca de 1905, Ehrlich começou a pesquisar, em todos os aspectos, sua hipótese de que se um corante podia atingir apenas as bactérias nocivas (como ele havia provado com seu trabalho sobre tuberculose), então talvez outros compostos químicos poderiam agir de maneira semelhante. Em vez de iluminar os microrganismos causadores de doenças, no entanto, ele esperava que eles pudessem matá-las. O componente químico que se tornaria base para a comprovação da teoria de Ehrlich seria o arsênico. Esse era um elemento potencialmente fatal para os humanos, mas em alguns compostos ele podia ser utilizado com eficácia para matar bactérias, sem muitos efeitos colaterais nocivos. Ehrlich, por fim, completou os bem-sucedidos testes da "bala mágica" como tratamento de doenças em 1909. Um composto baseado em arsênico, que ele vinha testando, atacou e matou o organismo que causava sífilis. No ano seguinte, ele lançou seu tratamento sob o nome de Salvarsan e foi bastante popular no combate da doença, uma moléstia difundida e desagradável que frequentemente resultava em loucura e morte. Além disso, a técnica que Ehrlich havia empregado foi vista como a fundação da quimioterapia, o tratamento de doenças pelo uso de compostos sintéticos que localizam e destroem os organismos que causam a doença. Esse método continuaria a ter importância vital no combate de muitas outras doenças, principalmente das células cancerígenas.

### ☞ UM PRÊMIO NOBEL:

Entre sua pesquisa sobre técnicas de contraste e a cura para sífilis, Ehrlich também recebeu em conjunto um

Prêmio Nobel de Medicina (em 1908) por outra descoberta. Entre 1889 até o fim do século, ficou profundamente envolvido com imunologia e foi por isso que recebeu o prêmio. Ele é muitas vezes considerado o fundador dos métodos modernos nessa área da ciência, por sua abordagem sistemática e quantitativa na tentativa de compreendê-la. Ele expôs teorias sobre como o sistema imunológico funcionava e o papel dos anticorpos. Também realizou uma série de experimentos criados para medir a força crescente do sistema imunológico em animais, após exposição repetida a diferentes tipos de bactérias causadoras de doenças. Isso levou a inovações na preparação dos tratamentos de difteria e no desenvolvimento de técnicas de avaliação de sua eficácia. Na verdade, foi seu posterior reconhecimento da limitação desses tipos de cura que levaria Ehrlich diretamente ao seu novo método de quimioterapia.

### O legado de Ehrlich:

*Em nosso mundo moderno, com acesso imediato à penicilina e a outros antibióticos, é fácil esquecer o enorme impacto que as doenças, como varíola e tuberculose, tinham nas sociedades antepassadas. Doenças que agora estão completamente erradicadas podiam provocar uma morte infeliz, até cinquenta anos atrás. Esse, com certeza, era o caso da tuberculose. No seu obituário, o* London Times *fez uma homenagem à realização de Ehrlich, que abriu novas portas ao desconhecido, reconhecendo que "o mundo todo deve a ele".*

# NIKOLA TESLA

(1856-1943)

> Cronologia: • *1883 Tesla inventa o motor de indução.* • *1884 Chega sem um tostão aos Estados Unidos.* • *1885 A Westinghouse Electric compra os direitos das invenções de Tesla sobre correntes alternadas.* • *1891 Inventa a "bobina de Tesla".* • *c. 1899 Descobre as ondas estacionárias terrestres.* • *1917 Tesla recebe a Medalha Edison.*

Poucos contemporâneos de Thomas **Edison** (1847-1931) competiram com ele e ganharam, mas um homem que pode declarar tal coisa foi um dos empregados do grande inventor americano. Nikola Tesla, um excêntrico engenheiro elétrico, nascido na atual Croácia, mas que emigrou para os Estados Unidos em 1884, foi empregado por Edison assim que chegou no novo país. Personalidades opostas e ideias conflitantes sobre eletricidade fizeram que o relacionamento fosse curto, dando início a uma amarga disputa que, por fim, mudaria o modo como o mundo recebia boa parte de sua energia.

☞ UM MODO DE TRANSPORTAR ELETRICIDADE:

A história começa cedo, no entanto, ainda na Europa. A brilhante, excêntrica e muitas vezes perturbada mente de Tesla era notável desde criança. Embora ele não tenha vindo de uma família acadêmica, havia uma linha de inventores em sua ascendência e seu pai trabalhou com afinco para desenvolver a capacidade mental de Tesla. Apesar das interrupções de sua educação primária, em razão de doenças frequentes e de um trauma sério provocado pela morte de seu irmão mais velho, Dane, Tesla progrediu até a formação superior, conseguindo uma vaga na Universidade de Graz, na Áustria.

Enquanto estava na universidade, Tesla pôde observar demonstrações de geradores e motores elétricos existentes e começou a pensar em maneiras melhores de criar e transportar eletricidade. Ele mais tarde teve a ideia que envolvia um campo magnético rotativo em um motor de indução que geraria uma "corrente alternada" (hoje conhecida como AC). A maior parte da eletricidade criada na época para uso em residências, escritórios e fábricas envolvia uma corrente contínua (DC) que tinha suas limitações, particularmente os custos de sua geração, sua dificuldade de ser transportada por longas distâncias e sua necessidade de um comutador. Por outro lado, Tesla mais tarde provaria que sua corrente alternada podia viajar de modo seguro, eficiente e barato ao longo de grandes distâncias. Sua invenção de um motor de indução, seguida de suas ideias anteriores, de 1883, foi o primeiro grande passo nesse caminho. Seu próximo passo seria vendê-lo.

*A ideia de transmissão da eletricidade sem fios tornou-se um interesse posterior de Tesla*

☞ AC OU DC?

Tesla decidiu emigrar para a América, chegando sem um tostão, mas logo arranjou emprego ao utilizar suas habilidades em engenharia elétrica. Edison empregou-o, desentendeu-se com Tesla e se livrou dele em um ano. No entanto, o rival de Edison, George Westinghouse, cortejou Tesla. Em 1885, sua empresa, a Westinghouse Electric, comprou os direitos das invenções de Tesla sobre a corrente alternada e teve início uma guerra de eletricidade. Edison e outros acreditavam e, mais importante, tinham interesse comercial na corrente contínua e queriam fazer dela um sucesso. Ela já era o meio-padrão de gerar e estocar eletricidade. Westinghouse e Tesla acreditavam que seu método era, em última instância, mais apto à tarefa e lutaram para promovê-la. Apesar das tentativas de Edison de estragar a reputação da corrente alternada, declarando-a insegura (o que

Tesla mais tarde refutaria com grandiosas demonstrações, acendendo lâmpadas apenas com seu corpo, permitindo que a corrente alternada passasse por ele), os maiores benefícios da corrente alternada foram logo percebidos. Com a invenção posterior de transformadores melhores para seu transporte, a corrente alternada tornou-se o padrão, com o uso da corrente contínua sendo aos poucos confinado a aplicações específicas. Isso se mantém até hoje.

☞ A BOBINA DE TESLA:

Em 1891, Tesla utilizou seu conhecimento para inventar a "bobina de Tesla", que era ainda mais eficiente na produção de corrente alternada de alta frequência. Ela tinha muitas aplicações e até hoje é amplamente utilizada no rádio, na televisão e na maquinaria elétrica. Utilizando isso e sua descoberta, na virada do século, das "ondas estacionárias terrestres", que basicamente indicavam que o planeta Terra podia ser utilizado como condutor elétrico, ele realizou algumas demonstrações espetaculares. Tesla gerou "raios" de mais de 30 metros de comprimento e, uma vez, acendeu 200 lâmpadas, que não tinham fios, espalhadas por mais de 40 quilômetros. Na verdade, a ideia da transmissão difundida de eletricidade, sem uso de fios, tornou-se uma área de interesse particular para Tesla na última fase de suas pesquisas. O "tesla", a unidade SI de densidade de fluxo magnético, tem esse nome em sua homenagem.*

> Outras realizações:
>
> *Tesla também foi um inventor prolífico. Suas invenções incluíam: o repetidor de telefone, o princípio do campo magnético rotativo, o sistema polifásico de corrente alternada, o motor de indução, a transmissão de energia da corrente alternada, o transformador "bobina de Tesla", a comunicação sem fio, o rádio, as luzes fluorescentes e mais de 700 outras patentes.*

---

*N.E.: Sugerimos a leitura de *As Fantásticas Invenções de Nikola Tesla*, de David Hatcher Childress e Nikola Tesla, Madras Editora.

# *Sir* John Joseph Thomson
## (1856-1940)

> **Cronologia:** • *1860 Thomson entra na Universidade de Manchester com 14 anos de idade.* • **Abril de 1897** *Anuncia sua descoberta dos elétrons.* • *1906 Recebe o Prêmio Nobel de Física.* • *1908 Thomson é nomeado cavaleiro.*

Por volta da virada do século XX, uma época em que muitos físicos acreditavam que a maior parte das descobertas importantes em sua área já havia sido feita, o inglês John Joseph Thomson chegou e acabou com qualquer ideia desse tipo.

Com outras questões científicas, o século XIX tinha esclarecido muito da confusão envolvendo a teoria atômica. Os cientistas acreditavam, por exemplo, que agora entendiam a maior parte das propriedades e tamanhos dos átomos contidos nos elementos; sem dúvida, o hidrogênio era o menor de todos. Então, quando "J. J." Thomson anunciou a descoberta de uma partícula que tinha um milésimo da massa do átomo do hidrogênio, balançou o mundo científico.

☞ O DEBATE DO RAIO CATÓDICO:

Tendo começado cedo, Thomson frequentava as aulas de Física teórica – um assunto novo na época e que não era oferecido em todas as universidades – na Universidade de Manchester, quando ele tinha apenas 14 anos. Sua descoberta mais importante aconteceu quando mantinha uma cadeira no agora famoso Laboratório Cavendish, em Cambridge, um posto que Thomson havia assumido em 1884 e manteve até 1919. Ele tinha decidido investigar as propriedades dos raios catódicos, agora conhecidos como um simples feixe de elétrons, mas que na época eram objeto de um debate difundido entre os cientistas. Os raios eram visíveis, como luz comum, mas claramente não eram luz comum. Eram eles por acaso algum tipo de raio X? A maioria achava que não. Para esclarecer o debate, Thomson realizou uma série de experimentos que fariam medições nesses raios catódicos para explicar sua natureza.

*Em vez de "corpúsculo", as minúsculas partículas carregadas negativamente foram rebatizadas de "elétrons"*

☞ MEDINDO A MASSA DAS PARTÍCULAS:

Os raios eram criados ao se passar uma carga elétrica em um tubo sem ar ou gás. Ao aprimorar o vácuo no tubo, Thomson demonstrou rapidamente que os raios podiam ser defletidos por campos elétricos ou magnéticos, um resultado que não havia sido observado antes.

A partir disso, ele concluiu que os raios eram compostos de partículas, não de ondas. Thomson então viu que as propriedades dos raios tinham carga negativa e não pareciam ser específicas de nenhum elemento; na verdade, elas eram as mesmas independentemente do gás usado para transportar a descarga elétrica ou do metal usado no cátodo. Thomson criou um meio de medir a massa das partículas e descobriu que elas eram cerca de um milésimo do peso de um átomo de hidrogênio. A partir dessas descobertas, ele concluiu que os raios catódicos eram simplesmente feitos de um feixe de "corpúsculos" e, algo mais importante, que esses corpúsculos estavam presentes em todos os elementos. Ele anunciou sua descoberta da partícula subatômica em abril de 1897 e, no processo, abriu caminho para todo um novo ramo da pesquisa científica.

As conclusões de Thomson foram logo amplamente aceitas, mas sua terminologia, não. Em vez da palavra "corpúsculo", as minúsculas partículas negativamente carregadas foram rebatizadas de "elétrons" e tornaram-se parte fundamental na compreensão da ciência atômica desde então.

☞ O LABORATÓRIO CAVENDISH:

A posição de Thomson no Laboratório Cavendish demandava que ele se envolvesse em uma série de outros projetos importantes de Física, mais notavelmente os que envolveram a descoberta de certos isótopos, que auxiliaram no desenvolvimento do espectrógrafo de massa. Ele foi um excelente professor e líder, tendo papel vital no desenvolvimento da reputação que o laboratório obteria como primeira autoridade mundial no estudo da Física. Sete de seus alunos ganharam prêmios Nobel e o próprio Thomson recebeu o prêmio de Física em 1906, assim como o título de cavaleiro em 1908: tudo isso de um homem cuja intenção inicial era tornar-se engenheiro! Thomson estudou ciência porque não tinha condições de pagar a taxa para se tornar aprendiz de engenheiro – seu pai havia morrido em 1872. Foi um capricho do destino pelo qual a Física seria eternamente grata.

### Outras realizações:

*Embora haja muitos candidatos para o título de Pai da Física Moderna, John Joseph Thomson é provavelmente o melhor. Foi a descoberta do elétron, feita por Thomson em 1897, que abriu caminho para uma nova forma de se enxergar o mundo. Não apenas a matéria era composta de partículas sequer visíveis com um microscópio eletrônico moderno (como os cientistas de Demócrito a Dalton haviam previsto), mas aparentemente essas partículas eram compostas de componentes ainda menores. Com Thomson, a descoberta dessas partículas levantou questões sobre a estrutura da matéria, que permanecem sem resposta até hoje.*

# SIGMUND FREUD

(1856-1939)

> **Cronologia:** • *1886 Freud abre sua clínica particular em Viena.* • *1895 Estudos sobre histeria é publicado.* • *1896 Cria o termo "psicanálise".* • *1899 A interpretação dos sonhos é publicada.* • *1905 Três ensaios sobre a teoria da sexualidade é publicado.* • *1923 O ego e o id é publicado.*

O impacto popular de Sigmund Freud permanece profundo mesmo hoje. Ainda assim, para um cientista que mudou o mundo, alguns críticos argumentariam que seus métodos eram, na melhor das hipóteses, não científicos e, na pior, simplesmente descuidados. Na verdade, especialistas posteriores do campo da Psicologia e da Psiquiatria há muito tempo desacreditaram nas várias das conclusões de Freud, mas ainda assim a influência do austríaco é difundida. Quaisquer que sejam os erros e os acertos de suas deduções "científicas", Sigmund Freud permanece a figura com a qual os que trabalham na mesma área devem se comparar e competir.

☞ INÍCIO NA MEDICINA:

A entrada de Freud na ciência foi bem menos controversa. Ele começou estudando Medicina na Universidade de Viena, em 1873, e chegou a obter um posto em um hospital na mesma cidade, em 1882. Foi o tempo em que passou trabalhando com o neurologista francês Jean-Martin Charcot (1825-93) em Paris, a partir de 1885, no entanto, que o colocou no caminho de sua carreira futura. Ali ele trabalhou com pacientes que sofriam de histeria e começou a analisar as causas de seu comportamento. Uma pesquisa adicional, feita com Josef Breuer, em Viena, durante o início da década de 1890, ajudou-o a desenvolver a base de todo o seu trabalho futuro, que culminou na publicação de *Estudos sobre histeria*, em 1895.

## "A interpretação dos sonhos é o caminho nobre para as atividades inconscientes da mente"

☞ A IDEIA DA "LIVRE ASSOCIAÇÃO":

Em comum com as opiniões geralmente mantidas na época, no centro das conclusões de Freud estava uma crença de que a doença mental era normalmente psicológica, mais do que uma doença física cerebral. Uma vez que se tivesse aceito essa hipótese, a introdução de Freud da ideia de "psicanálise" para diagnosticar as causas da desordem mental (e, na verdade, para explicar todo o comportamento mental) era lógica. Um dos instrumentos inovadores que ele desenvolveu para ajudar nisso foi a ideia de "livre associação". Em vez de hipnotizar as pessoas, como era comum, Freud defendeu esse método, segundo o qual os pacientes expressavam pensamentos ou ideias que surgiam em seu consciente, sem reflexão ou análise anterior.

☞ A TEORIA DO SONHO:

Com isso, Freud acreditava que podia ter uma visão do "inconsciente" de um paciente e, em particular, dos pensamentos e emoções "reprimidos" (frequentemente relacionados a experiências negativas do passado) que sua "consciência" impedia de se articular ou se manifestar. Para Freud, fazer um paciente entender e reconhecer seus desejos reprimidos era um caminho para a terapia e, por fim, para o tratamento da desordem mental. Ele também acreditava que os sonhos ofereciam um maior vislumbre dos pensamentos reprimidos mantidos no inconsciente. Na verdade, seu trabalho mais famoso, que estabeleceu seu método revolucionário, foi intitulado *A interpretação dos sonhos*, publicado em 1899.

Embora muitos críticos pudessem tolerar, ainda que não necessariamente concordassem com as interpretações de Freud até esse ponto, ele causou tumulto com seu livro de 1905, *Três ensaios sobre a teoria da sexualidade*. Suas conclusões incluíam a explicação de que a maior parte do comportamento reprimido era, em essência, a supressão dos impulsos sexuais e, o que foi mais chocante, que essa atividade tinha início na infância. Foi aí que ele introduziu o agora famoso conceito do Complexo de Édipo, uma expressão usada por Freud para descrever os sentimentos de atração sexual de uma criança por seu genitor do sexo oposto e hostilidade pelo do mesmo sexo. Essa fase, disse Freud de modo especulativo na melhor das hipóteses, era vivida por todas as crianças.

Gradualmente, no entanto, as análises de Freud ganhariam credibilidade, não necessariamente de todos e, decerto, na década de 1920, elas já haviam entrado no consciente popular em escala global. Ele escreveu muitos outros textos, incluindo o livro de 1923 *O ego e o id*. Fred redefiniu o "inconsciente" como "id", uma coleção intangível de impulsos básicos, tal como os instintos e emoções presentes na mente desde o nascimento. Com a experiência, a vivência e a formação, aspectos do id gradualmente ajudariam a formular o "ego" de uma pessoa.

### Freud por nome, freudiano por natureza:

*O legado de Freud permanece tão forte na linguagem, que ele contribuiu mais para ela, no mundo moderno, do que para qualquer outra coisa. Os termos que ele criou ou cujo significado alterou para dar-lhes nosso agora entendimento comum incluem: psicanálise, livre associação, id, ego, neurose, repressão, Complexo de Édipo e, é claro, o ato falho. O método estruturado e sistemático que ele criou para analisar um objeto inerentemente difícil de quantificar também se fez presente no trabalho de seus sucessores nessa área.*

# Heinrich Rudolf Hertz
## (1857-1894)

**Cronologia:** • *1878 Hertz começa seu doutorado na Universidade de Berlim.* • *1880 Torna-se doutor.* • *1885 Nomeado professor de Física na Faculdade Técnica de Karlsruhe.* • *1888 Descobre as ondas do rádio.*

Hertz veio de uma família abastada e realizou seus estudos superiores inicialmente na Universidade de Munique. Em 1878, começou seu doutorado na Universidade de Berlim, o qual ele completou em 1880, com apenas 23 anos de idade. Em 1885, era professor de física na Faculdade Técnica de Karlsruhe, assumindo um posto semelhante na Universidade de Bonn, em 1889. Ele já tinha completado seu trabalho mais memorável nessa época e, em apenas cinco anos, morreu de septicemia.

## ☞ TESTANDO AS HIPÓTESES DE MAXWELL:

Os experimentos pelos quais Hertz tornou-se famoso foram realizados em 1888. Ele desenvolvera-os por cerca de três anos, mas estava pensando neles, ao menos teoricamente, havia muito mais tempo. Seu orientador, enquanto fazia seu doutorado, sugerira, em 1879, um trabalho investigativo experimental do objeto que Hertz, por fim, acabou examinando, mas foram necessários vários anos até que o alemão obtivesse o equipamento e as condições necessárias para realizar os testes. Sua base era um interesse na hipótese vital de James Clerk **Maxwell** de que havia, certamente, outras formas de radiação eletromagnética, que tinham comportamento semelhante às infravermelha, ultravioleta e luz visível normal, que eram desconhecidas na época e que seriam descobertas posteriormente. Hertz imaginou que, caso isso fosse verdade, ele poderia procurar essas ondas com experimentos, por meio da criação de um aparelho que detectasse certo tipo de radiação eletromagnética. Ele projetou uma máquina que continha um circuito de eletricidade, mas com uma lacuna, por onde uma faísca atravessaria quando ele decidisse fechar o circuito. Pensou que se a teoria de Maxwell estivesse correta, o equipamento apropriado reconheceria ondas eletromagnéticas distribuídas pela faísca e, então, construiu algo semelhante a uma antena. Colocou esse aparelho do outro lado da sala, em frente do circuito que soltava a faísca e a antena detectou ondas de modo bastante seguro. Chamou as ondas de "ondas hertzianas", mas o que ele havia descoberto, na verdade, eram as ondas de rádio, como elas ficaram conhecidas mais tarde.

*O nome "hertz" é familiar hoje em dia para qualquer um que procure estações no rádio*

## ☞ A VELOCIDADE DAS ONDAS DE RÁDIO:

Uma maior investigação experimental mostrou que essas ondas de rádio tinham exatamente as propriedades que Maxwell havia previsto. Primeiro, como outras formas de radiação eletromagnética, elas viajavam na velocidade da luz. Elas podiam ser refletidas e refratadas e vibravam como as outras ondas. Na verdade, além de serem importantes como fenômenos recém-descobertos por si sós, a descoberta de Hertz das ondas de rádio e de suas propriedades era também essencial por comprovar experimental e conclusivamente que Maxwell estava correto ao sugerir que as ondas de luz e de calor eram apenas formas de radiação eletromagnética.

## ☞ UMA DESCOBERTA INÚTIL?

O alemão não percebeu imediatamente, no entanto, a verdadeira importância de seus resultados experimentais, além do fato de que eles provavam que a teoria de Maxwell estava correta. Quando perguntaram que aplicação física poderia ter sua descoberta, Hertz respondeu, "ela não tem nenhuma utilidade. Isso é apenas um experimento que prova que o mestre Maxwell estava certo. Nós simplesmente temos essas misteriosas ondas eletromagnéticas que não podemos ver a olho nu, mas elas estão aí". Outros, no entanto, não aceitaram essa conclusão tão facilmente, e quando Hertz publicou os métodos e resultados de seus experimentos, eles começaram a procurar uma maneira de explorar essas ondas de rádio.

## ☞ O DESENVOLVIMENTO DE MARCONI:

Infelizmente, Hertz não viveu o bastante para ver o uso prático que um dos homens inspirados pelo seu trabalho, Guglielmo **Marconi** (1874-1937), faria de sua descoberta. O irlandês-americano transmitiu sinais de rádio por distâncias cada vez maiores no fim do século e conseguiu enviar um sinal que atravessou o Atlântico em 1901.

### O legado de Hertz:

*Seu sobrenome é familiar no mundo todo até hoje. Para homenagear as realizações de Heinrich Rudolf Hertz, a unidade SI de frequência recebeu o nome de hertz. Na verdade, o fato de as pessoas se depararem com seu nome ao ligar o rádio é indicativo da importância de sua realização. O que talvez seja menos conhecido é o fato de que o físico alemão realizou tudo isso quando era muito jovem. Ele faleceu com apenas 36 anos de idade.*

# MAX PLANCK
## (1858-1947)

> **Cronologia:** • *1892 Planck é nomeado professor de Física Teórica na Universidade de Berlim.* • *1º de janeiro de 1900 Primeira enunciação pública da teoria quântica.* • *1900* "Sobre a teoria da lei de distribuição de energia no espectro contínuo" *é publicado.* • *1918 Planck recebe o Prêmio Nobel de Física.*

Quando a era científica "moderna" realmente começou? Ao longo do século XIX, houve muitos progressos em todos os aspectos da ciência dos quais se pode dizer que formaram uma nova base. Para a Física, no entanto, a resposta é fácil: 1º de janeiro de 1900. Foi nesse dia que o alemão Max Planck fez a primeira enunciação pública, ainda que para seu filho, da teoria quântica. Essa ideia abandonava completamente as hipóteses feitas na Física clássica, fundando toda uma nova era.

☞ TEORIA QUÂNTICA:

De certa forma, Planck se deparou com o conceito que mudaria o mundo científico por um acaso. Ele havia realizado trabalho teórico em termodinâmica e foi sua busca de uma resposta hipotética para um problema inexplicável em Física na época que levou a uma solução de consequências reais. O alemão, como muitos outros cientistas antes dele, vinha buscando fórmulas para a radiação liberada por um corpo em alta temperatura. Ele sabia que ela deveria ser expressável por uma combinação da frequência da onda e da temperatura, mas o comportamento "irregular" dos corpos quentes tornava difícil uma formulação coerente. Para uma forma teoricamente perfeita de tal matéria, conhecida como "corpo negro", os físicos não conseguiam predizer a radiação que ele emitiria em uma fórmula científica simples. Cientistas anteriores tinham encontrado expressões que estavam de acordo com o comportamento dos corpos quentes em frequências altas e outros encontraram uma equação completamente diferente para mostrar sua natureza em frequências baixas. Nenhuma, no entanto, que se adequasse a todas as frequências e que simultaneamente obedecesse às leis da Física clássica podia ser encontrada.

*Planck deparou-se com o conceito que mudaria o mundo científico por acaso*

☞ A CONSTANTE DE PLANCK:

Não que tal enigma perturbasse Max Planck. Pelo contrário, ele resolveu encontrar uma fórmula teórica que funcionasse matematicamente, mesmo se ela não refletisse as leis físicas conhecidas. A resposta que ele logo encontrou era relativamente simples: a energia emitida podia ser expressa como uma multiplicação direta da frequência por uma constante que se tornou conhecida como "constante de Planck" ($6,6256 \times 10^{-34}$ Js). Isso, porém, funcionava apenas com múltiplos de números inteiros (1, 2, 3, etc.), o que significava que, para a fórmula ter qualquer uso prático, devia-se aceitar a hipótese radical de que a energia era liberada apenas em "porções" distintas não divisíveis, conhecidas como quanta ou, para uma única porção de energia, um quantum. Até esse momento, presumia-se que a energia era emitida em uma corrente contínua, então a ideia de que ela só podia ser liberada em quanta pareceu ridícula. Ela contradizia completamente a Física clássica. A explicação de Planck, no entanto, adequava-se ao comportamento da radiação liberada de corpos quentes. Além disso, os quanta individuais de energia eram tão pequenos que, quando emitidos nos grandes níveis cotidianos da natureza, parecia lógico que a energia aparentasse fluir em uma corrente contínua.

⌒NASCIMENTO DE UMA TEORIA:

Dessa forma, a Física clássica foi posta em dúvida e a teoria quântica nasceu. Planck anunciou seus resultados para um público maior em seu artigo de 1900, "Sobre a teoria da lei de distribuição de energia no espectro contínuo". Ele, naturalmente, causou comoção, mas quando Albert **Einstein** conseguiu explicar o efeito "fotoelétrico", em 1905, aplicando a teoria de Planck e, de forma semelhante, Niels **Bohr** em sua explicação da estrutura atômica, em 1913, a ideia repentinamente deixou de parecer tão ridícula. A ideia abstrata podia realmente explicar o comportamento de fenômenos físicos e, consequentemente, Planck foi rapidamente elevado ao *status* do cientista mais importante da Alemanha. Ele recebeu o Prêmio Nobel de Física por sua descoberta em 1918.

### Da Física Clássica à Mecânica Quântica:

*A Física clássica de Newton e Galileu nos fornece leis capazes de explicar o mundo comum e cotidiano ao nosso redor. No entanto, experimentos realizados no início do século XX começaram a produzir resultados que não podiam ser explicados pela Física clássica. Um exemplo foi a descoberta de que, se os elétrons de um átomo orbitassem um núcleo da maneira prevista pela Física clássica, eles colidiriam com o núcleo em pouco tempo e o átomo deixaria de existir. Como esse claramente não era o caso, ficou evidente que era necessário encontrar outra maneira de lidar com partículas atômicas e subatômicas. Essa descoberta, em conjunto com a teoria quântica de energia, levou ao desenvolvimento da mecânica quântica.*

# LEO BAEKELAND

(1863-1944)

> Cronologia: • *1863 Baekeland nasce em Ghent, Bélgica.* • *1887 Nomeado professor de Física e Química em Bruges.* • *1888 Retorna para Ghent para ser professor assistente de Química.* • *1889 Frustrado com a vida acadêmica, Baekeland estabelece-se nos Estados Unidos, durante sua lua-de-mel.* • *1899 A primeira empresa de Baekeland, uma fábrica de papel fotográfico, é comprada pela Kodak por 1 milhão de dólares.* • *1909 Cria a General Bakelite Company (GBC).* • *1939 A GBC torna-se subsidiária da Union Carbide and Carbon Corporation.*

Baekeland trabalhou, no início, como químico fotográfico e, em 1891, abriu seu próprio laboratório de consultoria. Em 1893, ele começou a fabricar papel fotográfico, que chamou de Velox e, seis anos depois, sua empresa foi comprada pela Kodak Corporation por 1 milhão de dólares. Agora, financeiramente independente, Baekeland retornou à Europa para estudar no Instituto Técnico de Charlottenburg.

Ao longo do século XIX e no século XX, os Estados Unidos tornaram-se cada vez mais influentes em muitas áreas. Seu impacto no mundo da ciência não foi uma exceção. O país era também renomado por encorajar empreendimentos – qualquer um que combinasse talento para originalidade científica com um tino para os negócios não apenas tinha uma grande chance de descobrir algo que mudaria o mundo, como também poderia se tornar incrivelmente rico com isso! O imigrante belga de nascimento, Leo Hendrick Baekeland, foi um químico desse tipo. Ele correu atrás do sonho americano e foi recompensado de maneira bastante generosa.

## *Baekeland correu atrás do sonho americano e foi recompensado de maneira bastante generosa*

☞ FAZENDO PLÁSTICO:

A criação pela qual Baekeland é mais lembrado e, certamente, aquela que teria maior impacto no mundo moderno foi seu desenvolvimento do primeiro plástico sintético de uso difundido, um produto que teria muitas aplicações futuras. Sua jornada de descoberta começou em 1905. Baekeland começou a realizar experimentos químicos depois de retornar para os Estados Unidos, após um período de estudo na Europa, no Instituto Técnico de Charlottenburg. Ele tinha decidido tentar produzir uma versão sintética da goma-laca: placas finas criadas pelo derretimento de laca de carmim natural. Para esse propósito, ele escolheu trabalhar com um produto do formaldeído e do fenol descoberto havia mais de 30 anos, mas que nunca fora comercialmente desenvolvido. O cientista percebeu rapidamente que sua busca por goma-laca sintética era uma causa perdida. Todavia, ficou interessado nas propriedades dos materiais com que estava trabalhando. Depois de novos experimentos, ele descobriu que, se reunisse o formaldeído e o fenol em uma combinação de alta temperatura e pressão, eles produziriam uma resina firme e resistente. Ele tinha, na verdade, produzido o primeiro plástico termorrígido e percebeu rapidamente o potencial de seu amplo uso comercial. Em 1909, lançou seu produto sob o nome de baquelita, tornando-se bastante popular, tanto industrial como domesticamente. A família dos plásticos cresceu rapidamente e o mundo nunca mais foi o mesmo.

☞ PAPEL FOTOGRÁFICO:

Embora o lançamento da baquelita tenha sido comercialmente muito bem-sucedido, Baekeland tinha feito fortuna muito antes, por meio de uma outra invenção extremamente útil, que tinha sido criada graças ao seu conhecimento químico. O belga havia se mudado para os Estados Unidos em 1889, depois de visitar o país em sua lua-de-mel. Antes disso, no entanto, ele havia tido postos acadêmicos em seu país natal, tanto em Física quanto em Química. Ao chegar na América, ele decidiu abandonar seu estudo acadêmico e aceitou um emprego em um laboratório fotográfico. Trazendo seu conhecimento de ciência à prática, ele inventou um tipo especial de papel fotográfico que podia ser revelado sob luz artificial. Baekeland então deixou seu emprego para começar sua própria empresa. Em 1893, lançou sua nova criação com o nome de Velox. Esse foi o primeiro papel fotográfico do mundo a ser tanto eficaz quanto amplamente usado, ajudando no crescimento da indústria fotográfica. Isso ficou evidente com o 1 milhão de dólares pago a Baekeland apenas seis anos depois pela Kodak Corporation, um valor enorme na época e razoável ainda nos dias de hoje.

### A influência de Baekeland:

*Baekeland fez não apenas uma importante contribuição ao mundo moderno, com seu conhecimento de química, mas duas. Os Estados Unidos tinham possibilitado a realização de seus sonhos e ele retribuiu ao seu país adotivo da mesma maneira. Isso pode ser observado não apenas pelo dinheiro ganho por Baekeland, mas também nos muitos prêmios e honras que lhe foram concedidos por seus esforços, incluindo a presidência da Sociedade Americana de Química em 1924.*

*A baquelita sintética foi, na verdade, o primeiro plástico, um dos materiais de uso mais comum no mundo moderno.*

# Thomas Hunt Morgan

(1866-1945)

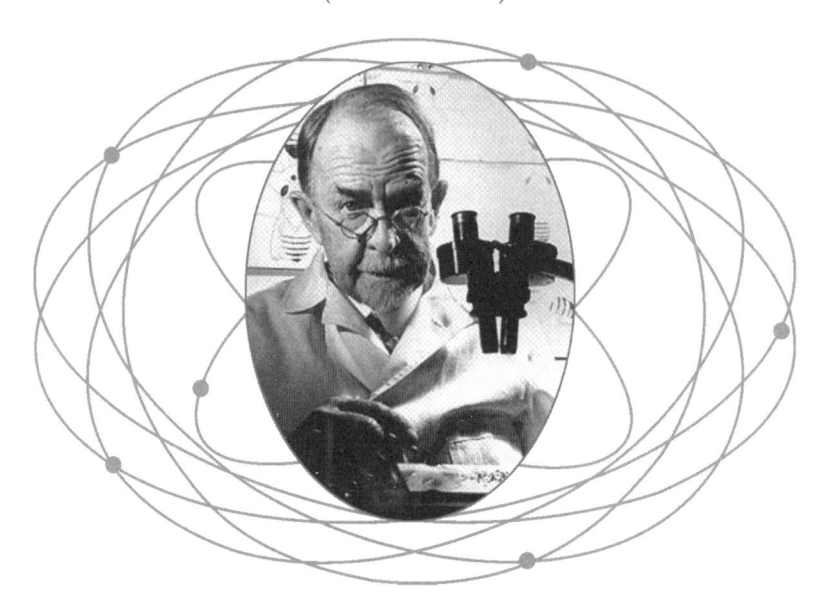

> Cronologia: • *1908* Morgan começa seus experimentos de reprodução com drosófilas. • *1911* Realiza o primeiro mapeamento de cromossomos. • *1915* Publica The Mechanism of Mendelian Heredity (*O mecanismo de hereditariedade mendeliana*). • *1926* Publica The Theory of the Gene (*A teoria do gene*) •*1933* Recebe o Prêmio Nobel de Medicina.

A "redescoberta", em 1900, das leis de hereditariedade observadas primeiramente por Johann Gregor Mendel (1822-84) excitou muitos biólogos que acreditavam ter encontrado uma explicação para os traços hereditários e, possivelmente, para o mecanismo que embasava as teorias de Darwin. Um cientista que inicialmente permaneceu impassível e cético com relação a elas, no entanto, foi o americano Thomas Hunt Morgan.

☞ HEREDITARIEDADE E A CÉLULA:

Depois de um trabalho inicial em embriologia, Morgan dedicou a maior parte do período entre 1904-

1928, enquanto era professor de Zoologia na Columbia University, a esclarecer como o processo de hereditariedade funcionava. Ele começou com as leis de segregação e de segregação independente de Mendel, passando a criticá-las. Não era tanto que ele duvidasse dos efeitos das características hereditárias previstas pelas leis; os indícios experimentais pareciam frequentemente embasar as previsões matemáticas das características presentes nos descendentes da maneira como Mendel havia sugerido. Morgan achava que o problema é que elas não conseguiam refletir com precisão o processo de chegada até o resultado final, em particular a lei da segregação independente. A razão pela qual o americano achava isso era o fato de que havia sido independentemente estabelecido que os cromossomos – material no formato de longos fios, presente no núcleo de uma célula, que crescia e se dividia durante a divisão celular – claramente tinham um papel importante na hereditariedade. No entanto, havia muito menos cromossomos nos seres vivos do que havia "unidades de hereditariedade" (rebatizados de "genes" em 1909 pelo dinamarquês Wilhelm Johannsen). Para Morgan, isso significava que grupos de genes tinham de estar presentes em um único cromossomo. Isso implicitamente invalidaria a lei da segregação independente de Mendel (que dizia que os traços hereditários, provocados pelos genes, ocorreriam em todas as combinações matemáticas possíveis em uma série de descendentes, independentemente uns dos outros).

## *Morgan começou a reproduzir drosófilas em 1908, um trabalho que o tornou famoso*

☞ REPRODUZINDO DROSÓFILAS:

A partir de 1908, Hunt começou a pesquisar, reproduzindo a drosófila, que tinha apenas quatro pares de cromossomos. Foi por esse trabalho que ele acabou ficando famoso. Logo no começo de seus estudos, ele observou uma mosca macho mutante de olhos brancos, que ele havia obtido ao reproduzir fêmeas comuns de olhos vermelhos. Depois de sucessivas gerações de descendentes cruzados de forma heterogênea, a característica do olho branco retornou em apenas alguns descendentes, sempre em machos. Essa era exatamente a relação que Morgan estava procurando. Evidentemente, certos traços genéticos não ocorriam independentemente uns dos outros, mas estavam, na verdade, sendo transmitidos em grupos. Nessa época, porém, Morgan percebeu que, em vez de invalidar a lei de Mendel da segregação independente, um simples ajuste era o suficiente para pô-la em concordância com sua crença na importância dos cromossomos, produzindo assim uma tese abrangente e comprovada. Ele sugeriu que o princípio da segregação independente aplicava-se apenas em genes encontrados em diferentes cromossomos. Para aqueles de mesmo cromossomo, traços relacionados seriam transmitidos, normalmente um fator relacionado ao sexo com outros traços específicos (por exemplo, o sexo masculino e olhos brancos na drosófila). Agora Morgan aceitava as leis de Mendel.

☞ O MAPA DOS CROMOSSOMOS:

Os resultados de seu trabalho tinham convencido Morgan de que os genes eram organizados nos cromossomos de maneira linear e podiam ser "mapeados". Novos testes mostraram que os traços relacionados, que Morgan havia anteriormente observado, podiam ocasionalmente se separar durante a troca de genes que ocorria entre pares de cromossomos durante o processo de divisão celular. O americano sugeriu que quanto mais próximos, no cromossomo, estivessem os genes uns dos outros, menos provável era que um rompimento ocorresse. Assim, ao medir a ocorrência de rompimentos, ele conseguiu descobrir a posição dos genes nos cromossomos. Consequentemente, em 1911, ele produziu seu primeiro mapa de cromossomos, mostrando a posição de cinco genes que estavam relacionados a características de gênero. Apenas uma década mais tarde, Morgan, junto com outros cientistas, havia mapeado 2 mil genes nos cromossomos da drosófila.

---

**Outras realizações:**

*Dos muitos livros de Morgan, dois em particular merecem atenção especial:* The Mechanism of Mendelian Heredity *(1915) e* The Theory of the Gene *(1926). Eles fornecem a base para a compreensão das observações de Mendel e, junto com o trabalho posterior de outros geneticistas, ajudaram a fornecer a ciência microscópica necessária para reforçar as conclusões de Charles Darwin. Em 1933, Morgan recebeu o Prêmio Nobel de Medicina.*

# MARIE CURIE
## (1867-1934)

> **Cronologia:** • *1893 Curie gradua-se em Física na Sorbonne. Ela é a melhor de sua classe.* • *1898 Descobre os elementos polônio e rádio.* • *1903 Recebe o Prêmio Nobel de Física (junto com seu marido Pierre Curie e Henry Becquerel).* • *1910 Traité de radioactivité (Tratado sobre radioatividade) é publicado.* • *1911 Recebe o Prêmio Nobel de Química.*

Além de suas realizações práticas, Marie Curie também é importante na história da ciência pelo papel pioneiro que teve ao abrir a área para outras mulheres. Pode-se dizer que ela foi a primeira mulher cientista renomada e aceita e, dessa forma, abriu caminho para todas aquelas que a seguiram. Suas descobertas científicas por si sós foram vitais na compreensão do fenômeno da radioatividade. Isso se reflete no fato de que ela recebeu não um, mas dois prêmios Nobel.

Grande parte do trabalho científico de Curie aconteceria na França, onde ela passou a maior parte da vida a partir de 1891. Seu país de nascimento, no entanto, era a Polônia, onde nasceu com o nome de Marya Sklodowska. Apesar de seus pais serem professores, ela cresceu em um ambiente de relativa pobreza. Isso se acentou ainda mais quando ela foi forçada a se mudar para Paris, a fim de realizar sua educação superior em Física, um nível de estudo que as mulheres de seu país não podiam obter na época. Ela se formou e pouco depois conheceu seu futuro marido, Pierre Curie (1859-1906), na Sorbonne, onde ela estudava e ele trabalhava. Ele era um físico respeitado e não foi nenhuma surpresa quando os dois começaram a trabalhar juntos em 1895, pouco depois do seu casamento.

*Mesmo hoje, os cadernos de Marie Curie permanecem radioativos demais para ser manuseados*

☞ NOS PASSOS DE BECQUEREL:

O estímulo para as realizações posteriores do casal viria, inicialmente, da busca de Marie por uma área de pesquisa para realizar seus estudos de pós-graduação. Encorajada por Pierre, ela decidiu investigar mais a fundo a recente e excitante descoberta da radioatividade, feita por Henry **Becquerel** (1852-1908) em 1896. As pesquisas de Curie para melhorar a compreensão das propriedades do fenômeno logo deram resultados. Becquerel tinha provado que o urânio era radioativo. Curie, querendo descobrir quais outros elementos eram, rapidamente descobriu que o tório tinha características semelhantes. Ela chegou a provar conclusivamente que a radioatividade era uma propriedade atômica intrínseca do elemento em questão – urânio, por exemplo – e não uma condição criada por fatores externos.

A realização seguinte de Curie foi, na verdade, a descoberta de dois elementos, em 1898, por meio de sua pesquisa, que ela chamou de polônio e rádio, ambos altamente radioativos, especialmente o último. Ela havia rastreado esses elementos depois de perceber que o minério de urânio tinha um nível maior de radiação que o urânio puro, assim deduzindo corretamente que o minério deveria conter outros desses elementos radioativos escondidos. Depois dessas descobertas, Curie buscou obter quantidades grandes o suficiente dessas novas substâncias para entender melhor suas propriedades. Infelizmente, por causa da quantidade diminuta em que o rádio, em particular, estava presente no minério de urânio, isso significa que ela e seu marido tiveram de encarar toneladas do material por vários anos até obter um décimo de grama, em 1902. Essa quantidade, ao menos, permitiu que se fizesse o cálculo do peso atômico do novo elemento, assim como outras pesquisas sobre suas propriedades.

## ☞ UMA QUESTÃO SEM RESPOSTA:

Havia uma questão, porém, para a qual os Curie nunca encontraram uma resposta. O que exatamente era a radiação que vinha desses elementos? Ernest **Rutherford** (1871-1937) receberia o crédito pela resposta, com a explicação: raios "alfa", "beta" e "gama", mas Marie observou que a radiação era composta de ao menos dois tipos de raios com propriedades distintas.

Infelizmente, Marie Curie acabaria morrendo de leucemia, que se acredita ter sido causada pela sua longa exposição à radiação. Na época de seu trabalho com elementos radioativos, os riscos associados à radiação eram desconhecidos e nenhuma precaução era tomada. Mesmo hoje, seus cadernos da época do estudo da radioatividade permanecem perigosos demais para ser examinados.

### O legado de Marie Curie:

*Marie Curie chegaria a ser eleita ao posto que havia sido de seu marido, professora de Física na Sorbonne, tornando-se a primeira docente mulher da instituição. Suas realizações nessa posição incluíam o estabelecimento de um laboratório para radioatividade em 1912. O laboratório se tornaria renomado internacionalmente por sua contribuição à Física.*

*Isso, em grande parte, foi possível graças ao presente concedido a Curie pelos Estados Unidos, em 1921, que facilitou bastante o trabalho no centro: um grama do raro rádio.*

*Ela recebeu seu segundo Prêmio Nobel em 1911 (o primeiro foi ganho em conjunto com Pierre, em 1903), dessa vez de Química, em reconhecimento por sua descoberta do polônio e do rádio.*

# ERNEST RUTHERFORD

(1871-1937)

Cronologia: • *1902 Rutherford estabelece um novo ramo da Física com Frederick Soddy: a radioatividade.* • *1908 Recebe o Prêmio Nobel de Química.* • *1911 Estabelece a teoria nuclear do átomo.* • *1914 Torna-se* sir *Ernest Rutherford.* • *1919 Desenvolve aceleradores de próton (desintegradores de átomos).*

Depois da descoberta de Antoine-Henri **Becquerel** (1852-1908) da radioatividade, em 1896, um grupo de cientistas tornou-se responsável pela maior compreensão do novo fenômeno, incluindo, é claro, Marie **Curie** (1867-1934). No entanto, a pessoa que talvez mais tenha feito para que o mundo chegasse ao completo entendimento da radioatividade, desenvolvendo enormemente a Física nuclear em geral, seja Ernest Rutherford.

☞ O LABORATÓRIO CAVENDISH:

O cientista nascido na Nova Zelândia ganhou uma bolsa do Laboratório Cavendish, em Cambridge, em 1895, trabalhando sob a supervisão do eminente J. J. **Thomson** (1856-1940). Ele progrediu até se tornar professor na Universidade McGill, em Montreal, em 1898. Ali ele expôs sua observação de que elementos radioativos liberavam ao menos dois tipos de raio com propriedades distintas. Ele os nomeou raios "alfa" e "beta".

☞ A TEORIA DO RAIO GAMA:

Em 1900, ele confirmou a existência de um terceiro tipo de raio, o raio "gama", que era distinto por não ser afetado por força magnética, enquanto os raios alfa e beta ambos eram defletidos em direções diferentes sob sua influência.

*A descoberta de que os átomos podiam simplesmente decair de um elemento foi notável*

☞ A DESCOBERTA DA MEIA-VIDA:

Foi também em Montreal que Rutherford encontrou o cientista britânico Frederick **Soddy** (1877-1956). Entre 1901 e 1903, os dois trabalharam juntos em uma série de experimentos relacionados à radioatividade e chegaram a algumas conclusões impressionantes. Eles mostraram como, em um período, metade dos átomos de uma substância radioativa podiam desintegrar-se por "emanação" de gases radioativos, deixando matéria de "meia-vida" para trás. A ideia de que os átomos podiam simplesmente decair de um elemento foi algo bastante notável. Além disso, durante o processo, a substância transformava-se espontaneamente em outros elementos – um achado revolucionário.

Depois que o trabalho com Soddy terminou, Rutherford começou a examinar raios alfa mais detalhadamente. Ele logo provou, por meio de resultados experimentais, que eles eram simplesmente átomos de hélio que haviam perdido dois elétrons (mostrou-se posteriormente que raios beta eram compostos de elétrons e raios gama, na verdade raios X curtos). Durante esse período, voltou à Inglaterra, para assumir um posto na Universidade de Manchester. Aí, trabalhou com Hans Wilhelm Geiger (1882-1945) para desenvolver o contador de Geiger em 1908. Esse aparelho media radiação e foi usado no trabalho de Rutherford para identificar a composição dos raios alfa. Ele chegou a usá-lo de modo ainda mais significativo em seu grande progresso seguinte.

☞ RICOCHETEANDO PARTÍCULAS ALFA:

Em 1910, Rutherford havia proposto que Geiger e outro assistente realizassem o trabalho de examinar os resultados de dirigir uma corrente de partículas alfa em uma chapa de platina. Enquanto a maioria passava por ela e era apenas ligeiramente defletida, cerca de uma em 8 mil ricocheteava para o local de onde praticamente elas tinham vindo! Rutherford ficou impressionado, descrevendo isso mais tarde como "o acontecimento mais incrível que já aconteceu comigo em minha vida. Foi quase... como se você disparasse uma bala de 40 centímetros em um pedaço de papel de seda e ela voltasse e o atingisse!".

Ele não deixou isso o enganar. Em 1911, expôs a conclusão correta: a razão para tal proporção de deflexão era o fato de que os átomos continham núcleos diminutos que eram responsáveis pela maior parte do peso, enquanto o resto do átomo era em grande parte "espaço vazio", no qual os elétrons orbitavam ao redor do núcleo como os planetas em torno do Sol. A razão pela qual uma em 8 mil partículas alfa ricocheteava era o fato de que elas estavam atingindo o núcleo positivamente carregado de um átomo, enquanto o resto simplesmente passava pelo espaço vazio. Essa foi uma descoberta vital no caminho para entender a construção do átomo e seria de grande ajuda para Niels **Bohr** chegar às suas revelações em 1913.

### Outras realizações:

*Durante a Primeira Guerra Mundial, Rutherford serviu no Almirantado Britânico. Em seguida, em 1919, foi nomeado para a cadeira do Laboratório Cavendish, em Cambridge. No mesmo ano, fez sua última grande descoberta. Trabalhando em colaboração com outros cientistas, Rutherford descobriu um método pelo qual conseguiu desintegrar artificialmente um átomo, ao induzir uma colisão com uma partícula alfa. Essencialmente, o que agora conhecemos como prótons podiam ser empurrados para fora do núcleo com esse golpe. No processo, a composição atômica da substância era alterada, transformando assim um elemento em outro.*

*Nesse primeiro caso, ele transformou nitrogênio em oxigênio (e hidrogênio), mas continuou a repetir o processo com outros elementos.*

# OS IRMÃOS WRIGHT

(Wilbur 1867-1912 – Orville 1871-1948)

>  Cronologia: • *4 de junho de 1783* Primeira demonstração pública do balão de ar quente dos Montgolfier. • *1896* O alemão Otto Lilienthal morre em um acidente de planador. Isso marca o início do interesse sério dos Wright em voos. • *17 de dezembro de 1903* Orville faz o primeiro voo motorizado, sustentado e controlado bem-sucedido em uma máquina mais pesada do que o ar, "O Voador". • *1908* Os Wright revelam suas máquinas aprimoradas para o público. • *8 de agosto de 1908* Primeiro voo público na Europa, em Le Mans, França.

O interesse dos irmãos Wright não havia sido sempre por voar. Seu primeiro projeto conjunto, depois de deixar a escola, foi iniciar e publicar seu próprio jornal. Eles depois passaram para bicicletas, abrindo seu próprio negócio de montagem e venda. Foi apenas em 1896 que suas curiosidades voltaram-se para os aviões.

Outros já tinham construído planadores e foi a morte em uma queda de um dos pioneiros dessas máquinas, o alemão Otto Lilienthal (1848-96), que inicialmente chamou sua atenção para o assunto. Lilienthal tinha feito uma série de progressos na compreensão da aerodinâmica, então os irmãos começaram estudando o seu e os progressos de outros inventores até então.

☞ SISTEMAS DE CONTROLE:

Os Wright rapidamente perceberam que, em boa parte, a atenção no trabalho pioneiro com planadores tinha sido centrada na manutenção da estabilidade, mas que isso se dava à custa de qualquer tipo de controle real. Então começaram a fazer sistematicamente experimentos com mecanismos de controle que, por fim, incluiriam mecanismos revolucionários para a torção das asas do avião, inspirados na observação do voo dos pássaros, quando buscavam indícios para a aerodinâmica na natureza.

*Os Wright rapidamente perceberam que os planadores, embora estáveis, não tinham controle*

☞ DOMINANDO A AERODINÂMICA DO PLANADOR:

A pesquisa dos americanos também envolvia a construção e o teste de planadores não tripulados, que eles aprimoravam a cada experimento. Em 1900, os irmãos tinham construído seu próprio planador tripulado. Eles melhoraram os testes com a construção de um túnel de vento para ajudar em sua pesquisa em 1901 e, no ano seguinte, já tinham feito descobertas o suficiente para construir o planador mais bem-sucedido já feito no mundo até aquele momento. Era quase inevitável, portanto, que uma vez que eles tinham dominado a aerodinâmica da construção de aeronaves, seria apenas uma questão de tempo até que dessem o próximo passo lógico acrescentando motores à sua invenção. Antes de fazerem isso, no entanto, precisavam de um método para converter a energia elétrica do motor em impulsão. Eles encontraram esse método no propulsor.

Os Wright testaram diversos protótipos de propulsor, que conceberam como asas móveis rodando ao redor de eixos fixos, até que finalmente se deram por satisfeitos. Eles então construíram seu próprio motor de 12 cavalos-vapor que alimentava dois propulsores e era adequado ao seu biplano, O Voador.

O primeiro voo tripulado bem-sucedido em uma aeronave motorizada aconteceu, assim como todos os outros testes, em Kitty Hawk, Carolina do Norte, em 17 de dezembro de 1903. Wilbur tinha feito uma decolagem malsucedida alguns dias antes, mas foi Orville quem se tornou o primeiro a ir aos ares de uma maneira controlada nessa data, inicialmente cobrindo menos de 40 metros. No fim do dia, ambos haviam feito voos mais longos e bem-sucedidos.

☞ AVIÕES À MOSTRA:

Ao longo dos anos seguintes, os irmãos trabalhavam em versões melhoradas de seu primeiro avião, esperando até que tivessem modelos mais confiáveis antes de fazer demonstrações de seus progressos ao público. Na verdade, foi apenas em 1908 que revelaram suas máquinas: Wilbur deu uma demonstração na França e Orville na Virginia, Estados Unidos, com alguns dias de diferença. Eles foram bem, pois em um ano os irmãos tinham recebido apoio para construir seus aviões comercialmente e com grande sucesso tanto nos Estados Unidos quanto na Europa. Infelizmente, Wilbur pegou febre tifoide em 1912 e faleceu, deixando Orville como herdeiro do negócio e de uma fortuna razoável quando o vendeu, em 1915.

### Outras realizações:

*Embora a raça humana tenha estado nos ares mais de um século antes de Orville Wright e seu irmão mais velho, Wilbur (1867-1912), aparecerem, ela havia tentado, sem sucesso, dar o passo lógico seguinte no progresso do voo. Durante milhares de anos, a humanidade tinha sonhado em voar até que os Montgolfier realizaram a fantasia com seu balão de ar quente em 1783. Eles haviam tirado vantagem do fato de que alguns gases eram "mais leves do que ar" e, dessa forma, propeliam um aparato apropriado, tal como um balão, para cima. No século seguinte, no entanto, os inventores tinham fantasiado alcançar outro sonho aparentemente impossível: voo motorizado com máquinas "mais pesadas do que o ar". Muitos tentaram criar tais artefatos durante o século XIX e muitos falharam. Então os irmãos Wright chegaram com um método completamente diferente e, em 1903, tinham inventado e testado o primeiro avião motorizado do mundo.*

# GUGLIELMO MARCONI

(1874-1937)

> **Cronologia:** • *1896 Marconi pede a primeira patente para um equipamento de rádio.* • *1897 Envia um sinal de rádio por quase 15 quilômetros até Bristol Channel.* • *1898 Cria a Wireless Telegraph and Signal Company, Ltd.* • *1909 Recebe o Prêmio Nobel de Física, em conjunto com Ferdinand Braun.* • *1918 Envia a primeira mensagem de rádio da Inglaterra até a Austrália.*

Algumas pessoas fazem descobertas notáveis e outras tiram vantagem delas. Guglielmo Marconi não era, em essência, um cientista, mas um brilhante colaborador e manipulador das descobertas de outros cientistas. A mais importante delas foi a inovação de Heinrich Rudolf **Hertz** (1857-94), que havia descoberto as ondas de rádio em 1888, algo que teve consequências que nem mesmo ele podia imaginar. Uma pessoa que rapidamente percebeu sua importância, porém, foi o irlandês-italiano Marconi. E foi ele, e não Hertz, quem terminou com um Prêmio Nobel de Física, em 1909.

☞ OS PRIMEIROS EXPERIMENTOS:

Além de ser mais interessado nas implicações científicas de suas descobertas do que no seu uso prático ou comercial, a principal razão pela qual Hertz não conseguiu tirar muita vantagem de sua descoberta foi o fato de que morreu logo depois de fazê-la, em 1894. Exatamente nessa época, Marconi estava começando a realizar seus primeiros experimentos com as ondas de rádio, depois de ter seu interesse estimulado quando estudou o trabalho de Hertz e de outros durante sua formação em Bologna e Livorno. Tanto seu pai quanto sua mãe eram ricos mesmo antes de se casarem, então Marconi tinha a vantagem de ter uma grande propriedade familiar e poucas preocupações financeiras para começar seus experimentos.

## *A transmissão de rádio de 3.200 quilômetros através do Atlântico, em 1901, convenceu os últimos céticos*

☞ TRABALHO EM LONDRES:

De fato, o tamanho da propriedade tornou-se importante assim que ele fez seus primeiros progressos. Ela tinha 2,5 quilômetros de comprimento, então Marconi podia se beneficiar de uma grande propriedade privada para enviar suas ondas de rádio. Em 1895, ele havia criado um equipamento sofisticado para emitir e receber ondas ao longo de todo o terreno. Enquanto Marconi estava convencido da importância de seus resultados, poucos na Itália estavam, então ele partiu para Londres, na tentativa de conseguir apoio para seu trabalho lá.

Ele foi muito mais bem-sucedido. O governo, o Exército e o correio rapidamente ficaram interessados nos usos potenciais da nova tecnologia e, em poucos anos, o entusiasmo era difundido. Isso aconteceu principalmente após sua primeira transmissão de rádio para o exterior, entre a Inglaterra e a França, em 1899, o que chamou a atenção do público. Nesse meio-tempo, ele também ficou envolvido com a criação de uma empresa para promover seus desenvolvimentos, rebatizada, em reconhecimento de sua importância, de Marconi Wireless Company Limited, em 1900. Nessa época, ele também já havia feito tentativas bem-sucedidas de transmissão em barcos, a pedido da Marinha britânica, o que naturalmente trouxe novos adeptos à sua causa.

☞ ATRAVÉS DO ATLÂNTICO:

O evento que tornou Marconi famoso mundialmente, no entanto, e o que silenciou muitos dos que ainda permaneciam céticos acerca dos usos práticos e científicos de seu equipamento, foi a transmissão de 3.200 quilômetros do código Morse através do Atlântico, em 1901. Muitos pensaram que essa tarefa seria impossível, não apenas porque a curvatura da Terra o impediria; no entanto, Marconi estava certo de que isso era possível e foi devidamente recompensado por sua perseverança. Tanto antes quanto depois de sua época, o irlandês-italiano registrou muitas patentes do equipamento que havia desenvolvido e aprimorado de modo bem-sucedido. Na verdade, sua vida permaneceu centrada no aprimoramento da tecnologia do rádio até praticamente sua morte, e talvez seus progressos mais notáveis tenham sido na tecnologia de ondas curtas, de modo a criar uma rede internacional para transmissão de rádio em 1927.

### Marconi e o Titanic:

*"Aqueles que foram salvos, foram salvos por causa de um homem, o Senhor Marconi... e sua invenção maravilhosa"* (o honorável Herbert Samuel, diretor geral dos Correios, em 18 de abril de 1912).

*Embora houvesse, inicialmente, um grande ceticismo em relação à utilidade da invenção de Marconi, uma vez que ele demonstrou seu potencial o invento rapidamente tornou-se uma febre. Uma área em particular em que ele foi muito bem recebido foi a da navegação; havia muito tempo, todo navio que navegava no oceano tinha seu "homem Marconi". Uma razão pela qual muitos sobreviventes foram resgatados do Titanic quando ele afundou foram os homens Marconi, Jack Phillips e Harold Bride, que ficaram no navio transmitindo um chamado angustiado até que a energia cortada e a sala do rádio foi inundada. Harold Bride sobreviveu ao desastre e mais tarde entrou para a Marinha Real Britânica; Jack Phillips naufragou com o navio.*

# FREDERICK SODDY
(1877-1956)

**Cronologia:** • *1898 Gradua-se no Merton College, Oxford, com honras de primeira classe em Química.* • *1901-03 Com Ernest Rutherford, descobre o fenômeno da desintegração atômica.* • *1904-14 Torna-se professor de Química física na Universidade de Glasgow.* • *1919 Nomeado professor de Química da Universidade de Oxford.*

Embora talvez não tão importante quanto seu contemporâneo Ernest **Rutherford** (1871-1937), Frederick Soddy teve ainda assim uma influência significativa na compreensão do comportamento e das implicações da radioatividade, particularmente da desintegração radioativa. A primeira realização do químico inglês aconteceu depois de seu trabalho com Rutherford, entre 1901-03, quando estava na McGill University, em Montreal. Além disso, seu posterior trabalho solitário levou Soddy a ajudar outros cientistas a entender um aspecto importante da estrutura atômica dos elementos.

☞ ÁTOMOS DESINTEGRADOS:

O trabalho que Soddy realizou com Rutherford veio logo depois que ele assumiu um posto como demonstrador de experimentos químicos em Montreal. Sua colaboração resultou em conclusões radicais, mais notavelmente na ideia revolucionária de que os elementos podiam se desintegrar em uma "meia-vida", "emanando" átomos espontaneamente. No processo de desintegração, a matéria transmutava-se em vários outros elementos, uma conclusão impressionante.

Esses achados por si sós estabeleceram a reputação de Soddy, mas seus resultados posteriores em trabalhos relacionados foram igualmente importantes. Ele voltou sua atenção para elementos aparentemente "novos" que haviam sido descobertos durante a transmutação causada pela desintegração radioativa. O problema que os cientistas estavam enfrentando é que haviam ocorrido tantas descobertas recentes que, claramente, não havia espaços suficientes na tabela periódica para encaixar todos eles. No entanto, cada elemento tinha definitivamente um peso atômico distinto e um período de tempo específico para alcançar seu estado de "meia-vida". Enquanto isso, outros cientistas estavam tentando produzir esses novos elementos artificialmente ao decompor elementos parecidos com eles, mas falhavam de modo inexplicável.

## *A descoberta dos isótopos feita por Soddy esclareceu boa parte da confusão na Química*

☞ ISÓTOPOS:

A solução de Soddy em 1913 era simples, mas inacreditável. Ele argumentou que, embora os pesos atômicos e as "meias-vidas" dos "novos" elementos fossem diferentes, eles, por outro lado, compartilhavam propriedades químicas idênticas com elementos conhecidos e eram, portanto, variações do mesmo elemento. Então, por exemplo, os "novos" elementos tório C e rádio D, que tinham massas atômicas e "meias-vidas" diferentes um do outro e do elemento chumbo, eram todos quimicamente equivalentes, sendo todos, portanto, simples chumbo. Isso também explicava por que os cientistas não tinham conseguido decompor artificialmente os elementos bastante parecidos, como esperavam, porque as substâncias que eles tentavam quebrar e as que eles buscavam produzir eram quimicamente idênticas! Soddy nomeou as variações de "isótopos" e, em uma lufada, esclareceu a confusão que havia cercado os "novos" elementos. Seria necessária a descoberta posterior de James **Chadwick** (1891-1974) da partícula neutra, mas com massa, nêutron, para explicar completamente como as diferenças na massa atômica eram possíveis, ainda que mantivessem o mesmo número atômico; a explicação de Soddy, no entanto, deu o bastante para a ciência ver algum sentido na nova ordem, nesse meio-tempo.

☞ DESLOCAMENTO RADIOATIVO:

No mesmo ano em que deu sua explicação dos isótopos, Soddy também anunciou a lei do deslocamento radioativo. Ela estabelecia que, quando uma partícula alfa é emitida de uma substância decaída, seu número atômico é reduzido em dois e seu peso atômico em quatro (explicável pelo fato de uma partícula alfa ser simplesmente o núcleo de um hélio com os números atômicos correspondentes). Da mesma forma, quando uma partícula beta (um elétron negativamente carregado) é emitida, o número atômico aumenta em um.

Soddy recebeu o Prêmio Nobel de Química, em 1921, por seu trabalho com isótopos e, depois disso, seu interesse passou para outras áreas acadêmicas, deixando de ter um envolvimento ativo na pesquisa química.

### O legado de Soddy:

*Foi durante seu período em Glasgow, entre 1904 e 1914, que Soddy fez a maior parte de seu importante trabalho em Química, incluindo sua formulação da "Lei do Deslocamento", que dizia que a emissão de uma partícula alfa feita por um elemento fazia que o elemento retrocedesse duas casas na Tabela Periódica. Ele também formulou o conceito dos isótopos durante esse período, segundo o qual os elementos podem existir em dois estados distintos, com pesos atômicos diferentes, ainda que permaneçam quimicamente idênticos. Soddy dedicou boa parte dos estudos posteriores a outras áreas da ciência, desenvolvendo teorias que nunca foram amplamente aceitas.*

# Albert Einstein

## (1879-1955)

> **Cronologia:** • *1902 Einstein começa a trabalhar no escritório suíço de patentes.* • *1905 Publica três artigos seminais sobre Física teórica, incluindo a "especial" teoria da relatividade.* • *1916 Propõe a teoria geral da relatividade; três anos mais tarde, prova-se que ele está correto.* • *1922 Ganha o Prêmio Nobel de Física.* • *1933 Emigra para Princeton, Nova Jersey.* • *1939 Incentiva Franklin D. Roosevelt a desenvolver a bomba atômica.* • *18 de abril de 1955 Morre quando dormia.*

Dos ensaios escritos por Einstein em 1905, pode-se dizer que o mais influente foi seu enunciado de uma "especial" teoria da relatividade, que desenvolvia a ideia de que as leis da Física são, na verdade, idênticas para espectadores diferentes, independentemente de sua posição, contanto que eles estejam se movendo em uma velocidade constante em relação um ao outro. Acima de tudo, a velocidade da luz é constante. As leis clássicas da mecânica parecem ser obedecidas em nossas vidas cotidianas simplesmente porque as velocidades envolvidas são insignificantes.

☞ A VELOCIDADE DA LUZ:

As implicações desse princípio, no entanto, se os observadores estão se movendo em velocidades muito diferentes, são bizarras e os indicadores normais de velocidades tais como distância e tempo tornam-se distorcidos. Na verdade, espaço e tempo absolutos não existem. Portanto, se uma pessoa fosse teoricamente viajar em um veículo no espaço, próximo da velocidade da luz, tudo pareceria normal para ela, mas outra pessoa que estivesse na Terra esperando-a retornar perceberia algo muito incomum. A espaçonave pareceria diminuir de tamanho na direção do movimento. Além disso, enquanto o tempo continuaria "normal" na Terra, um relógio que indicasse o tempo na nave começaria a ficar mais lento na perspectiva da Terra, embora parecesse estar correto ao viajante (porque quanto mais rapidamente um objeto se move, mais lento torna-se o tempo). Essa diferença só se tornaria aparente quando a nave retornasse à Terra e os relógios fossem comparados. Se o observador na Terra conseguisse medir a massa da aeronave enquanto ela estivesse em movimento, também perceberia que ela estava ficando mais pesada. Em última instância, nada pode se mover mais rapidamente ou na mesma velocidade da luz porque, nesse ponto, o objeto teria massa infinita, nenhum comprimento e o tempo ficaria parado!

*"A ciência sem religião é manca; a religião sem ciência é cega"*

☞ UMA TEORIA GERAL DA RELATIVIDADE:

De 1907 a 1915, Einstein desenvolveu sua teoria especial em uma teoria "geral" da relatividade, que incluía a equivalência de forças de aceleração e forças gravitacionais. As implicações da extensão de sua teoria especial sugeriam que os raios de luz seriam curvados pela atração gravitacional e o comprimento das ondas de radiação eletromagnética cresceria sob a gravidade. Além disso, a massa e a gravidade resultante deformam espaço e tempo, que de outra forma seriam "planos", em caminhos curvos que outras massas (por exemplo, as luas dos planetas) dentro do campo de distorção seguem.

De modo impressionante, as predições de Einstein para a relatividade especial e geral foram aos poucos se mostrando corretas por meio de indícios experimentais. O mais celebrado deles foi uma medição tomada durante um eclipse solar em 1919, que provou que o campo gravitacional do Sol realmente curvava a luz emitida das estrelas atrás dele em direção à Terra. Foi essa verificação que tornou Einstein mundialmente famoso e deu ampla aceitação à sua nova definição de Física. Einstein passou boa parte do resto de sua vida tentando criar uma teoria unificada dos campos eletromagnético, gravitacional e nuclear, mas não conseguiu. Pelo menos, isso estava coerente com sua própria observação de 1921 de que "a descoberta grandiosa é para os jovens e, portanto, para mim, coisa do passado".

☞ $E = MC^2$:

Felizmente, então, ele havia completado outros três artigos em sua juventude (em 1905), além daquele sobre a teoria da relatividade especial! Um deles incluía a agora famosa dedução que equivale energia à massa na fórmula $E = mc^2$ (onde E = energia, m = massa e c = a velocidade da luz). Essa compreensão foi vital no desenvolvimento da energia e das armas nucleares, nas quais apenas uma quantia pequena de massa atômica (quando liberada para multiplicar por um fator da velocidade da luz ao quadrado sob as condições apropriadas) podia desencadear quantidades imensas de energia. O terceiro artigo descrevia o movimento browniano e o último utilizava a teoria quântica de Planck na explicação do fenômeno do efeito "fotoelétrico", ajudando a confirmar a teoria quântica.

### Outras realizações:

*De modo quase inevitável, Einstein também entrou na corrida pela bomba atômica. Outros cientistas pediram-lhe, em 1939, que alertasse o presidente dos Estados Unidos sobre o perigo de a Alemanha criar uma bomba atômica. O próprio Einstein havia sido cidadão alemão, mas havia renunciado ao país em favor da Suíça e, por fim, dos Estados Unidos, tendo se mudado para lá em 1933, após a ascensão de Hitler ao poder em seu país natal. A resposta de Roosevelt para o alerta de Einstein foi dar início ao projeto Manhattan, que criaria antes a bomba americana.*

*Depois da guerra, Einstein passou seu tempo tentando incentivar o desarmamento nuclear.*

# ALEXANDER FLEMING
## (1881-1955)

**Cronologia:** • *1929 Fleming publica seu relatório sobre as propriedades antibacterianas da penicilina.* • *1939 Fornece indiretamente penicilina a Howard Florey e a Ernst Chain.* • *1944 Torna-se* sir *Alexander Fleming.* • *1945 Recebe o Prêmio Nobel de Medicina em conjunto com Florey e Chain.* • *1955 Morre de ataque do coração em Londres.*

Alexander Fleming tivera uma vida pouco digna de nota até a descoberta fortuita de mofo em seu laboratório, em setembro de 1928. Mesmo uma década após ele ter feito a descoberta que salvaria milhões de vidas, pouco mudou. Demorou até 1940, quando a "penicilina" foi produzida a partir de fungos em quantidades praticamente úteis. Embora, na verdade, tenha sido outra equipe que, em conjunto, ajudou a elaborar o desenvolvimento posterior, foi Fleming quem recebeu as reverências de um herói.

Filho de um fazendeiro escocês, Fleming tinha origem humilde e começou a trabalhar aos 16 anos de idade como encarregado de encomendas em Londres, Inglaterra. Depois de herdar uma pequena quantia em dinheiro, seguindo o encorajamento apropriado de seu irmão, que era médico, Fleming decidiu estudar Medicina. Em 1902, entrou no St. Mary's Hospital Medical School, em Londres, onde ficaria pelo resto de sua carreira, com exceção do período de 1914 a 1918, em que usou suas habilidades médicas nos esforços de guerra.

☞ UM INTERESSE POR BACTERIOLOGIA:

Fleming ficou cada vez mais interessado em bacteriologia. Na verdade, foram suas experiências na época da guerra que o fizeram perceber que havia necessidade de uma droga não tóxica para combater os milhões de mortos por bactérias que infeccionavam as feridas. Portanto, depois que voltou para St. Mary, ele começou a procurar por um bactericida natural, concentrando-se inicialmente no que acreditava ser as próprias fontes do corpo: lágrimas, saliva e muco do nariz. Em 1922, ele teve seu primeiro êxito, produzindo lisozima, uma enzima produzida pelo corpo. Ela matava certas bactérias naturalmente, mas Fleming não podia produzi-la em quantidades suficientemente concentradas para uso médico.

## *A descoberta da penicilina teve tanto de golpe de sorte quanto de estudo científico*

☞ UM GOLPE DE SORTE:

A busca continuou, embora mesmo os cientistas, às vezes, tenham de tirar umas férias e, ironicamente, foi essa pausa de duas semanas que levou à descoberta de Fleming que mudaria o mundo. Antes de partir para suas férias em 1928, no entanto, o bacteriologista havia examinado algumas placas que continham bactérias estafilocócicas, o que acabou por ser o primeiro de uma série de acontecimentos felizes. Ele acidentalmente deixou uma das placas exposta ao ar antes de partir, que foi infectada por *Penicillium notatum*. O fato de a infecção ocorrer por si só era um golpe de sorte, porque ela só aconteceu por estar sendo estudada em outra parte do hospital, podendo assim contaminar a amostra de Fleming; as baixas temperaturas, na ausência de Fleming, permitiram que os fungos se desenvolvessem. Embora Fleming tenha tido sorte no princípio, o fato de que ele era um bom bacteriologista também foi vital. Ao retornar das férias, notou que havia aparecido mofo na placa infectada e, em vez de simplesmente lavá-lo, ficou suficientemente interessado em examiná-lo com mais detalhe. Ele percebeu clarões ao redor dos limites da parte contaminada e deduziu corretamente que havia algo no *Penicillium notatum* que estava matando as bactérias estafilocócicas. Ao fazer mais testes, descobriu que era um útil exterminador de muitas formas de bactéria, ocorrendo em quantidade suficiente para ter um uso amplo.

☞ O DESENVOLVIMENTO DA PENICILINA:

Então foi necessário esperar mais de uma década pelo tumulto trazido pela Segunda Guerra Mundial e por uma nova equipe de cientistas para que a busca de um antibiótico não tóxico fosse reanimada e a "penicilina", como Fleming havia nomeado sua descoberta, fosse revista. O escocês forneceu uma amostra de seu mofo para a equipe liderada por Howard Walter Florey e que incluía um químico chamado Ernst Boris Chain. Em 1940, a equipe havia provado o potencial da penicilina na luta contra infecções em mamíferos e, logo depois, fez as inovações necessárias para que ela fosse produzida em escala industrial.

A importância de Florey e Chain para a história foi ao menos reconhecida quando, junto com Fleming, eles receberam o Prêmio Nobel de Medicina, em 1945.

---

**Outras realizações:**

*Versões naturais e semissintéticas da penicilina seriam produzidas industrialmente, salvando milhões de vidas durante a guerra e até mais depois, pois foi utilizada para combater toda uma série de doenças provocada por bactérias. Fleming seria saudado como salvador por um público que precisava de heróis e tornou-se cavaleiro em 1944, embora se possa dizer que a equipe de cientistas posterior tenha feito mais para tornar a penicilina útil. O próprio Fleming disse sobre seu papel: "Meu único mérito é que não negligenciei a observação e realizei minha pesquisa como um bacteriologista".*

# ROBERT GODDARD

(1882-1945)

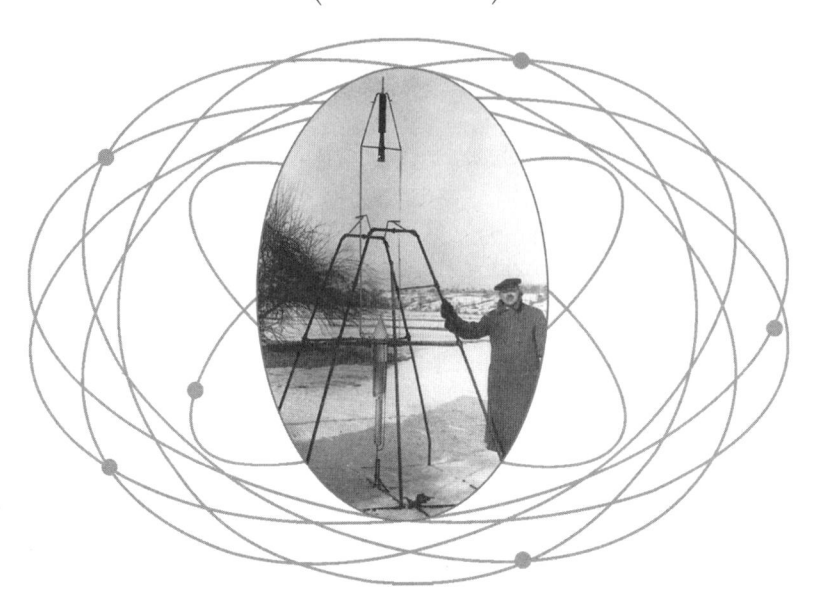

> **Cronologia:** • *1908 Goddard estuda Física na Clark University.* • *1915 Demonstra que foguetes podem produzir impulso no vácuo.* • *1926 Lança o primeiro foguete movido a combustível líquido, que chega a uma altitude de quase 15 metros.* • *1930 Começa a trabalhar em Roswell, Novo México, onde desenvolve foguetes supersônicos, de múltiplos estágios, direcionado por barbatanas.*

"Muitas vezes mostrou-se verdade que o sonho de ontem é a esperança de hoje e a realidade de amanhã" (Robert Hutchings Goddard, 1904). Essa provavelmente não é a reflexão ponderada de um aluno mediano que está deixando o colégio, mas o pioneiro no estudo dos foguetes nunca poderia ter sido um estudante mediano. Desde os 17 anos, o americano Robert Goddard sabia exatamente o que faria de sua vida. Em outubro de 1899, teve uma visão arrebatadora enquanto aparava os galhos de uma cerejeira no seu jardim: "Quão maravilhoso seria construir um aparelho que tivesse a possibilidade de subir até Marte. Quando desci da árvore, eu era um menino diferente daquele que havia subido, pois a existência finalmente pareceu fazer sentido".

☞ DE CÉTICOS E IGNORANTES:

Alguns anos depois, quando o *New York Times* descobriu a visão de Goddard, o cientista ficou chateado ao perceber que não apenas o jornal conseguia compartilhá-la com ele, mas também zombava dela. Nessa época, Hutchings já tinha escrito um artigo intitulado *A Method of Reaching Extreme Altitudes* (Um método para atingir altitudes extremas), que ele havia publicado em 1919, descrevendo seus avanços com foguetes até a época e sua esperança de pousar futuramente na Lua. O editorial de 13 de janeiro de 1920 do *New York Times* zombou do doutor em Física (que ele era na época), que ensinava na Clark University em Worcester, Massachusetts. Ele o censurava por não ter "o conhecimento transmitido todos os dias nos colégios" de que seria impossível um foguete mover-se para fora da atmosfera terrestre porque não havia atmosfera para ele se deslocar de modo a ganhar propulsão. Se o escritor do editorial tivesse se dado ao trabalho de cavar um pouco mais fundo, teria descoberto que Goddard já tinha uma longa pesquisa que refutava exatamente essa objeção. Já em 1907, ele havia completado cálculos matemáticos para mostrar que um foguete podia ser propelido no vácuo e havia embasado seus cálculos em um experimento físico que comprovava tal ideia em 1915. Internacionalmente, outros também já estavam considerando a viagem espacial e começavam a realizar trabalhos com esse objetivo, mais notavelmente um russo chamado Konstantin E. Tsiolkovsky (1857-1935) e o alemão Hermann Oberth (1894-1989).

*"Toda visão é uma piada até que o primeiro homem a realize"*

☞ A RESPOSTA DE GODDARD:

A crítica dirigida contra Goddard pelo editorial apenas o incentivou ainda mais. Respondendo ao artigo com a frase determinada: "Toda visão é uma piada até que o primeiro homem a realize", ele logo depois começou a fazer progressos com o foguete que forneceria as bases para a viagem espacial. Ele começou a trabalhar com combustíveis líquidos, em vez de pólvora, percebendo que esse era o método que com maior probabilidade o faria realizar seu sonho. Em 1925, havia desenvolvido o protótipo de um foguete que usava gasolina e oxigênio líquido como combustível, conseguindo levantar seu próprio peso pela primeira vez em um teste controlado. Apenas três meses depois, em 16 de março de 1926, o primeiro lançamento completo de um foguete propelido por combustível líquido aconteceu. Na fazenda de sua "tia" Effie, em Auburn, Massachusetts, Goddard mandou aos ares um foguete de 3 metros a 12 metros de altitude e 55 metros de distância em 2,5 segundos. Mas funcionou.

Ao longo da década seguinte, e graças ao financiamento da família Guggenheim ao seu trabalho pioneiro após 1930, Goddard aprimorou e lançou de modo bem-sucedido mais de 30 foguetes, aumentando gradualmente sua altitude e segurança. Ele registrou patentes para mecanismos melhores de controle, direção e bomba de combustível. Em 1935, ele havia lançado um foguete que viajou mais rápido que a velocidade do som. Seus esforços culminaram no lançamento, em 26 de março de 1937, de um foguete que atingiu 2,75 quilômetros de altitude, um recorde até então.

Mesmo assim, apesar de seu sucesso, o governo dos Estados Unidos ignorou quase por completo o trabalho de Goddard até a corrida espacial atingir seu ápice na década de 1940 e 1950. Só então, ele voltou-se para os desenvolvimentos de Goddard como base a partir da qual começar. Na verdade, o governo foi até forçado a pagar 1 milhão de dólares por quebra de patente para a viúva de Goddard, em reconhecimento do uso que eles fizeram de seus projetos.

### Goddard justificado:

*Na época em que o homem pisou na Lua, em 1969, Goddard já havia falecido havia muito tempo, mas a "correção" ao editorial de 1920 do* New York Times, *três dias antes dos primeiros passos históricos de Neil Armstrong, mostrou que estava correto o homem que tinha tido um papel importante em fazer o astronauta chegar lá.* "Agora está definitivamente provado", *o jornal escreveu,* "que um foguete pode funcionar no vácuo tanto quanto na atmosfera. O* Times *lamenta o erro."*

# NIELS BOHR
## (1885-1962)

> **Cronologia:** • *1911 Bohr defende seu doutorado da Universidade de Copenhague.* • *1913 Sobre a constituição de átomos e moléculas é publicado.* • *1914 Começa dois anos de trabalho com Ernest Rutherford em Manchester.* • *1916 Retorna à Dinamarca para chefiar o recém-criado Instituto de Física Teórica.* • *1922 Recebe o Prêmio Nobel de Física.* • *1943 Bohr, cuja mãe era judia, deixa a Dinamarca ocupada e viaja para Los Alamos, Estados Unidos, onde trabalha no projeto da bomba atômica.* • *1955 Bohr organiza a primeira conferência Átomos pela Paz em Genebra.*

Poucos físicos teóricos do século XX estão no mesmo patamar que Albert **Einstein** (1879-1955), mas o dinamarquês Niels Bohr é um deles. Ele fez grandes contribuições ao validar o conceito de física quântica exposto por Max **Planck** (1858-1947) em 1900, solucionou questões que diziam respeito ao comportamento dos elétrons na estrutura atômica de Ernest **Rutherford** e também esteve envolvido no desenvolvimento da primeira bomba atômica.

☞ O ÁTOMO EM COLAPSO:

Bohr obteve seu doutorado na Universidade de Copenhague, em 1911, então se mudou por um breve período para o Laboratório Cavendish em Cambridge, antes de se estabelecer em Manchester para trabalhar com Ernest Rutherford. O físico neozelandês tinha acabado de expor seu modelo "planetário" do átomo: um pequeno núcleo central carregava a maior parte do peso, ao redor do qual elétrons encontravam-se com elétrons em uma série de órbitas. Mas havia um problema com esse modelo. A Física clássica insistia que, caso os elétrons se movessem ao redor dos átomos dessa forma, a energia que eles irradiavam acabaria por expirar e os elétrons entrariam em colapso com o núcleo. Em 1913, Bohr resolveu essa questão e, ao mesmo tempo, validou o modelo de Rutherford ao aplicar a teoria quântica de Planck a ele. Ele argumentou, a partir da perspectiva da teoria quântica, que os elétrons só existiam em órbitas "fixas", onde eles não irradiavam energia. Quanta de radiação só seriam emitidos quando o átomo fizesse a transição entre estados e absorvesse a energia liberada. Apenas nesse ponto no tempo, os elétrons iriam "se mover", pulando de uma órbita de menor para uma de maior energia, quando o átomo recebesse energia, ou pulando uma para baixo quando ele a emitisse (produzindo luz no processo).

Bohr calculou a quantidade de radiação emitida durante essas transições usando a constante de Planck. Ela se encaixava nas observações físicas. Ademais, quando ele aplicou isso em átomos de hidrogênio e em comprimentos de luz que eles deveriam ter liberado sob esse princípio, novamente descobriu que seus cálculos batiam com exemplos do mundo real. Esse era um conceito bizarro de se manter, assim como havia sido a enunciação inicial da teoria quântica de Planck, mas aí estava outro exemplo prático que a validava.

*Os elétrons existiam apenas em órbitas "fixas" onde não irradiavam energia*

☞ CORRESPONDÊNCIA E COMPLEMENTARIDADE:

Bohr fez outra importante contribuição à teoria quântica e também à escola de mecânica quântica que a seguiu. Com relação à primeira, ele enunciou, em 1916, o "princípio da correspondência": a despeito das aparentes enormes diferenças entre as duas, as leis que governam a teoria quântica em nível microscópico ainda correspondem ao nosso entendimento de Física clássica, observada no nível maior do "mundo real". Posteriormente, em 1927, Bohr acrescentou o "princípio de complementaridade" à mecânica quântica. Ele afirmava que os debates sobre se a luz, assim como outros objetos atômicos, comportavam-se como onda ou como partícula eram fúteis, porque o equipamento usado nos experimentos para tentar provar uma coisa ou outra influenciavam os resultados. Na verdade, todos os resultados forneciam apenas um olhar parcial da resposta de qualquer teste atômico e, portanto, tinham de ser interpretados lado a lado, com todos os outros resultados, para que se obtivesse uma compreensão mais ampla, uma "soma-de-todas-as-partes". Essa ideia estava próxima das teorias oferecidas por Louis de **Broglie** (1892-1987), Werner **Heisenberg** (1901-76) e Max Born (1882-1970).

---

### O legado de Bohr:

*O envolvimento prático e teórico de Bohr na Física, que levou à criação da primeira bomba atômica, foi surpreendente. Em 1939, ele desenvolveu uma teoria de fissão nuclear (dividindo o núcleo de um átomo pesado para liberar quantidades enormes de energia que podiam ser utilizadas na bomba atômica) com John Archibald Wheeler (1911-), a partir da descrição "gota de líquido" de Bohr (1936), da maneira como os prótons e nêutrons estavam unidos no núcleo. Ele percebeu que o isótopo urânio-235 era mais suscetível à fissão do que o urânio-238, mais comumente utilizado. Suas descobertas acabariam abrindo caminho até o projeto americano da bomba atômica, especialmente depois de Bohr ter fugido para os Estados Unidos, para escapar da Dinamarca ocupada, e atuar como consultor da equipe.*

*Bohr estava, no entanto, pouco confortável com as implicações da nova tecnologia e dedicou boa parte do resto de sua vida a encorajar o controle e a limitação das armas nucleares, fundando o Movimento Átomos pela Paz para físicos que tivessem opiniões semelhantes às suas.*

*Bohr recebeu o Prêmio Nobel da Paz em Física em 1922.*

# Erwin Schrödinger

(1887-1961)

> **Cronologia:** • *1908 Schrödinger entra na Universidade de Viena; estuda Matemática e Física teórica com Mertens e Wirtinger.* • *1926 Publica um artigo no qual descreve os elementos da mecânica ondulatória quântica.* • *1927 Entra para o corpo da Universidade de Berlim, junto com Albert Einstein.* • *1944 Publica* O que é vida?

Os meados da década de 1920 foram o período de abertura no campo da teoria quântica e um dos muitos físicos que surgiu com uma nova direção influente foi Erwin Schrödinger. Nascido em Viena, em uma próspera família de comerciantes, Schrödinger tinha uma avó de descendência inglesa e austríaca – a parte inglesa da família vinha de Leamington Spa –, e cresceu falando tanto inglês quanto alemão em casa. Schrödinger estudou em casa, ensinado por um professor particular até os 10 anos. O cientista austríaco desenvolveu o que se tornou conhecido como "mecânica ondulatória", embora como outros, incluindo Einstein, ele mais tarde tenha ficado desconfortável com a direção tomada pela física quântica, após ter feito tanto para validá-la inicialmente.

☞ NÃO PARTÍCULAS, MAS ONDAS:

O próprio desenvolvimento de Schrödinger foi muito baseado na proposta de 1924 feita por Louis **de Broglie** (1892-1987) de que as partículas podiam, na teoria quântica, se comportar como ondas. Enquanto o austríaco Schrödinger sentiu-se atraído por essa explicação, teve problemas com algumas de suas implicações. Essencialmente, ele sentiu que as equações de De Broglie eram simples demais e não ofereciam análise detalhada o suficiente do comportamento da matéria, particularmente em nível subatômico. Então, levou as coisas um passo adiante e removeu completamente a ideia de partícula! No seu lugar, ele argumentou que tudo tinha forma de onda.

*Rejeitando a ideia de partículas, Schrödinger argumentou que tudo tinha forma de onda*

☞ UMA EQUAÇÃO ONDULATÓRIA:

De forma impressionante, entre 1925 e 1926, ele conseguiu calcular uma "equação ondulatória" que embasava matematicamente seu argumento e, assim, nasceu a ciência quântica da mecânica ondulatória. Novas provas surgiram quando a teoria foi aplicada em valores conhecidos do átomo de hidrogênio e respostas corretas foram obtidas, por exemplo, ao se calcular o nível de energia em um elétron. Ela claramente superava alguns dos elementos mais confusos da teoria quântica anterior, desenvolvida por Niels **Bohr** (1885-1962), e mostrava os problemas da tese de De Broglie.

☞ ADAPTANDO A TEORIA ONDULATÓRIA:

Na verdade, a teoria por trás da mecânica ondulatória era agora aplicada a todos os tipos de situação, com grandes efeitos. Infelizmente, ela também tinha alguns problemas fundamentais e Schrödinger estava consciente deles. O principal era que, tendo removido as partículas, era difícil oferecer uma explicação física para as propriedades e a natureza da matéria. O austríaco sugeriu a ideia de "pacotes de ondas" que dariam a impressão de partículas, como entendidas pela física clássica, mas que na verdade seriam ondas. As explicações que ele ofereceu, no entanto, não eram consistentes.

☞ A INTERPRETAÇÃO PROBABILÍSTICA:

Isso deixava o trabalho de Schrödinger suscetível a ser suplantado por outros, assim como ele havia aprimorado as ideias que surgiram antes dele. Logo depois, a interpretação probabilística da teoria quântica, baseada nas ideias de **Heisenberg** (1901-76) e Born (1882-1970), estabeleceu-se. Elas propunham efetivamente que a matéria não existia em nenhum lugar em particular, estando em todos os lugares ao mesmo tempo, até que alguém tentasse medi-la. Nesse ponto, as equações que eles apresentaram ofereciam a melhor "probabilidade" de encontrar matéria em um certo local. Enquanto isso é amplamente aceito como a explicação mais adequada hoje em dia, Schrödinger uniu-se a Einstein e a outros condenando uma visão tão simples e probabilística da Física, na qual nada era explicável por uma causa determinada e, essencialmente, causa e efeito não existiam.

Ironicamente, Paul Adrien Maurice Dirac (1902-84), outra importante influência na mecânica quântica, provou que a tese ondulatória de Schrödinger e a interpretação probabilística alternativa que ele rejeitava eram, ao menos matematicamente, equivalentes uma da outra. Schrödinger dividiu um Prêmio Nobel de Física com Dirac em 1933.

### O gato de Schrödinger:

*Esse famoso "animal" é, na verdade, parte de uma experiência mental criada por Erwin Schrödinger na década de 1930, para tentar explicar o problema de que, de modo completamente contrário à lógica, os átomos podiam existir em dois estados ao mesmo tempo, o decaído e o não decaído. Schrödinger usa a analogia de um gato preso em uma caixa com um frasco que contém veneno mortal. A tampa do frasco contém um átomo radioativo. Se o átomo decai, a partícula liberada abre o frasco e o gato morre. Esse é um exemplo de um sistema quântico, no qual aparentemente o gato existe em um estado indeterminado, porque o átomo está tanto decaído quanto não decaído, o que implica que o gato não observado não está morto nem vivo, o que é evidentemente absurdo.*

# HENRY MOSELEY
## (1887-1915)

> **Cronologia:** • *1910 Nomeado professor de Física na Universidade de Manchester.* • *1913 Publica seu primeiro artigo sobre os raios X, que contém os elementos que se tornariam conhecidos como Lei de Moseley.* • *1914 Publica um artigo declarando a existência de três elementos entre o alumínio e o ouro.* • *1915 Moseley é morto durante as aterrissagens de Gallipoli na Turquia durante a Primeira Guerra Mundial.*

Havia alguns futuros ganhadores de prêmios Nobel trabalhando com Ernest **Rutherford** na Universidade de Manchester alguns anos antes do início da Primeira Guerra Mundial. Um que bem poderia ter ganhado tal prêmio, mas foi impedido pela própria guerra de dar continuidade à sua carreira científica promissora foi o inglês Henry Gwyn Jeffreys Moseley. A despeito dos poucos anos de vida para fazer qualquer progresso científico, ele mesmo assim teve tempo de realizar o suficiente para ter seu nome incluído entre os grandes cientistas.

☞ ORIGENS ACADÊMICAS:

Moseley nasceu em uma família acadêmica, seu pai era um antropólogo e um zoólogo de ponta e seu avô, além de pastor, era reconhecido por seus trabalhos em Física, Matemática e Astronomia. Assim, depois de crescer em Weymouth, Dorset, não foi nenhuma surpresa que Moseley tenha se mostrado capaz de entrar na Oxford University para estudar ciência natural. Ele se graduou em 1910 e foi perspicaz em seguir na tradição familiar de pesquisadores entrando imediatamente na equipe de Rutherford em Manchester. Inicialmente, como muitos outros lá, ele trabalhou na tentativa de entender melhor a radiação, particularmente o rádio. Moseley, no entanto, logo ficou interessado pelos raios X, aprendendo novas técnicas para medir suas frequências. Um método havia sido desenvolvido de colocar metais em um tubo de raio X e usar cristais para difratar a radiação emitida, que tinha um comprimento de onda específico de acordo com o elemento que estava sendo testado.

*Morto em Gallipoli com apenas 27 anos, Moseley fez o suficiente para assegurar seu lugar entre os grandes*

☞ EXAMINANDO O ESPECTRO DO RAIO X:

Em 1913, Moseley examinou o espectro do raio X de mais de 30 elementos metálicos e registrou as frequências das linhas produzidas. Ele notou que as linhas moviam-se de acordo com o peso atômico dos elementos. Além disso, ele logo deduziu que as frequências de radiação produzidas estavam relacionadas aos quadrados de certos números inteiros incrementais. Esses números eram eles próprios indicativos do "número atômico" dos elementos e, portanto, de sua posição na tabela periódica. Além disso, Moseley percebeu que esse número atômico era o mesmo que a carga positiva do núcleo de um átomo (e, por consequência, que também era o número de elétrons com a carga negativa correspondente em um átomo).

Ao unir a carga no núcleo com o número atômico e, assim, a posição de um elemento na tabela periódica, Moseley tinha encontrado uma relação vital entre a composição física do átomo de um elemento e suas propriedades químicas (como era indicado pela sua posição na tabela periódica). Na verdade, a mudança significou que as propriedades de um elemento eram agora consideradas muito mais em termos de seu número atômico do que de seu peso atômico, como antes se pensava.

☞ REEXAMINANDO MENDELEEV:

Ao realinhar a tabela periódica de acordo com esse número atômico em vez do peso atômico, algumas inconsistências na versão de **Mendeleev** podiam ser resolvidas de uma maneira lógica. Algo ainda mais notável é o fato da "Lei de Moseley" (o princípio que ele expôs na descrição da relação entre a frequência do raio X de um elemento e seu número atômico) previa que havia vários elementos que faltavam na tabela periódica, que ele aprimorava e reestruturava-a de acordo com seus achados. Naturalmente, ele conseguiu prever os números, pesos e outras propriedades atômicas dos elementos ainda não descobertos a partir de sua posição esperada na tabela. Nos anos seguintes, os ausentes foram encontrados e dispostos nos seus devidos lugares.

### Uma vida interrompida:

*Infelizmente, Moseley não viveu o bastante para ver suas previsões tornarem-se realidade. Na eclosão da Primeira Guerra Mundial, alistou-se com os Royal Engineers (engenheiros reais). Ele foi morto no ano seguinte, ao levar um tiro na cabeça em uma emboscada na Batalha da Baía Suvla, em Gallipoli. Com apenas 27 anos, a ciência havia perdido uma de suas mentes jovens mais brilhantes, então já amplamente reconhecida por seu trabalho realizado; seu potencial para comprovar ainda mais seu gênio foi cruelmente interrompido por um único tiro.*

# EDWIN HUBBLE
## (1889-1953)

> **Cronologia:** • *1919 Hubble entra para a equipe do Observatório em Monte Wilson.* • *1923 Prova que o Universo se estende para além das fronteiras de sua casa, a Via Láctea.* • *1925 Cria o primeiro esquema útil para classificar as galáxias.* • *1929 Demonstra que o Universo está em expansão.* • *1936 Publica The Realm of the Nebular* (O reino das nebulosas), *o livro de ciência mais popular do ano.* •*1990 O enorme telescópio espacial é chamado de Hubble em sua homenagem.*

O homem que mudou completamente nossa visão da bolha na qual tudo existe foi quase perdido para o boxe e, depois, para o Direito. O jovem Hubble era um lutador tão bom durante sua época, quando estudante de Astronomia e Matemática na Universidade de Chicago, que alguns promotores de boxe tentaram persuadi-lo a tornar-se profissional. Ele recusou a oferta. Mas não perdeu a chance de ir para a Oxford University, no Reino Unido, com uma bolsa de estudos Rhodes para estudar Direito em 1910. Ele obteve corretamente seu diploma em 1912 e pensou em fazer uma carreira em Direito ao retornar para os Estados Unidos. Em comparação com a Astronomia, no entanto, ele achava o assunto chato, então, em vez disso, voltou para Chicago para obter seu doutorado no campo do estudo que ele amava. Depois de servir e de ser ferido na Primeira Guerra Mundial, ele finalmente teve a chance de observar as estrelas profissionalmente, assumindo um posto no Observatório de Monte Wilson, na Califórnia, em 1919, onde passaria a maior parte de sua carreira.

O astrônomo teve sorte, pois logo depois de sua chegada o observatório construiu um novo telescópio de 100 polegadas, que era o mais potente do mundo na época e permitiu que Hubble observasse os céus em um nível de detalhe inédito. Ele rapidamente tirou vantagem desse privilégio. O americano estava particularmente interessado nas muitas "nebulosas" nos céus, que eram vistas como nuvens de poeira dentro da nossa própria galáxia, a Via Láctea. Na verdade, acreditava-se na época que só havia essa galáxia que, de acordo com as medidas do contemporâneo e rival de Hubble, Harlow Shapley (1885-1972), tinha aproximadamente 300 mil anos-luz de comprimento (esse número foi posteriormente revisto para 100 mil anos-luz). Centrando-se na nebulosa de Andrômeda, Hubble utilizou uma técnica desenvolvida pelo próprio Shapley para verificar que essa "nuvem" estava a cerca de 900 mil anos-luz da Terra e que, portanto, estava claramente fora da Via Láctea. Além disso, Hubble logo percebeu que essas nebulosas em formato espiral eram, na verdade, outras galáxias, muito parecidas com a nossa. Havia, literalmente, milhões delas no céu, contendo bilhões de outras estrelas. Os resultados eram impressionantes, alterando completamente nossa percepção do tamanho do Universo, trazendo assim fama imediata para Hubble.

*Quando Hubble mediu as distâncias das galáxias da Terra, descobriu que elas estavam se afastando*

☞ AS GALÁXIAS SE AFASTAM:

Além disso, durante os anos seguintes, Hubble continuou a medir as distâncias das galáxias da Terra e descobriu que elas pareciam estar se distanciando ou se "afastando". E mais: quanto maior a distância entre a Terra e a galáxia, mais rápido a última parecia se afastar. Em 1927, Hubble chegou à única conclusão lógica: o Universo, que a maior parte dos astrônomos acreditava ser estático, estava na verdade se expandindo. Outros cientistas tinham mencionado essa possibilidade pela primeira vez alguns anos antes, mas agora Hubble havia fornecido indícios conclusivos. Na verdade, o próprio Einstein tinha desenvolvido uma teoria anterior que dependia do fato de o Universo estar em movimento de expansão ou retraimento para funcionar, mas a havia alterado porque os astrônomos haviam lhe dito que o Universo era definitivamente estático. Ele posteriormente mencionou essa alteração, ao ouvir que o Universo estava realmente se expandindo, como "a maior besteira da minha vida".

☞ A CONSTANTE DE HUBBLE:

Em 1929, Hubble havia medido as distâncias de galáxias o suficiente para anunciar sua formulação da "constante de Hubble". Ele havia calculado a velocidade na qual as galáxias retrocedem, bem como sua distância multiplicada por essa constante. Embora Hubble tenha superestimado o valor da constante, sua fórmula era válida. As correções têm desde então permitido aos astrônomos estimar o raio do Universo a um máximo de 18 bilhões de anos-luz e sua idade entre 10 e 20 bilhões de anos. Hubble ainda forneceu um sistema de classificação de galáxias que é amplamente utilizado até hoje.

---

### O legado de Hubble:

*Edwin Hubble, mais conhecido hoje em dia por causa do telescópio espacial, nomeado em sua homenagem, revolucionou nossa compreensão do Cosmos. Da mesma maneira que se esperava que o telescópio aprimorasse nossa percepção do Universo após seu lançamento em 1990, o americano forneceu o "retrato" mais incrível do espaço que os humanos já haviam visto, cerca de 65 anos antes.*

*A ideia de um Universo que se expande permitiu aos cientistas, entre outras coisas, encontrar um consenso na origem do espaço e estabelecer a teoria do big bang. Na verdade, o princípio de um Cosmos em expansão tem estado no centro da teoria astronômica desde então.*

# Sir James Chadwick
## (1891-1974)

**Cronologia:** • *1911-13 Chadwick gradua-se na Universidade de Manchester e passa os dois anos seguintes trabalhando para Ernest Rutherford.* • *1913 Muda-se para Berlim para estudar com o renomado Hans Geiger.* • *1920 Une-se novamente a Rutherford no Laboratório Cavendish em Cambridge.* • *1932 Descobre o neutrino.* • *1935 Chadwick recebe o Prêmio Nobel de Física.*

O inglês James Chadwick tinha uma carreira respeitável em Física, primeiramente como assistente de Ernest **Rutherford** (1871-1937), mesmo antes de ele fazer a descoberta que garantiria sua entrada neste livro. Sua solução de um dos mistérios mais duradouros, que diziam respeito à estrutura básica do átomo, por meio de sua descoberta do nêutron, no entanto, provocou sua elevação de pesquisador pouco conhecido a físico celebrado.

Em 1910, Chadwick uniu-se novamente a Rutherford, tendo trabalhado com ele em uma ocasião anterior, em Manchester, quando o último assumiu seu posto como chefe do Laboratório Cavendish em Cambridge. Eles trabalharam lá com sucesso até 1935, quando Chadwick deixou o laboratório para tornar-se professor de Física na Universidade de Liverpool. O trabalho anterior de Chadwick em Cambridge envolvia, principalmente, bombardear os elementos com partículas alfa de modo a observar a transmutação e os outros efeitos que isso provocaria. Um importante resultado disso foi a dedução de que o núcleo do átomo de hidrogênio, o próton positivamente carregado com peso atômico 1, estava na verdade presente nos núcleos de todos os outros átomos, só que em maiores quantidades.

## *A descoberta de Chadwick do nêutron tornou possível o desenvolvimento da bomba atômica*

☞ O PESO DE UM ÁTOMO:

Esse trabalho, no entanto, ainda deixava dificuldades na explicação do peso atômico dos átomos. A principal delas era o fato de que a massa de componentes conhecidos de um átomo simplesmente não fazia sentido. Os prótons pareciam representar cerca de metade do peso e combinavam em número com uma quantidade igual de elétrons negativamente carregados para balancear sua carga positiva. Mas o peso de um elétron era de um milésimo de um próton, então ainda aproximadamente metade do peso atômico dos elementos vinha não se sabia de onde. Uma das teorias mais importantes sugeria que a massa não encontrada também era de prótons, cujas cargas e, portanto, eles mesmos estavam "escondidos" em elétrons adicionais localizados no interior do núcleo. O problema com essa ideia, no entanto, era que, quando os núcleos eram decompostos, não se encontrava indício desses elétrons adicionais.

☞ UM BOMBARDEADOR DE PARTÍCULAS ALFA:

Finalmente, Chadwick resolveu o mistério em 1932, depois de reinterpretar os resultados de um experimento feito por Irène e Frédéric Juliot-Curie (Irène era filha de Pierre e Marie **Curie**). O casal havia descoberto em 1932 que, quando o elemento berílio era bombardeado com partículas alfa, a radiação resultante podia forçar os prótons para fora das substâncias que continham hidrogênio. Eles haviam concluído que a emissão que provocava essa reação era feita de raios gama, mas Chadwick logo provou que não havia como raios fazerem isso. Na verdade, era muito mais provável que unidades subatômicas de carga neutra, que ele chamou de nêutrons, com o mesmo peso dos prótons, pudessem forçar essa reação e que, portanto, compunham a radiação. Rutherford tinha sugerido a existência de uma partícula semelhante em 1920, mas agora havia indícios fortes para isso. A explicação foi amplamente aceita e, por fim, a charada do peso atômico havia sido resolvida: um número semelhante de nêutrons e prótons, no átomo de um elemento, completaria os restantes 50% da massa previamente "perdida".

Chadwick tornou-se cavaleiro em 1945, em parte por sua descoberta, mas principalmente por seus serviços científicos prestados à Inglaterra durante a Segunda Guerra Mundial. Na verdade, a carreira de Chadwick foi seriamente afetada pelas duas grandes guerras, mas de maneira bastante diferentes. Ele perdeu quatro anos de desenvolvimento científico, ao passar a Primeira Guerra Mundial aprisionado em um estábulo de corrida depois de ter tido a infelicidade de estar na Alemanha realizando um trabalho com Hans Geiger (1882-1945) na eclosão das hostilidades. Da segunda vez, no entanto, ele passou a maior parte do tempo nos Estados Unidos como chefe efetivo da delegação britânica no desenvolvimento da bomba atômica.

Chadwick recebeu o Prêmio Nobel de Física em 1935, por sua descoberta do nêutron.

---

**Outras realizações:**

*A descoberta dos nêutrons feita por Chadwick – partículas elementares sem qualquer carga elétrica – foi crucial no desenvolvimento da Física nuclear. Em contraste com os núcleos do hélio (raios alfa) que são carregados e, portanto, repelidos por forças elétricas consideráveis presentes nos núcleos de átomos pesados, o nêutron é capaz de penetrar e dividir os núcleos, mesmo dos elementos mais pesados, criando a possibilidade da fissão do urânio-235. Isso tornou possível a bomba atômica. Por essa descoberta, que marcou uma época, Chadwick recebeu o Prêmio Nobel de Física em 1935.*

# Frederick Banting

(1891-1941)

**Cronologia:** • *1916 Banting gradua-se como médico no Victoria College, Toronto, e entra para o corpo médico do Exército canadense.* • *1918 Recebe a Cruz Militar por coragem em ação; sendo reformado pelo Exército.* • *1921 Com Charles Best, começa o estudo do papel do pâncreas na diabetes.* • *1923 A dupla produz e patenteia a insulina; a empresa farmacêutica Eli Lilley começa a produção industrial da insulina; eles recebem o Prêmio Nobel de Medicina.* •*1 939 Entra para a unidade médica do Exército canadense durante a Segunda Guerra Mundial.* • *1941 É morto quando seu avião cai na rota entre a Inglaterra e a Terra Nova.*

Até a década de 1920, a diabetes tinha sido uma assassina implacável. Em 1921, após apenas alguns meses de experiência, o canadense Frederick Grant Banting levou seu tratamento a uma revolução e praticamente da noite para o dia ofereceu a possibilidade de salvar milhões de vidas.

Banting havia se graduado em Medicina em 1916, no Victoria College, em Toronto. Em 1920, depois de retornar da Primeira Guerra Mundial condecorado com a Cruz Militar por bravura, Banting abriu um consultório em Londres, Ontário. Na mesma época, realizou trabalho de pesquisa na escola de Medicina local, centrando-se em estudos relacionados ao pâncreas.

☞ PESQUISA INICIAL:

Estudos anteriores haviam demonstrado que quase com certeza havia alguma relação entre o pâncreas e a diabetes, mas ao mesmo tempo não se entendia que relação era essa. Nós agora sabemos que um hormônio no interior do pâncreas controla a quantidade de açúcar na corrente sanguínea. Diabéticos não têm essa função e, sem tratamento, são mortos gradualmente pela glicose posta sem controle nos seus sistemas. Banting não tinha a confirmação desse dado, mas suspeitava que a causa podia ser algo sob seu efeito.

Sua especialização em estudos do pâncreas foi em uma área chamada ilhotas de Langerhans. Banting acreditava que essas ilhotas eram, provavelmente, os produtores de algum tipo de hormônio que, se existisse, controlaria os níveis de glicose no corpo. Ele percebeu que, se esse hormônio pudesse ser extraído, seria possível criar um tratamento injetável para os diabéticos.

*Na era da Aids e do Ébola, não se pode esquecer que a diabetes também já foi uma doença mortal*

☞ BANTING E BEST:

Em 1921, Banting começou uma série de testes junto com Charles Herbert Best (1899-1978), que era pesquisador assistente na Universidade de Toronto, depois de ter sido apresentado a ele pelo professor John James Rickard MacLeod (1876-1936), que também trabalhava na universidade. Os dois pesquisadores receberam de MacLeod um laboratório na universidade e alguns cachorros para realizar experiências. Eles extraíram material das ilhotas de Langerhans do pâncreas dos cachorros, depois de impedir que outros fluidos pancreáticos entrassem, em um esforço para extrair a amostra mais pura possível. Os cientistas, em seguida, removeram o pâncreas de alguns cachorros, esperando induzir a diabetes. Isso logo aconteceu, então seu passo seguinte foi tentar tratar os cachorros com seu extrato. Funcionou. Os sintomas da doença logo ficaram sob controle.

☞ A PRODUÇÃO DE INSULINA:

Após seu sucesso, Banting e Best, seguindo a sugestão de MacLeod, decidiram purificar ainda mais seu extrato antes de testá-lo em humanos. Essa tarefa foi dada a James Bertram Collip (1892-1965), um bioquímico, e a solução que ele produziu foi chamada de insulina. Testes humanos aconteceram em 1923, com impacto imediato. Pacientes moribundos se recuperaram e, de repente, a diabetes tornou-se controlável, permitindo um estilo de vida normal. No mesmo ano, a produção industrial da insulina começou, feita a partir do pâncreas de porcos, e os pacientes no mundo todo logo receberam seus benefícios salvadores de vidas.

Banting recebeu o Prêmio Nobel de Medicina em 1923. Ele foi compartilhado, não com muita justiça, com MacLeod, que havia apenas contribuído com uma pequena parte na descoberta, mas não com Best, que esteve ativamente envolvido nela.

Para equilibrar um pouco as coisas, Banting dividiu sua porção do prêmio em dinheiro com Best e MacLeod, com Collip. A atitude heroica que Banting demonstrou durante a Primeira Guerra Mundial foi novamente requisitada na Segunda, quando ele realizava pesquisas perigosas sobre os efeitos de gases venenosos. Infelizmente, dessa vez ele sucumbiu, não por causa dos gases, mas em um acidente aéreo, quando voava do Canadá para o Reino Unido a fim de compartilhar sua pesquisa com os britânicos.

### Uma única descoberta salva milhões de vidas:

*Enquanto muitos dos cientistas neste livro são conhecidos por uma série de descobertas e invenções, outros são igualmente celebrados por apenas uma. Esse é o caso de* sir *Frederick Banting. Quando se pensa em doenças assassinas, tende-se a pensar na Aids ou no Ébola. É difícil imaginar que a diabetes esteja na mesma categoria e, mesmo assim, antes da descoberta da insulina, a diabetes significava a sentença de morte rotineira de milhões que tinham o azar de tê-la. Graças a* sir *Frederick Banting, esse não é mais o caso.*

# Louis de Broglie
## (1892-1987)

**Cronologia:** •*1913* De Broglie gradua-se. •*1914* Entra para o Exército francês, onde permanece até o fim da Guerra em 1918. •*1924* Na Faculdade de Ciências da Universidade de Paris, apresenta a tese Recherches sur la Théorie des Quanta *(Pesquisas sobre a teoria quântica).* •*1927* Demonstra que os elétrons e outras partículas subatômicas têm propriedades de ondas. •*1929* Recebe o Prêmio Nobel de Física por seu trabalho com partículas subatômicas. •*1952* Recebe o primeiro prêmio Kalinga da Unesco, por seus esforços em explicar a Física moderna para os leigos. •*1987* Morre em Paris, com 95 anos de idade.

Louis de Broglie provavelmente tinha uma das histórias de família mais estranhas na Física quântica, com um nome a zelar. Seu título de príncipe era uma honra concedida aos seus ancestrais por serviços prestados aos austríacos em uma guerra do passado. De Broglie, no entanto, era primeiramente um francês de família aristocrática, o que significa que posteriormente herdou o título de "duque", tornando-se chefe de sua família com a morte do pai.

☞ DA HISTÓRIA PARA A CIÊNCIA:

Seus estudos iniciais em História foram seguidos por um período de trabalho na estação de rádio Torre Eiffel durante a Primeira Guerra Mundial, o que significa que ele teve um caminho mais longo até a aclamação em física. Seu trabalho no famoso cartão-postal foi um estímulo para seu interesse em ciência, levando De Broglie a entrar na Sorbonne para estudar Física, depois da guerra. Isso iria ter um enorme impacto.

*Se ondas podiam se comportar como partículas, por que as partículas não podiam se comportar como ondas?*

☞ DE ONDAS E PARTÍCULAS:

De Broglie pode ter levado algum tempo para voltar-se para a ciência, mas ele foi rapidamente notado. Na verdade, foi sua tese de doutorado de 1924 que formou a base de sua fama. O tema principal dizia respeito à extensão natural da teoria quântica que já havia sido exposta. **Einstein** (1879-1955) tinha sugerido em um dos seus artigos de 1905 que o misterioso efeito "fotoelétrico" podia ser explicado por uma interpretação que incluísse ondas eletromagnéticas comportando-se como partículas; de fato, as ondas eram, na verdade, construídas por uma corrente de partículas (chamada "quanta" ou "fótons"). O que De Broglie fez foi simplesmente pensar o contrário: se ondas podem se comportar como partículas, por que as partículas não se comportariam como ondas?

☞ COMPORTAMENTO DO ELÉTRON:

Sua conclusão era que, de fato, elas podiam; então, ele formulou uma prova teórica da sua ideia que envolvia o comportamento dos elétrons. Na Física clássica, eles eram inquestionavelmente considerados partículas, peças distintas da matéria física. Ao aplicar a teoria quântica, no entanto, De Broglie conseguiu demonstrar que um elétron podia também agir como se fosse onda com seu comprimento de onda, calculado simplesmente ao se dividir a "constante de Planck" pelo *momentum* do elétron em qualquer instante. Embora a proposta soasse extremamente teórica, mostrou-se, notavelmente, que ela era plausível por meio de indícios experimentais, logo depois.

☞ DUALIDADE ONDA-PARTÍCULA:

O resultado foi um debate entusiasmado acerca da "dualidade onda-partícula" da matéria e de questões sobre que interpretação estava correta. **Schrödinger** (1887-1961), **Heisenberg** (1901-76) e Born (1882-1970), entre outros, logo ofereciam argumentos atraentes. Por fim, Niels **Bohr** (1885-1962) deu alguma contribuição ao debate por volta de 1927, ao enfatizar a futilidade da discussão, mostrando que o equipamento usado nos experimentos para tentar provar o caso, de uma forma ou de outra influenciava em grande parte os resultados. Um princípio de "complementaridade" tinha, portanto, de ser aplicado, sugerindo que todas as provas experimentais, tanto de um lado quanto de outro, eram uma série de respostas parcialmente corretas que tinham de ser interpretadas lado a lado para se chegar à melhor descrição. Por fim, no entanto, as teorias "probabilísticas" de Heisenberg e Born venceram. Nesse contexto, em que causa e efeito haviam sido logicamente removidos da Física atômica, De Broglie, assim como Einstein e Schrödinger, começou a questionar a direção que a teoria quântica estava tomando e rejeitou muitas de suas descobertas.

### Outras realizações:

*Havia inúmeros físicos entrando no debate que cercava a teoria quântica em meados da década de 1920. A maior parte dos contribuintes principais era formada de professores bem estabelecidos, doutores ou especialistas em Física, o que torna o fato de Louis de Broglie ter sido, a princípio, historiador, algo ainda mais notável. No entanto, seu caminho incomum até a proeminência científica não o tornou menos capaz quando ele finalmente chegou lá, ao propor uma teoria quântica que mais uma vez abriria um novo campo de investigação.*

# ENRICO FERMI
## (1901-1954)

Cronologia: • *1923 Fermi estuda com Max Born em Göttingen, Alemanha.* • *1934 Descobre os nêutrons lentos.* • *1938 Recebe o Prêmio Nobel de Física.* •*1939 Foge da Europa e muda-se para os Estados Unidos.* • *1942 Realiza reação nuclear em cadeia artificial.* • *1949 Argumenta contra o desenvolvimento da bomba de hidrogênio.*

Enrico Fermi, provavelmente o cientista italiano mais talentoso do século XX e, possivelmente, desde **Galileu**, pode não ter tido ideia do resultado que seu trabalho experimental realizado em Roma, em meados da década de 1930, viria a ter. Ele estava trabalhando sistematicamente nos elementos, para estudar que efeitos eles sofreriam com uma técnica de bombardeamento de nêutrons que ele havia descoberto. A maioria ofereceu resultados previsíveis, ou ao menos nada extraordinários. Quando ele chegou no urânio, o elemento natural mais pesado, no entanto, alguma coisa muito estranha aconteceu, que teria um impacto enorme na Física e além dela. Alguns anos depois, em Chicago, Fermi sentiria na pele o potencial de sua descoberta. Fermi e sua mulher judia tiveram de fugir para os Estados Unidos, após a ascensão antissemita na Itália.

### ☞ O NÚCLEO DO URÂNIO:

Logo depois, ele recebeu relatórios de uma reinterpretação do seu experimento com bombardeamento de urânio. O próprio Fermi estava inseguro com o que havia acontecido, suspeitando da possibilidade de que talvez o urânio houvesse se transmutado em elementos novos e mais pesados. Agora, no entanto, uma explicação alternativa era oferecida pelos cientistas alemães Otto Hahn, Fritz Strassmann e Lise Meitner, a de que o núcleo do urânio tinha, na verdade, sido quebrado em uma série de elementos menores. Além disso, essa fissão nuclear tinha feito parte da massa do urânio ser convertida em quantidades potencialmente enormes de energia, seguindo a fórmula de **Einstein** de que $E = mc^2$. Essa reinterpretação feita na Alemanha foi exposta quando Meitner e seu sobrinho Otto Frisch fugiram do governo nazista.

*"O navegador italiano", disse um comentador, "desembarcou em um novo mundo"*

### ☞ UM NOVO MUNDO:

Fermi imediatamente percebeu o impacto da análise e começou a trabalhar na reprodução do experimento com Niels **Bohr**, em sua chegada aos Estados Unidos. Eles confirmaram seus melhores e piores medos: usando o isótopo-235 do urânio, uma reação nuclear em cadeia poderia quase certamente ser criada como base de uma bomba atômica. Fermi foi recrutado pelo Projeto Manhattan para assegurar que os Estados Unidos criassem a bomba de fissão nuclear antes dos alemães. Fermi liderou uma equipe em Chicago, buscando criar uma reação nuclear autossustentável. Em 2 de dezembro de 1942, sua equipe havia criado uma "pilha atômica" de blocos de grafite, intercalados com urânio, que produziria uma reação em cadeia autossustentada por quase meia hora. "O navegador italiano", disse um comentador para o comitê do projeto, "acabou de desembarcar no novo mundo." Menos de três anos depois, a tecnologia seria utilizada nas primeiras bombas atômicas, com um efeito devastador.

A descoberta inocente feita na Itália, em 1930, que levou a consequências tão incríveis, havia sido o conceito de Fermi do bombardeamento de nêutrons na transmutação artificial dos elementos. Os Juliot-Curie haviam anunciado em 1934 sua descoberta de que os isótopos radioativos podiam ser criados artificialmente bombardeando-se alguns elementos com partículas alfa.

☞ SOBRE OS NÊUTRONS:

Fermi havia rapidamente percebido que os recém-descobertos nêutrons seriam ainda mais apropriados a esse propósito, porque sua carga neutra, muito provavelmente, lhes permitiria entrar nos núcleos dos elementos sem resistência. Por acaso, ele também descobriu o fenômeno dos "nêutrons lentos", ao colocar um pedaço de parafina sólida na frente do seu elemento alvo durante o bombardeamento. Isso teve o efeito de retardar os nêutrons antes que atingissem o elemento, o que significa que eles seriam expostos aos seus núcleos por mais tempo e, portanto, teriam uma chance muito maior de ser "puxados" para criar novos isótopos. Enquanto Fermi trabalhava com os elementos aplicando essas descobertas, ele criou muitos novos isótopos radioativos, o que foi considerado realização suficiente para que fosse premiado com o Nobel de Física em 1938. Foi apenas após ele receber esse prêmio que as consequências mais significativas de seu trabalho quando aplicadas no urânio seriam percebidas.

### Outras realizações:

*No começo de sua carreira, Fermi tinha estabelecido sua reputação com um trabalho importante em Física teórica. A realização mais notável nessa área foi seu conceito de desintegração radioativa beta. Ela dizia respeito à teoria de que um próton poderia ser criado a partir de um nêutron, por meio da perda de um elétron (uma partícula beta) e algo conhecido como um antineutrino.*

*Seria, no entanto, por suas realizações em Física experimental que o italiano seria lembrado, deixando para trás um mundo, após sua morte prematura por câncer, muito diferente daquele em que ele havia entrado cerca de apenas meio século antes.*

# WERNER HEISENBERG

(1901-1954)

**Cronologia:** • *1922 Heisenberg estuda em Göttingen, Alemanha, com Born.*
• *1925 Heisenberg desenvolve sua abordagem radical da teoria quântica.* • *1927 Formula seu famoso "Princípio da Incerteza".* • *1932 Recebe o Prêmio Nobel de Física.*

O desenvolvimento de Heisenberg da mecânica matricial, em 1926, gerou uma controvérsia no mundo privilegiado da teoria quântica. Como muitos outros físicos, Heisenberg também tinha refletido sobre o debate centrado na questão dos elétrons e outros fenômenos atômicos se comportarem ou não como partículas. Heisenberg encontrou uma solução simples: ignorou os dois argumentos! No lugar deles, Heisenberg propôs que o único fator importante era ser capaz de predizer matematicamente a ocorrência de traços atômicos que pudessem ser medidos ou observados, tais como frequência e emissões de luz. Então, aplicou álgebra ao problema e desenvolveu uma solução matematicamente baseada, que veio a ser conhecida como mecânica matricial. Os poderes de previsão e quantificação desse novo esquema eram excelentes e Heisenberg recebeu o Prêmio Nobel por esse desenvolvimento em 1932.

### ☞ O PRINCÍPIO DA INCERTEZA:

O esquema também tinham uma extensão lógica e foi essa parte da teoria que **Einstein** mais rejeitou. Heisenberg expressou-a como seu princípio da "incerteza" em 1927. Quando buscava destacar suas bases para ignorar a ideia visual de um átomo e considerá-lo apenas matematicamente, Heisenberg percebeu que, na realidade física, não era possível medir tanto a posição exata quanto o *momentum* exato de uma partícula ao mesmo tempo. A razão disso era simples: se alguém realizasse um experimento para determinar a posição de, digamos, um elétron em um determinado instante, algo como raios gama teriam de ser defletidos da partícula para que ela fosse localizada. Ao fazer isso, a posição pode ser identificada, mas o *momentum* do elétron pode ser radicalmente alterado pela interação com os raios gama. Da mesma forma, se técnicas menos intrusivas forem usadas para encontrar o elétron, o *momentum* original poderia ser melhor preservado, mas a precisão no posicionamento pode ser afetada. Isso significava que o melhor que se poderia esperar era uma previsão matemática da probabilidade da posição e localização do elétron em determinado instante, e Heisenberg apresentou sua fórmula.

*Pode-se conhecer a posição ou o* momentum *de uma partícula: não os dois ao mesmo tempo*

### ☞ PERTURBANDO CAUSA E EFEITO:

Infelizmente, a conclusão lógica de aceitar tal coisa é que causa e efeito, da maneira como são entendidos na Física clássica, não podem mais ser produzidos. O melhor que se pode esperar é uma série de probabilidades acerca do comportamento de qualquer partícula em qualquer ponto do presente ou do futuro. A interpretação "probabilística" de Max Born, expressa mais ou menos na mesma época, acerca da possibilidade de se encontrar uma partícula em um determinado ponto, por meio da probabilidade definida pela amplitude da onda associada a ela, levou a conclusões semelhantes. Ao ouvir as ideias radicais, Einstein observou: "Deus não joga dados. Ele pode ser sutil, mas não é malicioso". Mesmo assim, o método é hoje amplamente aceito.

### ☞ DESENVOLVENDO A BOMBA:

Heisenberg participou também de outro trabalho importante. Depois de **Chadwick** (1891-1974) ter descoberto o nêutron em 1932, foi Heisenberg quem sugeriu o modelo do próton e do nêutron juntos no núcleo do átomo. Além disso, Heisenberg teve um papel importante e controverso nas tentativas da Alemanha de desenvolver uma bomba atômica durante a Segunda Guerra Mundial. Diferentemente de muitos dos seus compatriotas, Heisenberg não deixou seu país quando Hitler subiu ao poder, mas também não era nenhum simpatizante nazista. O governo estava consciente do conhecimento atômico de ponta de Heisenberg, no entanto, obrigou-o a chefiar uma equipe que tentava criar uma bomba atômica. Como o foco principal dos nazistas era o desenvolvimento de outros tipos de arma, no entanto, a equipe não trabalhou a tempo de alterar o curso da guerra. Além disso, Heisenberg afirmou, depois da guerra, que ele de qualquer forma não tinha intenção nenhuma de deixar o projeto ser bem-sucedido e entregar um artefato tão poderoso a Hitler. Ele insistiu que, se tivesse sido necessário, teria usado sua posição para sabotar o progresso da equipe se ela tivesse chegado próxima de criar tal artefato.

### A influência de Heisenberg:

*De todos os modelos de teoria quântica competindo na década de 1920, as teorias desenvolvidas por Werner Heisenberg, junto com as propostas baseadas em princípios semelhantes por seu compatriota alemão Max Born (1882-1970), foram as que mais perduraram. A abordagem que tornou a ciência da Física uma mera série de probabilidades imprevisíveis chocou um dos maiores cientistas do século, Albert Einstein, entre outros, mas as ideias de Heisenberg funcionaram e, como consequência, continuam a ser aceitas.*

# LINUS CARL PAULING

(1901-1994)

Cronologia: • *1925 Pauling defende seu doutorado em Química no Instituto de Tecnologia da Califórnia.* • *1934 Começa o estudo de moléculas complexas de tecidos vivos, particularmente em conexão com proteínas.* • *década de 1940 Pauling fica interessado em anemia falciforme.* • *1954 Recebe o Prêmio Nobel de Química.* • *1961 Explica a base molecular da anestesia.* • *1962 Recebe o Prêmio Nobel da Paz.*

Linus Carl Pauling é particularmente conhecido por suas contribuições à Química estrutural e sua aplicação da teoria quântica nessa área, além do fato de ter sido realmente o fundador da Biologia molecular. Na última fase de sua vida, ele conseguiu o que poucos cientistas conseguiram na história, grande fama entre o público geral, principalmente por sua postura antinuclear e pela defesa das propriedades saudáveis de grandes quantidades de vitamina C.

Pauling recebeu seu primeiro Prêmio Nobel, de Química, em 1954, pelo progresso significativo que havia feito na compreensão de ligações químicas, em particular, moleculares. Anteriormente, no mesmo século, o conterrâneo americano de Pauling, Gilbert Lewis (1875-1946), tinha oferecido muitas das explicações básicas para a ligação estrutural entre os elementos que agora são conhecidos na Química. Elas incluíam o compartilhamento de um par de elétrons entre átomos e a tendência dos elementos de se combinar uns com os outros de modo a "preencher" suas "casas" elétricas, de acordo com órbitas rigidamente definidas (com dois elétrons na órbita mais próxima do núcleo, oito na segunda órbita, oito na terceira e assim por diante). Pauling agora se apoiava nesses esforços para pesquisar ligações mais complexas entre moléculas. Embora tenha passado boa parte de sua carreira no Instituto de Tecnologia da Califórnia, os dois anos na Europa trabalhando ao lado de alguns dos melhores cérebros em teoria quântica física, em 1926 e 1927, influenciaram de modo decisivo seu trabalho posterior em Química estrutural.

*"Eu queria entender o mundo!" – Linus Carl Pauling, quando perguntaram por que ele se tornou cientista*

☞ UMA NOVA ABORDAGEM PARA A QUÍMICA:

Ele foi um dos primeiros a perceber o impacto dessa nova interpretação física na compreensão, em uma perpectiva química, das ligações e da natureza das moléculas e cristais. Foi sua aplicação da teoria quântica na Química estrutural – na verdade, alguns dizem que isso de fato fundou a Química estrutural no sentido moderno – que permitiu a Pauling fazer grandes avanços. Ele reuniu quantidades enormes de dados que diziam respeito a medidas e propriedades de moléculas e cristais. Isso o ajudou a estabelecer o objeto de estudo que podia ser aplicado em previsões futuras, incluindo a formulação, em 1929, de uma série de regras importantes sobre a estabilidade das estruturas moleculares. Ele resumiu todas as suas ideias nessa área em seu livro de 1939, *The Nature of the Chemical Bond and the Structure of Molecules and Crystals* (A Natureza da ligação química e a estrutura das moléculas), que se tornou uma grande autoridade no assunto.

Pauling mais tarde voltou-se novamente para a Bioquímica, fundando, de fato, um novo ramo da ciência conhecido como Biologia molecular, por meio da sua descoberta da primeira "doença molecular", a anemia falciforme. Ele também formulou teorias sobre o sistema imunológico, dando explicações químicas para a maneira como os anestésicos funcionavam e oferecendo ideias sobre a estrutura das proteínas. Ele também se envolveu na "corrida do DNA", para entender a estrutura do ácido nucleico. Embora sua resposta estivesse errada, Pauling forneceu uma base com a qual Watson (1928-), Crick (1916-2004) e Wilkins (1916-2004) puderam comparar seus estudos, assim como aproveitar alguns de seus métodos.

☞ UMA CONSCIÊNCIA PACIFISTA:

Ironicamente, Pauling entrou na consciência coletiva menos por suas realizações químicas e mais por sua postura contra as armas nucleares e contra a guerra, em geral. Ele recusou-se a participar do Projeto Manhattan durante a Segunda Guerra Mundial e, na verdade, sua postura cada vez mais antinuclear depois da guerra levou a acusações de falta de patriotismo e a algum assédio das autoridades. Por seus esforços, no entanto, ele recebeu o Prêmio Nobel da Paz, em 1962. A controvérsia continuou a perseguir Pauling quando ele encorajou o público a tomar enormes quantidades de vitamina C em virtude de suas alegadas propriedades saudáveis. Havia pouco indício científico para isso, mas a mudança que ela havia provocado em sua própria saúde era notável e foi a motivação de sua apologia.

### Outras realizações:

*Visto por muitos como o químico mais influente do século XX, Pauling é diferente de muitos cientistas neste livro, pelo fato de que não é lembrado por uma única teoria que mudou o mundo, mas por uma diversa gama de melhorias na nossa compreensão da Bioquímica. Com uma memória incrível e instinto para encontrar soluções possíveis para os problemas e, em seguida, confirmá-los pela experimentação, além de talento para preencher as lacunas entre os ramos da ciência, deixados para trás por aqueles que trabalham em áreas específicas, ele foi a primeira pessoa a receber dois diferentes e individuais Prêmios Nobel.*

# ROBERT OPPENHEIMER

(1904-1967)

> **Cronologia:** • *1925-27 Oppenheimer estuda em Cambridge, com Rutherford, e na Universidade de Göttingen, com Niels Bohr e Max Born, onde defende seu doutorado.* • *1942 Torna-se diretor do Projeto Manhattan, criado pelos Estados Unidos e pela Inglaterra para tentar fabricar a bomba atômica.* • *1945 Renuncia ao seu posto depois do uso da bomba atômica em Hiroshima e Nagasaki.* • *1953 Após uma audiência de segurança desfavorável, seu contrato na Comissão de Energia Atômica é cancelado; Oppenheimer permanece em conflito com o governo.* • *1963 Recebe o prêmio Enrico Fermi.*

"Eu me tornei a Morte, a destruidora de mundos." As palavras de Robert Oppenheimer, citadas do *Bhagavad-Gita*, ao ver o primeiro teste da bomba atômica, refletia o fardo posto em muitos dos principais cientistas do mundo durante a Segunda Guerra Mundial. A data foi 16 de julho de 1945 e o momento foi o ápice de quase três anos de esforço de uma equipe liderada por Oppenheimer. Por um lado, eles haviam trabalhado na vanguarda de sua área, tentando realizar uma coisa que nunca havia sido vista antes, sendo pressionados por um prazo. Por outro, o resultado de seu trabalho foi um instrumento de destruição em um nível incompreensível, com implicações morais, políticas e militares que muitos dos membros da equipe posteriormente combateriam. Se um dia houve uma era de inocência na ciência, ela foi extinta às 5h30 da manhã, no deserto do Novo México.

## *"Eu me tornei a Morte, a destruidora de mundos"* – *Robert Oppenheimer nos primeiros testes da bomba atômica*

### ☞ O PROJETO MANHATTAN:

Oppenheimer foi uma escolha natural para chefiar os cientistas naquilo que ficou conhecido como Projeto Manhattan. De 1929 a 1942, ele havia ensinado Física na Universidade da Califórnia, centrando-se particularmente nos novos desenvolvimentos das teorias atômica e quântica. Durante esse período, ele tinha tido um papel importante na descoberta do pósitron, uma partícula de mesmo peso que o elétron, mas com carga positiva. Em épocas normais, só isso teria sido notável, mas Oppenheimer não viveu em uma época normal e sua contribuição hoje está praticamente esquecida, tal foi a importância dos eventos posteriores.

### ☞ REUNINDO TALENTO:

O estímulo para a reunião da equipe do Projeto Manhattan havia sido uma carta de Albert **Einstein** (1879-1955), sugerida por outros cientistas preocupados, para o presidente Franklin D. Roosevelt. Ela descrevia o risco que a humanidade correria se os nazistas conseguissem criar uma bomba atômica primeiro. A resposta do governo foi instruir o Exército a investigar meios de assegurar que os Estados Unidos e seus aliados fizessem uso da tecnologia nuclear antes do governo ditatorial alemão. Consequentemente, Oppenheimer foi nomeado para liderar a equipe científica, escolhendo, em 1943, Los Alamos, Novo México, como o local onde realizariam o trabalho. Muitos dos melhores físicos do mundo tinham fugido para os Estados Unidos, após a ascensão da tirania na Europa, e Oppenheimer tirou vantagem disso ao reuni-los, tendo o papel delicado de gerenciar, motivar e moldar uma equipe de sucesso, ao mesmo tempo em que os protegia da pressão e das exigências de seus superiores militares.

Após a guerra, Oppenheimer continuou a trabalhar com os militares, como presidente do Comitê Geral de Orientação da Comissão de Energia Atômica, como muitos que haviam visto o efeito devastador de seu trabalho no Japão no fim da Segunda Guerra Mundial; no entanto,

Oppenheimer tinha suas objeções com relação à busca contínua de nova tecnologia. O governo, porém, agora em "Guerra Fria" com a União Soviética, estava determinado a pressionar o desenvolvimento de um nova arma, ainda mais poderosa: a bomba de hidrogênio. A Comissão se opôs a essa ideia, o que teve tristes consequências para Oppenheimer. Já tendo sido acusado por militares de manter relação de amizade com simpatizantes da causa soviética e com comunistas em 1940, Oppenheimer foi acusado de deslealdade e houve um processo investigativo dessas acusações. Ele nunca foi considerado culpado de nenhuma delas, mas mesmo assim, quando houve a audiência em 1954, recomendou-se que Oppenheimer perdesse seu acesso a informações de segurança secretas. Isso causou um rebuliço na época e enfatizou desde então, de modo bastante claro, a tênue linha divisória entre progresso científico, moral e política, que cientistas revolucionários são frequentemente obrigados a ultrapassar.

### Outras realizações:

*O acesso de Oppenheimer a informações de segurança secretas nunca foi restituído, embora o conflito tenha de alguma forma sido reparado quando ele recebeu o prêmio Enrico Fermi, em 1963. Oppenheimer, de todas as pessoas, era a mais apta a conhecer os pequenos detalhes das armas atômicas. Esse fato, além da sua forte oposição ao uso dessas armas, fez dele um chamariz para o movimento antinuclear. Oppenheimer – e por razões bastante distintas, Edwar Teller – mostrou que, embora os métodos científicos fossem imparciais, a direção na qual a pesquisa científica progredia podia ser moldada pelas crenças pessoais, morais e políticas do cientista.*

# SIR FRANK WHITTLE
(1907-1996)

Cronologia: • *1931-32* Whittle pilota aviões como piloto de testes da Royal Air Force (RAF). • *1934-37* Estuda Engenharia na Cambridge University. • *1936* Com colegas, cria a Power Jets Ltd. • *1941* Depois da descoberta de que os alemães tinham um motor a jato, o governo britânico realiza os primeiros testes com um motor britânico. • *1944* O Gloster Meteor começa a ser utilizado pela RAF. • *1948* Whittle torna-se cavaleiro.

Os irmãos Wright tinham dado o avião para o mundo em 1903 e, no processo, haviam feito do mundo um lugar menor. Apesar dos desenvolvimentos do avião propulsor nas décadas seguintes, no entanto, a viagem aérea estava ainda muito distante de se parecer com a indústria global que hoje facilita os estilos de vida e as férias nunca sequer imaginados cem anos atrás. Seria necessário um tipo completamente diferente de motor, o motor a jato, para mudar tudo isso.

☞ UMA VISÃO DA AERONÁUTICA:

Frank Whittle, um inglês que se tornaria o primeiro a patentear uma revolução na viagem aérea, era um candidato natural a realizar tal progresso. Entrando para a RAF (Força Aérea Real) com apenas 16 anos de idade, como aprendiz, ele foi exposto aos altos e baixos da aviação desde jovem. Ele rapidamente se qualificou como piloto de combate; trabalhou como instrutor de voo; realizou tarefas como piloto de testes e estudou ciência mecânica na Cambridge University, de 1934-37, então sua experiência aeronáutica era vasta.

*Whittle percebeu a necessidade de um avião que pudesse voar em altas velocidade e altitude*

☞ A NECESSIDADE DE VELOCIDADE:

Mesmo antes de realizar a maior parte do seu treinamento e serviço aeronáuticos, Whittle tinha percebido a necessidade de um avião que pudesse voar em altas velocidade e altitude, que tirasse vantagem da atmosfera menos densa e, portanto, da menor resistência para adquirir velocidade. O avião propulsor não era adequado para essa altitude, então ele começou a pensar em maneiras de superar o problema. A resposta estava no motor turbo-jato. Ele tinha mencionado tal ideia em uma tese de 1928 e, já em 1930, tinha patenteado seu primeiro projeto para tal criação. Ele envolvia um plano engenhoso de um motor que receberia ar e, após a compressão, ocorreria a ignição, utilizando um combustível em uma câmara apropriada. O motor então seria impulsionado pelo gás que, durante o processo de emissão, também faria rodar uma biela. Ela estava conectada a uma turbina, que rodaria para puxar mais ar e começar todo o ciclo novamente.

O aprimoramento do projeto de Whittle foi lento, em razão do financiamento limitado e da falta de interesse do governo. Whittle não se deixou abater, no entanto, e junto com amigos e sócios começou a Power Jets Limited, em 1936, com o objetivo de produzir motores viáveis. Em 1937, o primeiro motor, o W1, estava pronto para ser testado. Com a guerra em começo iminente, o governo tinha agora ficado interessado no trabalho de Whittle e patrocinou boa parte de seu desenvolvimento futuro. O motor foi colocado em um avião que havia sido especialmente construído com o propósito de testá-lo, o Gloster E28/39 e, em 15 de maio de 1941, ele realizou seu voo inaugural. Ele provou seu potencial imediatamente, atingindo velocidades máximas de 600 quilômetros por hora, mais rápido do que o avião a propulsor mais veloz, operando também de modo bem-sucedido em altitudes de mais de 25 mil pés. O desenvolvimento era agora rápido, por causa da urgência provocada pela Segunda Guerra Mundial, mas, mesmo assim, só em 1944 o avião a jato entrou em serviço ativo na RAF.

☞ DESENVOLVIMENTO PARALELO:

Após a guerra, outro inventor também recebeu crédito por ter criado, de modo independente, um avião a jato. Embora o alemão Hans Joachim Pabst von Ohain (1911-98) não tenha patenteado seu primeiro motor a jato com turbina de gás antes de 1935, vários anos após Whittle, ele recebeu suporte financeiro antes e, como consequência, testou seu primeiro avião a jato nos céus antes do inventor britânico, em 1939. No entanto, os modelos de produção militar não foram utilizados no lado alemão até praticamente o fim da guerra, e tiveram pouco impacto nela. Von Ohain mudou-se para os Estados Unidos e projetou aviões para a Força Aérea Americana.

---

### O legado de Whittle:

*O motor a jato, então, teve importante utilização militar, mas foi só depois da guerra que seu impacto no mundo tornou-se evidente. O desenvolvimento e uso dos motores nos negócios e na indústria de voos turísticos transformaram viagens que um século atrás duravam meses em viagens de umas poucas horas.*

*Whittle também teve papel importante nesse processo pós-guerra, atuando como consultor para empresas aéreas, incluindo a British Overseas Airways Corporation e a Bristol Siddeley Engines. Ele também assumiu um posto na Academia Naval dos Estados Unidos, em Annapolis, em 1977, como professor pesquisador. Whittle tornou-se cavaleiro em 1948.*

# EDWARD TELLER
## (1908-2003)

**Cronologia:** • *1930 Defende seu doutorado em Química física na Universidade de Leipzig.* • *1931 Estuda com Niels Bohr em Copenhague.* • *1935 Emigra para os Estados Unidos.* • *1939 Entra para a equipe de pesquisa nuclear de Fermi na Universidade de Chicago.* • *1943 Participa do Projeto Manhattan sob supervisão de Robert Oppenheimer.* • *1952 Explode a primeira bomba de hidrogênio do mundo.* • *1982-83 Consultor do governo Reagan na Iniciativa de Defesa Estratégica (Guerra nas Estrelas).*

Poucas coisas poderiam ter afetado a psique do mundo mais do que os bombardeios atômicos do Japão em 1945. O tamanho e as tristes consequências das duas explosões, em Hiroshima e Nagasaki, foram o suficiente para convencer a maioria das pessoas de que a capacidade humana de se autodestruir agora era realidade. Então, quando a bomba-H de hidrogênio foi demonstrada pelos Estados Unidos em 1952, o impacto psicológico da nova arma não foi tão grande quanto poderia ter sido. O efeito físico, no entanto, era enorme; aí estava uma bomba com potencial para ser dez, cem ou mesmo mil vezes mais poderosa do que a versão atômica.

☞ TELLER E A BOMBA:

Um dos principais proponentes dessa nova e devastadora tecnologia era um húngaro, nascido nos Estados Unidos, chamado Edward Teller. Mesmo antes de o projeto da bomba atômica ter sido concluído, Teller estava defendendo o desenvolvimento da "Super", uma bomba de fusão de hidrogênio, diferente da bomba atômica nuclear. Esta funcionava, essencialmente, ao dividir o núcleo do pesado átomo de urânio; a outra, como consequência da conversão forçada de hidrogênio em hélio.

Foi, na verdade, Enrico **Fermi** (1901-54) quem primeiro apontou a possibilidade da bomba de hidrogênio para Teller, em 1941. O italiano sugeriu que uma bomba atômica poderia causar calor e pressão suficientes para forçar a reação "termonuclear" de um isótopo de hidrogênio, liberando uma força ainda maior. A teoria científica havia sugerido essa possibilidade há algum tempo, desde que se havia percebido, uma década antes, que o átomo do hélio era ligeiramente mais leve do que deveria ser, dados seus componentes. Claramente, alguma coisa estava sendo "perdida" na fusão. Uma aplicação da equação de **Einstein**, $E = mc^2$, logo explicou que coisa era essa; a massa perdida estava sendo convertida em grandes quantidades de energia. Essa era exatamente a base do funcionamento do Sol, ao fundir átomos de hidrogênio em hélio, sob grande pressão e temperatura, liberando a diferença como radiação. Agora, na Terra, o advento da tecnologia nuclear oferecia a possibilidade de criar as condições necessárias sob as quais se poderia imitar esse processo. Teller ficou imediatamente fascinado com a ideia da bomba de hidrogênio.

*Teller foi o principal defensor da bomba de hidrogênio e do projeto da década de 1980 conhecido como "Guerra nas Estrelas"*

☞ BOMBAS MAIORES E MELHORES:

Embora o físico húngaro-americano continuasse a trabalhar no projeto original da bomba atômica com seus colegas cientistas durante o restante da guerra, já estava centrado no que via como o próximo passo essencial. Na verdade, sua defesa declarada da "Super" era tanta que outros colegas às vezes se sentiam frustrados com a atenção que ele desviava da criação, mais urgente, da bomba atômica.

Depois que a guerra terminou, o próprio Teller ficou frustrado ao descobrir que as autoridades não estavam suficientemente motivadas para começar o trabalho com a bomba-H. No fim da década de 1940, porém, estava ficando claro que a União Soviética estava no processo de desenvolver tecnologia atômica e o governo agora ficou interessado em manter a vantagem dos Estados Unidos. Então, em 1950, o projeto da bomba-H começou com seriedade, com Teller no papel principal e totalmente preparado para se tornar seu "pai", como ele foi mais tarde chamado. Na verdade, Teller já vinha trabalhando em projetos, embora inicialmente a equipe tenha ficado desapontada quando se mostrou que eles não eram viáveis. Um trabalho de revisão colaborativo entre Teller e um matemático chamado Stanislaw Marcin Ulam (1909-86), que também estava na equipe, resultou na superação das primeiras dificuldades técnicas. Teller mais tarde declarou que a bem-sucedida revisão no projeto tinha sido sua, enquanto outros a atribuíram a Ulam. De qualquer forma, os resultados dos esforços do grupo mostraram-se em um artefato termonuclear, pronto em 1951, com um poderoso teste público anunciando seu advento ao mundo, em 1952. Somente alguns poucos anos depois, os Estados Unidos já possuíam uma bomba mil vezes mais poderosa do que aquelas jogadas sobre o Japão.

### A influência de Teller:

*Por volta da mesma época, o líder do primeiro projeto da bomba atômica, Robert Oppenheimer (1904-67), estava sendo investigado por suposta "deslealdade" ao país. Teller deixou seus colegas furiosos ao testemunhar contra Oppenheimer, dizendo que se sentiria mais seguro se os assuntos públicos estivessem em outras mãos. Essa "traição", além de um desentendimento anterior durante o Projeto Manhattan e as atribulações acerca de quem merecia o crédito pela criação da bomba-H, levaram a um conflito entre Teller e muitos de seus antigos colegas. Todavia, sua opinião permaneceu influente na vida pública, o que ficou claro quando ele persuadiu o governo a seguir com o projeto de mísseis defensivos, a "Guerra nas Estrelas", na década de 1980.*

# WILLIAM SHOCKLEY
## (1910-1989)

**Cronologia:** • *1936 Shockley entra para o Bell Telephone Laboratories.* • *1939-45 Durante a Segunda Guerra Mundial, trabalha como diretor de pesquisa para a divisão militar antisubmarino da Marinha americana.* • *1947 Desenvolve o primeiro transistor com Bardeen e Brattain.* • *1954 Nomeado diretor de pesquisa do Departamento de Defesa.* • **década de 1960** *Concede à nação suas visões bizarras sobre raça e inteligência.*

Desde o advento da indústria do rádio e da televisão, buscam-se métodos que aumentem a força dos sinais elétricos dentro dos aparelhos receptores. O melhor que se havia conseguido, até meados do século passado, era o tubo de vácuo. Ele funcionava, mas não era confiável, sua produção era cara e, feito de vidro, quebrava facilmente. Sua extensão também limitava o tamanho a que televisões e rádios podiam ser reduzidos, tornando-os volumosos e desajeitados. O prêmio para a pessoa ou empresa que conseguisse melhorar esse estado de coisas, portanto, era potencialmente alto. Depois da Segunda Guerra Mundial, os Bell Telephone Laboratories começam a buscar, a sério, esse pote de ouro.

☞ INVESTIGANDO CRISTAIS:

Um dos principais cientistas envolvidos no projeto era William Shockley. Nascido em Londres, Inglaterra, em 1913, Shockley era filho de dois americanos engenheiros de mineração, William e Mary. Depois de estudar tanto no Instituto de Tecnologia da Califórnia quanto no de Massachusetts, obteve seu doutorado em 1936. No mesmo ano, entrou para os Bell Laboratories e foi designado para a equipe chefiada pelo doutor CJ Davisson. Outros membros dessa equipe eram seus compatriotas John Bardeen (1908-91) e Walter Houser Brattain (1902-87). A equipe vinha investigando as propriedades de cristais condutores de eletricidade, centrando-se, em particular, no elemento germânio. Em dezembro de 1947, quando Bardeen e Brattain estavam realizando um experimento, um período em que Shockley não estava presente, eles conseguiram pela primeira vez aproveitar as propriedades de amplificação de energia do cristal. Sob a direção de Shockley, no entanto, eles desenvolveriam esse "transistor" de ponto de contato em algo menor, mais eficiente e mais confiável que um tubo de vácuo, praticamente tornando-o obsoleto da noite para o dia. Os três receberam o Prêmio Nobel de Física por essa invenção em 1956.

*O inventor do transistor tornou-se uma figura tristemente controversa no final de sua carreira*

☞ O VALE DO SILÍCIO:

Além disso, em 1948, Shockley, sozinho, havia descoberto a teoria quântica do comportamento dos semicondutores e usou esse conhecimento aprimorado na criação de um projeto ainda mais eficiente. Esse produto seria conhecido como transistor de junção e logo estabeleceu um novo padrão. Imediatamente, teve início a miniaturização da tecnologia, culminando em transistores usados em nível microscópico, hoje em dia em *chips* de computador e todas as áreas da infraestrutura eletrônica moderna.

Na verdade, não satisfeito com seus desenvolvimentos iniciais, Shockley decidiu começar um negócio próprio em 1955, em uma tentativa de desenvolver transistores de silício em massa, em vez dos feitos de germânio, mais comumente utilizados. O silício era um elemento de ocorrência muito maior do que o germânio e, portanto, potencialmente mais barato, além de poder ser utilizado em temperaturas muito mais altas. Infelizmente, por causa desse mesmo fato, ele era muito mais difícil de derreter para propósitos de purificação do que o germânio e, por isso, o elemento mais raro tinha sido utilizado. Mais uma vez, a empresa que conseguisse fazer transistores de silício de forma barata teria acesso a outro pote de ouro. No fim das contas, a empresa de Shockley não foi bem-sucedida nisso, mas alguns de seus ex-funcionários que abriram outra empresa, sim. Além disso, sua escolha de São Francisco como local onde se estabelecer anunciou o início do agora mundialmente famoso Vale do Silício.

☞ A CONTROVÉRSIA DA RAÇA:

Após 1965, a reputação pública de Shockley declinou, depois da sua adoção de uma posição controversa sobre as raças. Ele deixou a indústria elétrica e começou a trabalhar em teorias da hereditariedade da inteligência. Ele concluiu que os caucasianos eram, de modo inato, de inteligência superior às outras raças e defendeu publicamente que aqueles que tinham baixo QI deveriam ser pagos para se submeter a esterilização, impedindo-os de "diluir" a evolução intelectual da raça humana. Consequentemente, ele é lembrado, com frequência, muito mais pela exposição de suas ideias do que por suas inovações científicas anteriores.

---

**Uma figura controversa:**

*William Shockley deveria ser lembrado simplesmente pelo seu papel na invenção do transistor, em 1947, e seus aperfeiçoamentos seguintes. Infelizmente, seu nome está associado a visões controversas sobre raças tanto quanto ao seu papel na definição da eletrônica moderna e, na verdade, do mundo moderno como nós o conhecemos.*

# ALAN TURING

(1912-1954)

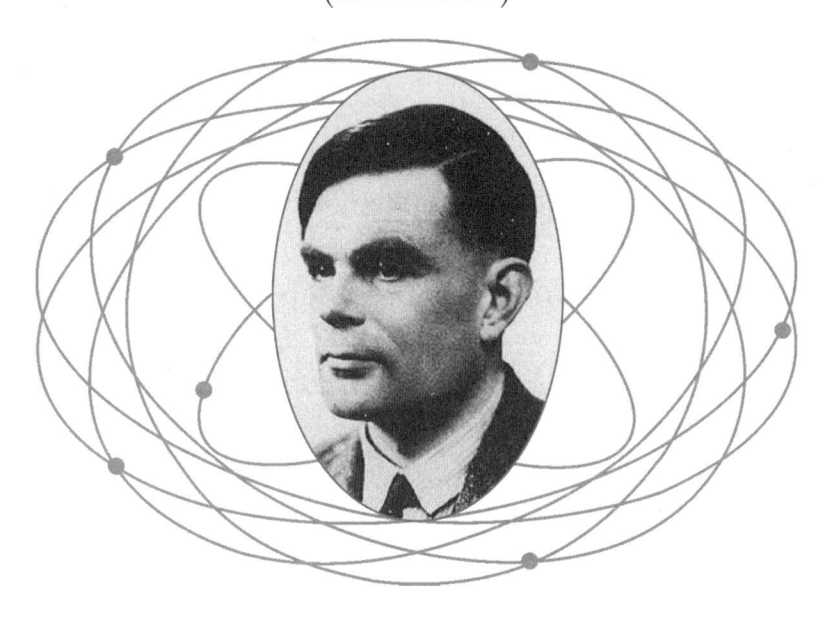

> **Cronologia:** • *1931* Turing gradua-se no King's College, em Cambridge. • *1937* Descreve a "máquina Turing", um computador hipotético. • *1939* Volta para a Inglaterra, depois de passar um período na Princeton University para trabalhar em decodificação em Bletchley Park. • *1940* Cria a Bombe, uma máquina capaz de decifrar o código alemão Enigma.

O visionário da Era Moderna, Alan Turing, um cientista cujo nome permanecerá inextricavelmente ligado ao do computador, foi, na verdade, principalmente um matemático extraordinário. De fato, foi em resposta ao teorema matemático da "incompletude", proposto por Kurt Gödel (1906-78), que Turing projetou um computador hipotético para ajudar nos cálculos que seriam necessários na resposta. Em 1937, ele publicou o artigo On Computable Numbers (*Sobre números computáveis*), que pode ser visto como o início da era moderna do computador, se é que se pode apontar um único acontecimento para isso.

☞ A MÁQUINA TURING:

O texto descrevia em detalhe um projeto que ficaria conhecido como a "máquina Turing", um computador cuja base estaria no centro dos posteriores computadores digitais. Ele apresentava todos os aspectos fundamentais dos computadores modernos, tal como capacidade de ler, escrever e apagar dados, uma memória para armazená-los, uma unidade de processamento central e o conceito de programa, criado por uma série de instruções matemáticas. O aparelho descrito nunca foi construído, mas pode-se dizer que ele foi, na verdade, produzido industrialmente em uma forma continuamente modificada desde a década de 1950.

*O artigo de Turing,* On Computable Numbers, *pode ser visto como o início da era moderna do computador*

☞ QUEBRANDO O ENIGMA:

Durante a Segunda Guerra Mundial, as habilidades de Turing foram usadas na solução dos algoritmos do código alemão "Enigma". Isso era um código de máquina utilizado por todas as áreas das Forças Armadas alemãs, mas de uma forma particularmente complexa pela Marinha. Somente quando o Enigma foi quebrado e os aliados puderam finalmente acompanhar os movimentos dos submarinos alemães, a Batalha do Atlântico foi finalmente ganha. Turing foi de importância vital na quebra desse código (que também envolvia um estudo sobre um computador primitivo chamado "Bombe"). Ao fazer isso, ele salvou as vidas de milhares de homens da marinha das forças aliadas, que agora podiam desviar seus navios dos *U-boats*, graças à interceptação das instruções.

☞ TEORIA POSTA EM PRÁTICA:

Depois da guerra, Turing afastou-se da Matemática teórica e colocou suas habilidades em uso, no início da indústria do computador. Ele aceitou um posto no Laboratório Nacional de Física e ficou envolvido na construção do "Automated Computer Engine" (ACE, aparelho computador autômato), uma das primeiras versões do computador digital. Pouco depois, em 1948, ele trabalhou no "Manchester Automatic Digital Machine" (MADAM, máquina digital automática de Manchester), na Universidade de Manchester, o computador que, na época, tinha a maior memória do mundo. Além de estar envolvido com a construção física das máquinas durante essa fase, ele também aplicou seu conhecimento de Matemática para desenvolver as primeiras linguagens de programação.

☞ O TESTE TURING:

Turing não tinha dúvidas de que computadores não apenas teriam papel cada vez mais importante nas vidas das gerações seguintes, mas também estava convencido de que eles acabariam atingindo um nível de sofisticação que lhes permitiria "pensar" tão bem quanto humanos.

Para medir o ponto no futuro em que isso aconteceria, ele criou um teste descrito em seu artigo de 1950, *Computing Machinery and Intelligence* (Computando maquinário e inteligência). Ele sugeria o que se tornou conhecido como "teste Turing", segundo o qual um operador de computador remoto teria de fazer perguntas tanto a um humano quanto a um computador "inteligente". Se o operador não conseguisse distinguir as respostas do ser humano das da máquina, então o computador teria passado no teste. Turing acreditava que esse ponto seria por volta do ano de 2000; pode-se dizer que foi uma estimativa prematura, mas isso é hoje em dia mais fácil de imaginar do que 50 anos atrás. O teste continua a ser parte dos debates acerca de Inteligência Artificial.

☞ UM FINAL INFELIZ:

Infelizmente, Turing não viveu o bastante para ver suas previsões se realizarem, particularmente após a mudança espetacular trazida pela popularidade crescente do transistor e, mais tarde, do *chip* de silício. Acredita-se que ele tenha cometido suicídio logo após sua condenação por ofensa homossexual, que ainda era um crime na época.

---

**Um defensor da ciência da computação:**

*Dos muitos acontecimentos definidores do século XX, que mudaram o modo como vivemos ou nossa compreensão da vida, o computador digital deve estar próximo do primeiro lugar na lista. Charles Babbage (1791-1871) tinha, anteriormente, planejado modelos de um computador mecânico primitivo com suas Máquinas Diferenciais e, embora o desenvolvimento final da indústria de computadores tenha sido resultado dos esforços de muitos cientistas, Alan Turing pode ser lembrado como um homem que realizou mais do que muitos outros em etapas anteriores.*

# Jonas Salk
## (1914-1995)

> **Cronologia:** • *1939 Salk forma-se médico na Universidade de Nova York.* • *1942 Entra no projeto de imunização da influenza da Universidade de Michigan.* • *1947 Começa uma pesquisa sobre poliomielite na Universidade de Pittsburgh.* • *1955 A vacina de Salk é declarada segura e eficaz nos Estados Unidos.*

Em meados do século XIX, os progressos na Medicina tinham extinguido muitas doenças por meio da vacinação e controlado outras por meio de tratamento eficaz. Uma que não tinha cura, porém, e que parecia ser a mais cruel, era a poliomielite, porque deixava como sequela muitas crianças paralisadas. Pior ainda, sua incidência era crescente e, entre a década de 1940 e início de 1950, houve epidemias terríveis, particularmente nos Estados Unidos. A pessoa que pudesse encontrar uma vacina para controlar a pólio se tornaria instantaneamente um herói nacional. Jonas Salk tornou-se esse ídolo americano, embora não sem a revolta de alguns que ele havia superado.

☞ UMA BASE EM IMUNOLOGIA:

Antes de sua vitória sobre a pólio, Salk tinha, na verdade, sido bem-sucedido em outras áreas da imunologia. Em 1942, ele começou a trabalhar sob a supervisão de Thomas Francis Junior (1900-69) na Universidade de Michigan, como parte de uma equipe que desenvolvia uma vacina contra a *influenza*. Esse tratamento foi, por fim, administrado a membros das Forças Armadas durante a guerra. Em 1947, Salk mudou-se para a Universidade de Pittsburgh, onde continuou a trabalhar na melhoria da vacina contra a *influenza*. Na mesma época, chamou sua atenção a poliomielite e a necessidade urgente de algum tipo de imunização.

Haviam sido feitas outras tentativas de se desenvolver uma vacina para a pólio, mas elas não funcionaram. Em 1935, um tratamento preventivo havia inicialmente parecido triunfante, mas quando os testes foram estendidos para 10 mil casos, ele mostrou-se não só ineficaz, mas também, em alguns casos, perigoso, induzindo a casos severos da doença.

*A pessoa que pudesse encontrar uma vacina que controlasse a pólio se tornaria um herói nacional*

☞ JUNTANDO TRATAMENTOS:

Com segurança em mente, Salk começou a desenvolver uma vacina de "vírus morto". Isso envolvia pegar amostras vivas do vírus e, em seguida, matá-los encharcando-os com formaldeído. Ele ainda tinha esperança de que essa amostra de vírus mortos, quando injetada, forçaria os anticorpos no sistema imunológico humano a aumentar sua resistência à doença até o ponto em que qualquer exposição ao vírus vivo fosse inofensiva. Ao preparar seu tratamento, Salk baseou-se nas descobertas existentes de outros cientistas. Elas incluíam a descoberta de que havia três tipos de vírus da poliomielite. Assim, qualquer vacina deveria conseguir combater todas as versões. Na verdade, pode-se dizer que Salk reuniu uma série de descobertas anteriores feitas por outros, em vez de ter uma ideia original. Dada a grandiosidade da fama e do agradecimento público que se seguiriam ao seu sucesso, foi esse o fator que provocou amargura dentro da comunidade científica.

☞ UMA VACINA PARA A PÓLIO:

Salk começou a testar seus vírus primeiramente em macacos e, em seguida, em um número pequeno de humanos, em 1952. Ele descobriu, como esperava, que anticorpos extras eram produzidos como consequência da injeção, sem efeitos colaterais notáveis ou casos de doença provocados por ela. Salk publicou seus achados em 1953, submetendo a testes em massa no ano seguinte. Seu ex-professor, Francis, organizou esses testes em cerca de 2 milhões de crianças. No ano seguinte, relatou-se que eles haviam tido um enorme sucesso. Salk foi reverenciado como um salvador. Em 1955, a vacina foi aprovada para lançamento geral pelo governo dos Estados Unidos e, apesar dos medos iniciais de outro desastre como o de 1935 (algumas crianças haviam sido contaminadas por um lote com problemas), a vacina conseguiu combater a doença. Medidas de segurança adicionais, introduzidas na preparação do tratamento, asseguraram que milhões a mais fossem imunizados sem nenhum efeito colateral.

☞ UM RIVAL:

Enquanto muitos que se recusaram a dar o crédito a Salk foram motivados por inveja, talvez uma pessoa tivesse razão para sentir-se genuinamente amargurada, Albert Bruce Sabin (1906-93). Ele desenvolveu uma vacina para a pólio com o vírus vivo atenuado logo depois de Salk e, apesar de sua insistência de que sua versão era mais eficaz e mais fácil de administrar, ela foi inicialmente ignorada. Por fim, depois de ser forçado a fazer seus testes na Rússia, sua versão – tomada oralmente – foi amplamente adotada no lugar da injeção de Salk, mostrando-se, assim, mais eficaz.

### O Instituto Salk:

*O agora celebrado americano tornou-se, mais tarde, diretor do Instituto de Estudos de Biologia em La Jolla, Califórnia. Ele foi posteriormente reaberto como Instituto Salk e tornou-se famoso internacionalmente como um centro de pesquisa renomado. Em razão da frieza com que a comunidade científica o tratou após sua fama, no entanto, Salk mais tarde comentou: "É possível que eu não pudesse me tornar membro desse Instituto, se eu mesmo não o tivesse fundado".*

# Rosalind Franklin
## (1920-1958)

**Cronologia:** • *1951 Franklin começa a trabalhar como assistente de John Randall no King's College, Cambridge, junto com Maurice Wilkins.* • *1952 Descreve a estrutura helicoidal da molécula de DNA.* • *1953 Seu trabalho é usado, sem referência, no trabalho de Watson e Crick, ganhadores do Prêmio Nobel.* • *1958 Morre em Londres, de câncer, aos 37 anos.*

Poucos casos na história da ciência são tão fascinantes e controversos quanto a corrida para desvendar a estrutura do DNA. A chave para entender a formulação do ácido desoxirribonucleico, que ajuda a compor os cromossomos que carregam a informação genética, era a chave para entender a própria vida. A equipe que acabou reclamando tal "prêmio" foi a dupla de Cambridge, James Dewey Watson (1928) e Francis Harry Compton Crick (1916-2004), "secretamente" ajudados de uma informação "vazada" por Maurice

Hugh Frederick Wilkins (1916-2004), da Universidade de Londres. Os dados revolucionários que Wilkins havia mostrado a Watson eram os resultados de um trabalho realizado por sua distante colega na Universidade de Londres, Rosalind Franklin, que perderia seu lugar na história como consequência. Franklin havia se formado em 1941, com boas notas em Qu22ímica, em Cambridge e, antes de assumir seu novo posto no King's College, em 1951, já tinha feito contribuições para o entendimento da estrutura do grafite e outros compostos do carbono, tendo realizado estudos sobre as propriedades de absorção do carvão na British Coal Research Association (Associação Britânica de Pesquisa Sobre Carvão).

*Rosalind Franklin foi uma heroína desconhecida do estudo da Genética*

☞ UM LUGAR DIFÍCIL PARA MULHERES:

A Inglaterra no começo da década de 1950, no entanto, quando a corrida pelo DNA foi ganha e perdida, ainda era um lugar difícil para as mulheres se destacarem no trabalho. Embora tivesse havido, inquestionavelmente, melhorias nos 50 anos anteriores, na batalha pela igualdade dos sexos, muito da atitude "antiquada" ainda permanecia. Em um ambiente tão potencialmente hostil para as mulheres, não é de se admirar que Franklin tenha decidido trabalhar por conta própria. Também era igualmente evidente que ela e seu colega Wilkins, que trabalhavam na questão do DNA, sob a direção de John Turton Randall (1905-84), no King's College, simplesmente não se davam bem. Sua falta de cooperação contrastava fortemente com a equipe formada por Watson e Crick, em Cambridge, que acabaria por se mostrar muito bem-sucedida.

☞ UMA PIONEIRA SOLITÁRIA:

Então, por conta própria, Franklin continuou com a tarefa de descobrir a estrutura do DNA. Ela rapidamente fez progressos impressionantes. A relação entre o DNA e sua base como mecanismo de transmissão de informação hereditária já estavam razoavelmente bem estabelecidas. Franklin, como Watson e Crick, baseou-se nesse conhecimento, e também nos trabalhos de uma série de outros cientistas ao redor do mundo, que haviam exposto suas descobertas. O próximo passo para entender como o DNA compartilhava seus dados de modo tão bem-sucedido, ambas as partes decidiram independentemente, era entender sua estrutura; a partir disso, eles encontrariam a resposta. Aqui, em muitos aspectos, Franklin tinha vantagem. Ela era uma especialista em técnicas de difração raio X, um método que havia sido utilizado para tirar fotos de átomos em cristais e que estava começando a ser empregado em moléculas biológicas. Franklin começou a examinar o DNA, então, com esses meios. Os resultados de suas investigações proporcionaram duas descobertas importantes. Primeiramente, ela percebeu que a "coluna" da molécula estava do lado de fora, o que Watson e Crick deixaram passar, a princípio, e que era algo vital na compreensão de sua estrutura. Além disso, em 1952, Franklin havia tirado os retratos mais claros das moléculas até então, o que forneceu indícios de uma estrutura helicoidal ou espiral. Watson e Crick acabariam articulando uma construção de "dupla hélice".

Na verdade, foi quando Franklin estava tentando reunir as implicações desses progressos que essas informações foram parar no campus de Cambridge. O colega de Franklin, Wilkins, tinha acesso a suas fotos e mostrou-as a Watson. Imediatamente, Watson notou o indício de uma composição helicoidal, a peça vital no quebra-cabeça que ele e Crick estavam tentando montar e, logo depois, eles fizeram o anúncio revolucionário de que haviam desvendado a estrutura do DNA.

### Uma realização negada:

*Embora Franklin já fosse uma distinta química antes de começar a trabalhar com Randall, a pálida descrição que Watson faz dela em seu livro sobre a descoberta da hélice dupla ajudou a assegurar que seu papel na descoberta fosse ignorado. Logo depois, ela morreu de câncer, com apenas 37 anos. Watson, Crick e, além deles, Wilkins seriam premiados com o Nobel de Medicina em 1962 por sua descoberta. Mesmo que o comitê julgador do prêmio tivesse tido intenção de homenagear também Franklin, eles não teriam podido fazê-lo; o Prêmio Nobel não pode ser concedido postumamente.*

# JAMES DEWEY WATSON

(1928-2004)

**Cronologia:** • *1947 Watson gradua-se na Universidade de Chicago, com apenas 19 anos.* • *1953 Com Francis Crick, Watson propõe a ideia do modelo molecular de dupla hélice para o DNA.* • *1962 Recebe o Prêmio Nobel de Medicina com Francis Crick e Maurice Wilkins.*

Uma das descobertas científicas mais importantes do século XX tornou-se ainda mais interessante por causa da história por trás dela, que continha os ingredientes principais de um bom drama: uma corrida contra o tempo por um prêmio que mudaria o mundo, vencedores e perdedores, conflitos de personalidade, preconceito, um pouco de sabotagem e uma questão duradoura: "E se?".

☞ A DUPLA HÉLICE:

Na verdade, a história era tão boa que, em 1968, James Dewey Watson, um dos atores principais, a publicou sob o título *The Double Helix* (A dupla hélice). Em vez de usar o relato para suavizar as tensões passionais e a contenda que ocorreu no calor do momento, 15 anos antes, ele elevou o drama para um patamar superior, com as histórias não contadas de ambição, busca consciente do Prêmio Nobel, figuras autoritárias obstrutivas e coadjuvantes rancorosos. Talvez o retrato menos justo tenha sido o de Rosalind Franklin, relegada a um papel pequeno, quando, na verdade, a descoberta crucial tinha sido feita por ela. Isso só fez aumentar a lenda, é claro.

A ciência por trás da história, embora de uma forma um pouco menos dramática, não é menos interessante. No começo de 1953, o americano Watson e seu colega inglês, Crick, anunciaram eles haviam, quase literalmente, desvendado o segredo da vida. Eles haviam concluído que o DNA, que se sabia, carregava a informação hereditária na base de toda a vida, tinha estrutura de "dupla hélice". Além disso, eram os detalhes dessa construção que lhe permitia passar seus segredos de modo tão bem-sucedido.

## *A chave do DNA, Watson percebeu, era sua forma: a agora famosa dupla hélice*

☞ A CHAVE PARA O DNA:

Algo central no DNA eram suas quatro bases, adenina (A), citosina (C), guanina (G) e timina (T), que o cientista Erwin Chargaff (1905-2002) tinha estudado e medido anteriormente. Ele havia notado que C e G estavam sempre presentes na mesma quantidade e A e T seguiam um padrão semelhante. Watson e Crick suspeitavam que isso indicasse algum tipo de atração mútua entre as bases respectivas, o que significava que eles só poderiam formar "pares" com seu parceiro apropriado, dentro da coluna da molécula do DNA. Eles gradualmente encaixaram essas ideias em uma estrutura, mas ainda não conseguiam descobrir como a molécula de DNA passava sua informação adiante de modo tão preciso. Então veio a observação vital que Watson fez das fotografias de difração de raio X de Franklin, que haviam sido secretamente mostradas a ele pelo colega de Franklin na Universidade de Londres, Maurice Wilkins (1916-2004). "No instante em que vi aquela foto, fiquei boquiaberto", Watson disse posteriormente. O DNA era feito em estrutura helicoidal, na verdade, como eles logo descobririam, uma dupla hélice e, nos meses seguintes, Watson e Crick finalmente perceberiam por que isso era tão importante. Quando se requisitava que elas compartilhassem suas informações, as duas partes podiam literalmente desenrolar-se em duas metades. Isso deixaria os "degraus da escada" contendo A, C, G e T expostos. Naturalmente, eles buscariam se completar novamente, A só se ligaria com T, C com G e vice-versa, o que significava que as duas partes se combinari-

am seletivamente com outro material na célula de modo a formar duas cópias perfeitas do seu original.
Era algo simples e belo e a descoberta tornou Watson e Crick famosos.

☞ A BASE PARA A GENÉTICA:

Watson, Crick e, talvez de forma um pouco discutível, Wilkins receberiam o Prêmio Nobel de Medicina por sua descoberta em 1962. Nessa época, Franklin já estava morta, mas a controvérsia que cercava a história, graças, em especial, ao livro posterior de Watson, estava longe de se encerrar. A descoberta da dupla hélice foi o início a partir do qual a exploração científica do DNA e da informação genética progrediria rapidamente, na segunda metade do século XX. Controvérsias e benefícios relacionados à modificação genética de alimentos, dilemas éticos acerca da clonagem e processos judiciais que dependem principalmente do DNA como prova seriam algumas das consequências posteriores advindas desse feito.

---

**O legado de Watson:**

*A descoberta da dupla hélice foi o início a partir do qual a exploração do DNA e da informação genética progrediria, na segunda metade do século XX. As controvérsias e os possíveis benefícios relacionados aos alimentos geneticamente modificados, os dilemas éticos acerca da clonagem e processos judiciais que dependem principalmente do DNA como prova seriam algumas das diversas questões posteriormente criadas por esse feito revolucionário.*

*Em particular, Crick, o colega de Watson, fez muitas outras contribuições que aprimoraram o conhecimento nessa área.*

# Stephen Hawking

(1942-)

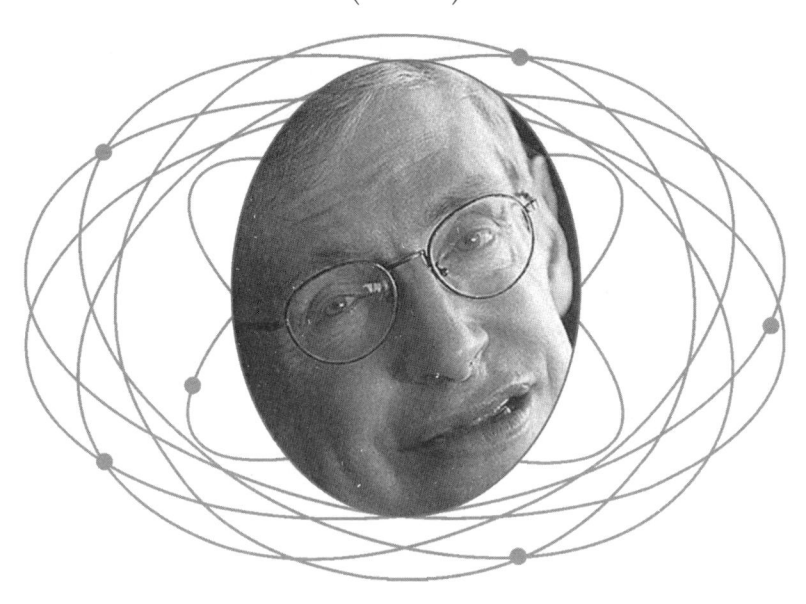

> **Cronologia:** • *década de 1960* Hawking contrai uma doença neurodegenerativa. • *1971* Propõe a existência de miniburacos negros. • *1974* Eleito um dos mais jovens membros da história da Royal Society. • *1977* Nomeado professor de Física Gravitacional em Cambridge. • *1979* Nomeado professor lucasiano de Matemática em Cambridge, um posto que foi ocupada por Isaac Newton.

Stephen Hawking é um dos físicos teóricos mais notáveis e, certamente, um dos mais famosos dos últimos cinquenta anos. Reconhecido por seus esforços de tentar estender a Teoria Geral da Relatividade de **Einstein** (1879-1955), Hawking tentou oferecer explicações em outras as áreas da cosmologia, em particular da natureza e das propriedades dos buracos negros.

☞ BIG BANGS E BIG CRUNCHES:

Depois de completar sua graduação em Matemática e Física, em 1962, e defender seu doutorado em Cambridge, em 1966, Hawking trabalhou com Roger Penrose (1931-), estudando a teoria do buraco negro e as origens do Universo. O resultado de sua análise da Teoria Geral da Relatividade de Einstein foi que a ideia do começo do Universo implicada nela, o *big bang*, deveria ter começado com uma "particularidade" gravitacional, na qual a matéria era infinitamente densa e o tempo-espaço infinitamente curvo. De modo semelhante, ele deveria terminar em particularidades chamadas de buracos negros ou mesmo um *big crunch*, em que o Universo se contrairia até seu estado original.

*Hawking tentou unir a teoria quântica com a teoria gravitacional, uma tentativa ambiciosa*

☞ UM PROBLEMA "RELATIVO":

O problema com essas descobertas era que a Teoria Geral da Relatividade não podia "dar conta" dessas particularidades. Então, Hawking tentou ampliá-la, unindo teoria quântica, da forma como era aplicada nas estruturas atômicas, à teoria gravitacional aplicada ao Universo "mais amplo" (descrito na Teoria Geral de Einstein). A necessidade dessa combinação foi enfatizada ainda mais quando Hawking sugeriu, em 1971, a ideia da formação de miniburacos negros imediatamente após o Big Bang. Eles teriam pesado mais de um bilhão de toneladas, sendo suscetíveis à lei da gravidade, mas teriam tido o tamanho de um próton, obedecendo, assim, às leis quânticas. Essa tentativa de combinar as grandes teorias de Física mostrou-se difícil, mas fez com que Hawking realizasse novos progressos na teoria do buraco negro.

Em 1974, Hawking sugeriu que, de acordo com sua aplicação da teoria quântica, os buracos negros, dos quais se acreditava que nada pudesse escapar, incluindo a luz, e cujas propriedades nunca seriam conhecidas, não podiam, na verdade, ser "negros". Ao contrário, eles deveriam realmente emitir alguma energia, em que pares de partículas seriam separados, com as partículas negativas sendo sugadas pelo buraco e as positivas escapando em forma de energia. Isso permitia que as leis da termodinâmica também fossem aplicadas, unindo, de alguma forma, os princípios quânticos e clássicos. Por fim, o buraco negro irradiaria toda a sua energia e desapareceria.

Outras implicações da "gravidade quântica" de Hawking sugeriam que, na verdade, talvez não houvesse nenhuma particularidade e que, portanto, as leis da Física seriam sempre aplicáveis e sempre haviam sido aplicáveis. Isso também significaria que não havia início ou fim do Universo ou qualquer tipo de limite.

Os feitos de Hawking no progresso de nossa compreensão dos buracos negros e na ampliação do debate científico sobre as origens do Universo são ainda mais notáveis por ele ter continuado a trabalhar, apesar de ter sido diagnosticado com uma doença neurodegenerativa ainda na sua época de estudante. Isso o deixou paralítico e impossibilitado de falar, o que significa que ele agora se comunica por meio de um computador. Apesar de conseguir pronunciar um máximo de 15 palavras por minuto com esse método, ele escreveu e publicou muitos artigos e livros sobre o assunto.

Hawking é, muito provavelmente, tão famoso por sua capacidade de exprimir ideias científicas complexas sobre as origens e a física do Universo para o público geral quanto por seus conceitos científicos originais. Ele conseguiu a rara combinação de ser reconhecido no meio acadêmico tanto quanto alguns dos maiores físicos da história e de ter suas ideias, ou ao menos parte delas, entendidas por aqueles que não fazem parte de sua área acadêmica, em razão da apresentação popular que faz delas. O mais notável dos seus livros, escritos nesse estilo, é o *bestseller* de 1988, *A Brief History of Time: From the Big Bang to Black Holes* (Uma breve história do tempo: do *big bang* aos buracos negros). Hoje, ele continua entusiasmado com assuntos grandiosos, como se pode observar no título de sua publicação de 2002, *The Theory of Everything: The Origin and Fate of the Universe* (A teoria de tudo: a origem e o destino do Universo).

### O mundo de Stephen Hawking:

*A combinação de seus livros para uma audiência popular, suas ideias radicais e sua superação da deficiência tornaram Hawking mundialmente famoso. O próprio cientista atribui isso ao fato de as pessoas serem "fascinadas pelo contraste entre capacidades físicas muito limitadas e a vasta natureza do universo com o qual eu trabalho".*

# Tim Berners-Lee

(1955-)

> **Cronologia:** • *1967 Berners-Lee gradua-se no Queen's College, Oxford.* • *1978 Deixa a Plessey para entrar na D.G. Nash Ltd., em Ferndown, Inglaterra.* • *1984 Torna-se membro do CERN, o Laboratório Europeu de Física de Partículas, em Genebra.* • *1989 Propõe um projeto global hipertexto, conhecido como world wide web, projetado para permitir às pessoas trabalharem juntas, ao combinar seu conhecimento em uma rede de documentos hipertextos.*

Volte 2.500 anos atrás, para o início deste livro, e reflita por um momento sobre a existência misteriosa com a qual Anaximandro (c. 611-547 a.C.) estava se debatendo. Agora, avance até o presente e tente compreender como a ciência mudou nossa compreensão do mundo e nossa manipulação bem-sucedida dos elementos que existem nele. Tim Berners-Lee, o inglês que inventou a world wide web, é o último nome em uma longa linha daqueles que se basearam no trabalho de outros para mudar o aspecto de nossas vidas, resultando daí uma existência moderna que seria bastante incompreensível para Anaximandro.

☞ NOS OMBROS DE GIGANTES:

Pouco mudou nossa relação com o mundo tanto quanto a ciência da computação na qual Berners-Lee trabalha, e a world wide web tornou-se um instrumento importante nessa revolução. Diferentemente de desenvolvimentos recentes igualmente importantes, tal como pôr em conexão uma rede de computadores, uma rede das redes, na verdade, em uma "Internet", e a evolução de suas aplicações, como o *e-mail*, a invenção da world wide web é particularmente notável porque pode ser atribuída a um único criador, Berners-Lee. Raras vezes o trabalho de uma única pessoa teve um impacto tão notável nos negócios, na pesquisa e nas vidas como a criação feita por Berners-Lee em 1989.

*Poucas aplicações científicas mudaram tanto nosso mundo quanto o computador*

☞ A INTERNET E A WEB:

A world wide web é bastante diferente da Internet. Esta é uma infraestrutura física por meio da qual dados podem ser transmitidos. A *web*, no entanto, foi o primeiro meio pelo qual o mundo ganhou acesso a (e capacidade de) trocar informação nessa Internet.

A ideia ocorreu, pela primeira vez, a Berners-Lee como uma parte de um programa de 1980 que ele escreveu, chamado "Enquire". O conceito era simples: ele queria rastrear a informação eletrônica ao fazer um *link* de algumas palavras de determinados documentos com outros no seu computador. Assim, Berners-Lee podia pular de um documento, ou informação, para outro, relacionado a ele, com esforço mínimo. Nos anos seguintes, o inglês começou a refletir sobre ideias que lhe permitissem fazer o *link* para documentos nos computadores de outras pessoas e vice-versa, sem que fosse necessária uma base de dados central. Como uma extensão lógica dessa visão, em 1989, ele propôs o projeto chamado world wide web.

Berners-Lee escreveu uma linguagem simples comum, chamada *Hypertex Mark-Up Language* (HTML), por meio da qual os autores poderiam preparar documentos em formato comum com os *links* necessários, um método para ligar essas páginas na Internet (*Hypertext Transfer Protocol* ou HTTP) e um sistema de endereços para identificar e acessar as páginas via um localizador universal de fontes (*Universal Resource Locator*, ou URL). Seu próximo passo foi criar um *Graphical User Interface* simples (GUI) por meio do qual pessoas comuns e sem conhecimento técnico poderiam ler e compartilhar essas páginas. Isso foi lançado na Internet, em larga escala, em 1991, e logo as pessoas estavam fazendo *links* para suas páginas no mundo inteiro, em uma rede completamente "sem controle". Berners-Lee, como o resto do mundo que surfava na sua criação, tinha percorrido um longo caminho desde a graduação na Universidade de Oxford, em 1976. Seu começo de carreira em Dorset não lhe deu nenhum sinal da revolução que se seguiria. Ele então foi trabalhar em Genebra, como consultor de *software*, no Laboratório Europeu de Física de Partículas (CERN), onde teve sua ideia inicial para o Enquire. Hoje, Berners-Lee vive e trabalha nos Estados Unidos, no Instituto de Tecnologia de Massachusetts (MIT), em seu Laboratório de Ciência da Computação. Ele chefia o Consórcio World Wide Web, ou W3C, cujo objetivo é "levar a *web* a seu potencial máximo".

Assim, outra aplicação da ciência, a world wide web, criada a partir da visão de um único cientista que enxergava longe, mudou novamente o mundo. Quantas vezes mais a ciência continuará a fazê-lo nos próximos 2.500 anos? Nossa resposta provavelmente não seria melhor do que a de Anaximandro.

### Vida cotidiana e a Web:

*O aprimoramento contínuo de "navegadores", em particular, assim como outras tecnologias, facilitou o acesso à web, de modo que hoje literalmente milhões de pessoas utilizam-na todos os dias, um número que ainda está crescendo. Agora, quando queremos comprar um carro, fazer uma pesquisa, ouvir o rádio ou encontrar previsões meteorológicas, entre milhares de outras coisas, tudo pode ser feito na web, de uma forma que há menos de duas décadas era impossível.*

---

CRÉDITOS DAS IMAGENS

Imagens, páginas 11-35, 44, 53-74, 80-86, 92, 98, 110-122, 131-146, 155, 161-170, 176, 182, 188-197, 203-218, 229-230, 239-245, 251, 263-278, 292, 303 © Mary Evans Picture Library

# Cientistas A-Z

## A

Al-Khwarizmi .................................................................. 49
Anaximandro ................................................................... 13
Ampère, André-Marie ..................................................... 148
Arquimedes .................................................................... 34
Aristóteles ...................................................................... 28
Avogadro, Amedeo ......................................................... 151

## B

Babbage, Charles ............................................................ 157
Bacon, Francis ................................................................ 67
Baekeland, Leo ............................................................... 223
Banting, Frederick .......................................................... 268
Becquerel, Antoine-Henri ............................................... 202
Bell, Alexander Graham ................................................. 199
Berners-Lee, Tim ............................................................ 310
Black, Joseph ................................................................. 115
Bohr, Niels ..................................................................... 253
Boyle, Robert ................................................................. 88
Broglie, Louis de ............................................................ 271

## C

Cavendish, Henry .................................................................. 118
Chadwick, *Sir* James ............................................................ 265
Copérnico, Nicolau ................................................................. 58
Coulomb, Charles de ............................................................ 127
Curie, Marie ........................................................................... 229

## D

Da Vinci, Leonardo ................................................................. 55
Daimler, Wilhelm Gottlieb .................................................... 187
Dalton, John ......................................................................... 145
Darwin, Charles .................................................................... 163
Demócrito de Abdera ............................................................. 22
Descartes, René ..................................................................... 82

## E

Edison, Thomas Alva ........................................................... 196
Ehrlich, Paul ......................................................................... 205
Einstein, Albert .................................................................... 244
Euclides .................................................................................. 31

## F

Fahrenheit, Daniel ............................................................... 109
Faraday, Michael ................................................................. 160
Fermi, Enrico ....................................................................... 274
Fleming, Alexander ............................................................. 247
Franklin, Benjamin .............................................................. 112
Franklin, Rosalind ............................................................... 301
Freud, Sigmund ................................................................... 214

## G

Galeno de Pérgamo ............... 46
Galilei, Galileu ............... 70
Gay-Lussac, Joseph ............... 154
Gilbert, William ............... 64
Goddard, Robert ............... 250
Gutenberg, Johannes ............... 52

## H

Halley, Edmund ............... 103
Harvey, William ............... 76
Hawking, Stephen ............... 307
Hertz, Heinrich Rudolf ............... 217
Heisenberg, Werner ............... 277
Helmont, Johann van ............... 79
Hiparco ............... 37
Hipócrates de Cós ............... 19
Hooke, Robert ............... 97
Hubble, Edwin ............... 262
Huygens, Christiaan ............... 91

## J

Jenner, Edward ............... 142
Joule, James ............... 166

## K

Kelvin, Lorde ............... 178
Kepler, Johannes ............... 73

## L

Lavoisier, Antoine .................................................................. 136
Leeuwenhoek, Anton van ...................................................... 94
Lenoir, Jean-Joseph ............................................................... 175

## M

Marconi, Guglielmo ............................................................... 238
Maxwell, James ..................................................................... 181
Mendel, Johann ..................................................................... 172
Mendeleev, Dmitri ................................................................. 190
Montgolfier, Joseph ............................................................... 130
Morgan, Thomas Hunt .......................................................... 226
Moseley, Henry ..................................................................... 259

## N

Newcomen, Thomas .............................................................. 106
Newton, Sir Isaac .................................................................. 100
Nobel, Alfred ......................................................................... 184

## O

Oppenheimer, Robert ............................................................. 283

## P

Pascal, Blaise .......................................................................... 85
Pasteur, Louis ........................................................................ 169
Pauling, Linus ....................................................................... 280
Planck, Max .......................................................................... 220

Platão .................................................................. 25
Priestley, Joseph ................................................ 121
Ptolomeu ............................................................ 43
Pitágoras ............................................................ 16

## R

Röntgen, Wilhelm Conrad ................................. 193
Rutherford, Ernest ............................................. 232

## S

Salk, Jonas ........................................................ 298
Scheele, Karl Wilhelm ...................................... 133
Shockley, William ............................................. 292
Schrödinger, Erwin ........................................... 256
Soddy, Frederick ............................................... 241

## T

Teller, Edward .................................................. 289
Tesla, Nikola ..................................................... 208
Thomson, *Sir* John Joseph ............................... 211
Turing, Alan ...................................................... 295

## V

Vesálio, Andreas ................................................ 61
Volta, Conde Alessandro .................................. 139

# W

| | |
|---|---|
| Watson, James Dewey | 304 |
| Watt, James | 124 |
| Whittle, *Sir* Frank | 286 |
| Wright, Os Irmãos | 235 |

# Z

| | |
|---|---|
| Zhang Heng | 40 |

---

**Nota:** A Arcturus Publishing Limited fez todos os esforços possíveis para garantir que todas as permissões fossem obtidas. No entanto, pode ter havido erros e descuidos ocasionais na procura de permissão para reproduzir fotografias individuais, pelo qual a Arcturus Publishing Limited pede desculpas.

As entradas neste livro representam a interpretação pessoal do autor sobre os cientistas e seus trabalhos. Nem a Arcturus Publishing Limited nem qualquer de seus agentes se responsabilizam por quaisquer declarações feitas que sejam próprias do autor e não feitas expressamente feitas como fatos em nome da Arcturus Publishing Limited ou um dos seus agentes. Em hipótese nenhuma deve a Arcturus Publishing Limited nem seus empregados, agentes, fornecedores ou empreiteiros ser responsabilizados por quaisquer prejuízos de qualquer caráter, incluindo sem limitação quaisquer prejuizos compensatórios, incidentais, diretos, indiretos, especiais, punitivos ou consequenciais, perda ou dano de propriedade, reclamações de terceiros ou outas perdas de qualquer espécie, surgidas da publicação deste título.

# MADRAS Editora ® CADASTRO/MALA DIRETA

*Envie este cadastro preenchido e passará a receber informações dos nossos lançamentos, nas áreas que determinar.*

Nome _____
RG _____ CPF _____
Endereço Residencial _____
Bairro _____ Cidade _____ Estado ____
CEP _____ Fone _____
E-mail _____
Sexo ❑ Fem. ❑ Masc.    Nascimento _____
Profissão _____ Escolaridade (Nível/Curso) _____

Você compra livros:
❑ livrarias   ❑ feiras   ❑ telefone   ❑ Sedex livro (reembolso postal mais rápido)
❑ outros: _____

Quais os tipos de literatura que você lê:
❑ Jurídicos   ❑ Pedagogia   ❑ Business   ❑ Romances/espíritas
❑ Esoterismo  ❑ Psicologia  ❑ Saúde      ❑ Espíritas/doutrinas
❑ Bruxaria    ❑ Autoajuda   ❑ Maçonaria  ❑ Outros:

Qual a sua opinião a respeito desta obra? _____
_____

Indique amigos que gostariam de receber MALA DIRETA:
Nome _____
Endereço Residencial _____
Bairro _____ Cidade _____ CEP _____

Nome do livro adquirido: ***Ciência– 100 Ciêntistas que Mudaram...***

Para receber catálogos, lista de preços e outras informações, escreva para:

**MADRAS EDITORA LTDA.**
Rua Paulo Gonçalves, 88 — Santana
CEP 02403-020 — São Paulo — SP
Caixa Postal 12299 — CEP 02013-970 — SP
Tel.: (11) 2281-5555 – Fax: (11) 2959-3090
**www.madras.com.br**

Este livro foi composto em Times New Roman, corpo 11/12.
Papel Offset 75g –
Impressão e Acabamento
Neo Graf – Rua João Ranieri, 742 - Bonsucesso - Guarulhos
Tel.: (0_ _11) 3333-2474
e-mail: atendimento@neograf.net